Excel VBA 编程
速查宝典
（视频案例版）

288 个实例应用+310 集视频讲解+手机扫码看视频+素材源文件
+在线交流学习

精英资讯　编著

中国水利水电出版社
www.waterpub.com.cn
·北京·

内 容 提 要

《Excel VBA 编程速查宝典（视频案例版）》是一本通过实例来系统讲解 Excel VBA 编程技术的图书，内容包含了日常工作学习中经常使用的代码，随用随查，既是一本 Excel VBA 编程的实战宝典，也是一本速查宝典。

《Excel VBA 编程速查宝典（视频案例版）》共 20 章，具体内容包括：Excel VBA 的基础知识、宏基础知识、VBA 程序开发基础、Range 对象、工作表对象、工作簿对象、用户窗体、控件应用、VBA 实用操作技巧、函数与公式的应用、创建和使用加载宏、文件系统操作、与其他程序的交互使用、图表对象、图形对象、功能区的使用、数据库的应用、代码调试及优化、模块定制以及 VBA 高级应用等。

《Excel VBA 编程速查宝典（视频案例版）》内容详尽，系统全面，图文讲解，浅显易懂。为了使学习更简单，本书配备了 310 集微课视频讲解，涵盖了所有实例和重要知识点，并提供实例的源文件，读者可对照图书讲解和视频讲解边学边练，快速提升编程实战技能。本书非常适合 Excel VBA 入门读者学习，有一定 VBA 操作能力、想及时查询相关代码的读者亦可学习使用。本书适用于 Excel 2019/2016/2013/2010/2007/2003 等版本。

图书在版编目（CIP）数据

Excel VBA 编程速查宝典：视频案例版 / 精英资讯编著.-- 北京：中国水利水电出版社，2021.8
　　ISBN 978-7-5170-9050-2

　　Ⅰ.①E… Ⅱ.①精… Ⅲ.①表处理软件—程序设计
Ⅳ.①TP391.13

中国版本图书馆 CIP 数据核字(2020)第 213358 号

书　　名	Excel VBA 编程速查宝典（视频案例版） Excel VBA BIANCHENG SUCHA BAODIAN
作　　者	精英资讯　编著
出版发行	中国水利水电出版社 （北京市海淀区玉渊潭南路 1 号 D 座　100038） 网址：www.waterpub.com.cn E-mail：zhiboshangshu@163.com 电话：（010）62572966-2205/2266/2201（营销中心）
经　　售	北京科水图书销售中心（零售） 电话：（010）88383994、63202643、68545874 全国各地新华书店和相关出版物销售网点
排　　版	北京智博尚书文化传媒有限公司
印　　刷	北京富博印刷有限公司
规　　格	145mm×210mm　32 开本　14.75 印张　468 千字
版　　次	2021 年 8 月第 1 版　2021 年 8 月第 1 次印刷
印　　数	0001—4000 册
定　　价	89.80 元

前　言

Excel 2019 是 Microsoft Office 2019 的组件之一，该软件主要用来对表格数据进行管理、分析和统计，是办公人员最常用的软件之一。如果想要让 Excel 2019 发挥最大的功效，可以借助于 Excel VBA 开发各种电子表格应用程序。

Excel VBA 是一门强化 Excel 及改造 Excel 的程序语言。使用 Excel VBA 可以简化工作表、工作簿、文件、图表及表格数据的操作过程，而且用户还可以使用 Excel VBA 代码开发新的工具，从而让 Excel 的功能更加强大并符合工作、学习的需求。最常见的应用就是使用代码简化日常的一些重复的数据操作。

本书以图文的方式展示了众多实用操作技巧，全面介绍了 Excel VBA 的相关理论基础知识及对象、属性、方法和事件的应用，并有针对性地对相关代码进行解析，帮助初学者更好地理解和学习代码设置技巧。

本书特点

视频讲解：本书录制了 310 集视频，其中包含常用 Excel 操作的代码设置及解析，用手机扫描书中二维码，可以随时随地观看视频。

内容详尽：本书不但介绍了在 Excel 2019 中使用 VBA 要了解的基础知识，还通过相关解析对代码中的参数、函数或者对象属性等进行了备注说明。

实例丰富：一本书若光讲理论，难免会让读者昏昏欲睡；若只讲实例，又怕落入"知其然而不知其所以然"的困境。使用本书中介绍的 Excel VBA 实用技巧，可以增强读者的动手实践能力及编程能力。在工作与学习中遇到问题时，可以通过查询学习本书中的相关代码来解决问题。本书前面的章节着重介绍了学习 Excel VBA 之前需要了解的基本知识，包括什么是 Excel VBA、Excel VBA 的相关操作界面说明、宏基础知识、对象、属性等；后面的章节则通过丰富的实例应用介绍如何进行编程。

图解操作：本书采用图解模式逐一介绍每个实例的代码设置及运行代码得到的结果，清晰直观、简洁明了、好学好用。对于从未学习过 Excel VBA

的人员来说，可以通过本书配套的素材文件亲自动手操作，提高学习效率。

在线服务：本书提供 QQ 交流群，"三人行，必有我师"，读者可以在群里相互交流，共同进步。

本书目标读者

本书适合各学习阶段的广大读者阅读。对于 Excel VBA 初学者，通过阅读本书能够掌握正确的学习方法，快速掌握 Excel VBA 编程的基础知识；对于已经具备一定 Excel VBA 应用基础的读者，可以借鉴本书中的经典示例代码，吸收本书的学习经验、解决方案和思路，进一步提高 Excel VBA 应用水平。本书适用于想要学习 Excel VBA 但无从下手，想尽快掌握 Excel VBA 基本知识的各类人员阅读。

本书资源获取及在线交流方式

推荐加入 QQ 群：**935300381**，本书的视频、素材和源文件等资源均可在群公告中获得下载链接。若对本书有任何疑问，也可在群里进行提问和交流。

（**本书中的所有数据都是为了介绍 Excel VBA 代码的应用技巧，实际工作中，请参考本书的方法，根据实际情况使用合适的代码编写过程。**）

作者简介

本书由 Excel 精英部落组织编写。Excel 精英部落是一个 Excel 技术研讨、项目管理、培训咨询和图书创作的 Excel 办公协作联盟，其成员多为长期从事行政管理、人力资源管理、财务管理、营销管理、市场分析及 Office 相关培训的工作者。本书具体编写人员有吴祖珍、姜楠、陈媛、王莹莹、汪洋慧、张发明、吴祖兵、李伟、彭志霞、陈伟、杨国平、张万红、徐宁生、王成香、郭伟民、徐冬冬、袁红英、殷齐齐、韦余靖、徐全锋、殷永盛、李翠利、柳琪、杨素英、张发凌等，在此对他们的付出表示感谢。

致谢

本书能够顺利出版，是作者、编辑和所有审校人员共同努力的结果，在此表示深深的感谢。同时，祝福所有读者在职场中一帆风顺。

编　者

目　　录

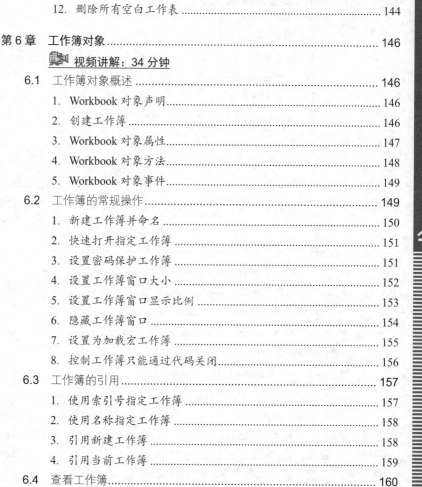

目
录

目

录

第 1 章　Excel VBA 基础概述

1.1　什么是 Excel VBA

VBA 的英文全称是 Visual Basic for Applications，它是一门标准的宏语言。VBA 语言不能单独运行，只能被 Office 软件（如 Word、Excel 等）所调用。VBA 是基于 Visual Basic（VB）发展而来的，它不但继承了 VB 的开发机制，而且还具有与 VB 相似的语言结构，两者所包含的对象级和语言结构相同，即 VBA 支持 VB 所支持的对象的多数属性和方法，只是在事件或属性的特定名称方面稍有差异。另外，两者的集成开发环境（Intergrated Development Environment，IDE）也几乎相同。经过优化，VBA 专门用于 Office 软件中的各项应用程序。

VBA 是一种面向对象的解释性语言，通常用来实现 Excel 中没有提供的功能、编写自定义函数、实现自动化功能等。Excel VBA 是指以 Excel 环境为母体、以 Visual Basic 为父体的类 VB 开发环境，即在 VBA 的开发环境（Visual Basic Environment，VBE）中集成了大量的 Excel 对象与方法，而在程序设计、算法、过程实现方面与 VB 基本相同，通过 VBA 可以直接调用 Excel 中的对象与方法来实现特定功能的开发与定制。利用定制的功能与界面能极大地提高日常工作效率。

图 1-1 所示是在 Excel 中运行 VBA 后的界面。本章将具体介绍该界面中的各项菜单命令及属性，以帮助我们更好地学习 VBA 代码编程。

1. VBA 的功能和作用

VBA 是一种完全面向对象体系结构的编程语言，由于其在开发方面的易用性和强大的功能，许多应用程序均会嵌入该语言作为开发工具。VBA 的主要功能和作用如下。

扫一扫，看视频

- 在 VBA 中，可以整合其宿主应用程序的功能，自动地通过键盘、鼠标或者菜单进行操作，尤其是进行大量重复的操作，大大提高了工作效率。

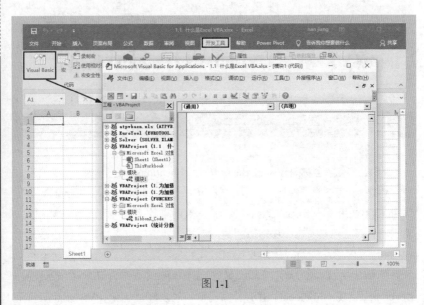

图 1-1

- 可以定制或扩展其宿主应用程序，并且可以增强或开发该应用程序的某项功能，从而实现用户在操作中需要的特定功能。
- 提供了建立类模块的功能，从而可以使用自定义的对象。
- VBA 可以操作注册表，与 Windows API 结合使用，可以创建功能强大的应用程序。
- 具有完善的数据访问与管理能力，可通过 DAO（数据访问对象）对 Access 数据库或其他外部数据库进行访问和管理。
- 能够使用 SQL 语句检索数据，与 RDO（远程数据对象）结合起来，可建立 C/S（客户机/服务器）模式的数据通信。
- 能够使用 Win32 API 提供的功能，建立应用程序与操作系统间的通信。

2. VBA 的优势

扫一扫，看视频

对于很多用户来说，可能会有一个很直接的问题：现在的计算机开发环境有很多，如 VC、Delphi、Java 等，且功能都非常强大，为什么会选择 VBA 进行 Office 环境开发呢？这是因为使用 VBA 有如下优势。

- 由于 VBA 的开发环境是基于 Office 平台的，无须再增加其他的应用程序，同时，现在绝大部分的计算机中都会安装 Office，所以通用性比较强。

- 基于 Office 平台的特性，使得 VBA 可以方便地调用 Office 已有的功能与方法，相当于站在巨人的肩膀上，可以极大地缩短开发的周期。

- VBA 的开发环境相对于其他开发工具非常简单。若对 VB 比较熟悉，则学习 VBA 有着事半功倍的效果；若不熟悉 VB，也可以直接通过 Excel 中的概念与术语进行理解。

3. 使用代码窗口

操作使用 VBA 的基础是使用代码窗口，所录制的宏都会保存在模块中，然后直接进入 VBA 模块中来输入 VBA 代码。

扫一扫，看视频

代码窗口和工作簿窗口类似，可以进行最大化、最小化等操作。在进行实质性操作之前，首先要保证 VBA 模块中有一些 VBA 代码，这些代码可以直接输入，也可以复制、粘贴，或者使用 Excel 宏录制器录制动作，再将其转换为 VBA 代码。

下面介绍如何打开代码窗口，并向模块中放置 VBA 代码。

（1）激活"开发工具"选项卡

在 Excel 2019 的默认环境下没有 VBE 的启动按钮，因此需要经过以下设置才能启用 VBE。

❶ 在 Excel 工作簿中单击"文件"菜单，再单击"选项"标签，如图 1-2 所示。打开"Excel 选项"对话框。

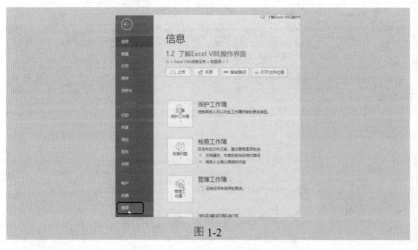
图 1-2

❷ 单击左侧的"自定义功能区"标签，然后在右侧的"自定义功能区"下拉列表框中选择"主选项卡"选项，在下方的"主选项卡"列表框中勾选"开发工具"复选框，如图 1-3 所示。

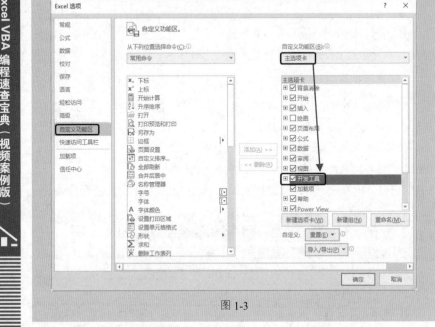

图 1-3

❸ 单击"确定"按钮，即可在 Excel 2019 操作界面的菜单栏中自动添加"开发工具"选项卡，如图 1-4 所示。

在该选项卡中可以进行代码
编辑和实现宏的录制与管理

图 1-4

"开发工具"选项卡分成了 4 个选项组，分别是"代码""加载项""控件"和 XML，具体描述如表 1-1 所示。

表 1-1

选 项 组	按 钮	功 能 描 述
代码	Visual Basic	打开 Visual Basic 编辑器
	宏	查看宏列表，可在该列表中运行、创建或者删除宏
	录制宏	录制新的宏代码
	使用相对引用	录制宏时切换单元格引用方式
	宏安全性	自定义宏安全性设置
加载项	加载项	管理可用于此文件的 Office 应用商店加载项
	Excel 加载项	管理可用于此文件的 Excel 加载项
	COM 加载项	管理可用于此文件的 COM 加载项
控件	插入	在工作表中插入表单控件或 ActiveX 控件
	设计模式	启用或退出设计模式
	属性	查看和修改所选控件属性
	查看代码	查看处于设计模式的控件或活动工作表对象的 Visual Basic 代码
	运行对话框	运行自定义对话框
XML	源	打开 "XML 源" 任务窗格
	映射属性	查看或修改 XML 映射属性
	扩展包	管理附加到此文档的 XML 扩展包，或者附加新的扩展包
	刷新数据	刷新工作簿中的 XML 数据
	导入	导入 XML 数据文件
	导出	导出 XML 数据文件

❹ 在该选项卡的"代码"选项组中单击 Visual Basic 按钮，即可打开 VBE 操作界面，如图 1-5 所示。

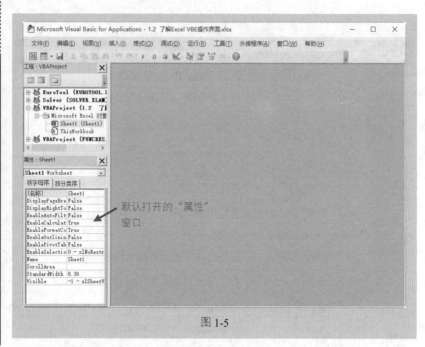

默认打开的"属性"窗口

图 1-5

（2）打开代码窗口并创建模块

❶ 新建 Excel 工作簿，按 Alt+F11 组合键，打开 VBE 编辑器。依次单击"插入→模块"菜单命令（如图 1-6 所示），即可插入 VBA 模块。

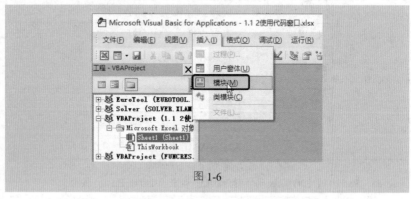

图 1-6

❷ 代码窗口主要包括工作表代码窗口、模块代码窗口、窗体代码窗口等，是用于编写、显示及编辑 VB 代码的窗口，如图 1-7 所示。

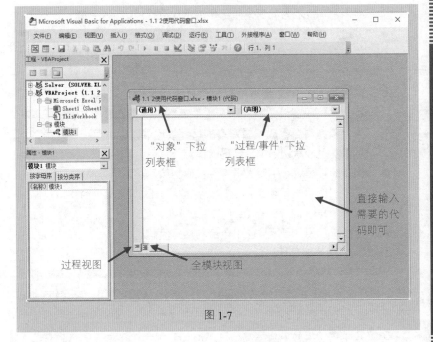

图 1-7

📢 注意:

> 查看某个窗体或模块等对象的代码主要有如下 4 种方法。
>
> ❶ 在工程资源管理器中，选中要查看的窗体或模块，然后选择"视图 →代码窗口"菜单命令。
>
> ❷ 在工程资源管理器中，直接双击控件或窗体。
>
> ❸ 选中要查看的窗体或模块并右击，在弹出的快捷菜单中选择"查看 代码"命令，即可在代码窗口中看到该对象的代码。
>
> ❹ 直接按下 F7 键即可。

打开各模块的代码窗口后，可以查看不同窗体或模块中的代码，并且可以在彼此之间进行复制、粘贴等操作。在默认 VBE 操作界面中，代码编辑窗口显示在右上方区域。

代码编辑窗口中各种功能区的主要用法如下。

● "对象"下拉列表框：显示所选对象的名称。可以单击列表框右侧的下拉按钮来显示此窗体中的对象。如果在"对象"下拉列表框中显示的是"通用"，则"过程/事件"下拉列表框中会列出所有声明，以及为此窗体所创建的常规过程。

- "过程/事件"下拉列表框：显示"对象"下拉列表框中所含控件的所有 VB 事件。若选择了一个事件，则与事件名称相关的事件过程就会显示在代码窗口中。
- 窗口拆分条：主要用于拆分代码编辑窗口，可以向下拖动拆分条，将代码窗口分隔成两个水平窗格，且两者都具有滚动条。将拆分条拖动至代码编辑窗口的顶部或底端，或者双击拆分条，均可以恢复成默认的单个代码窗口。
- 代码编辑区域：主要进行事件代码的编写、编辑等操作。
- 过程视图：显示所选的程序，并且同一时间在代码窗口中只能显示一个程序。
- 全模块视图：显示模块中全部的程序代码。

（3）如何快速编写代码

了解了宏代码的输入途径后，接下来介绍如何快速输入代码、高效编写代码的技巧。尤其是在编写较长代码时，可以利用 VBE 的相关设置和工具，有效提高输入代码的速度。

❶ 在已录制了宏的工作簿中，按 Alt+F11 组合键打开 VB 编辑器进入 VBE 界面，然后依次单击"工具→选项"菜单命令，弹出如图 1-8 所示的"选项"对话框，可以看到各个默认选项的情况。

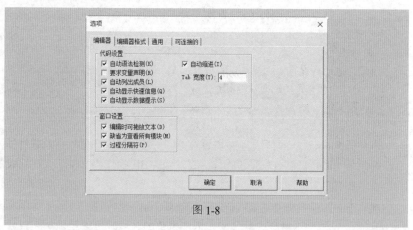

图 1-8

❷ 如果取消勾选"自动语法检测"复选框，可以避免在代码模块中输入行发生编译错误时弹出如图 1-9 所示的提示编译错误的对话框。

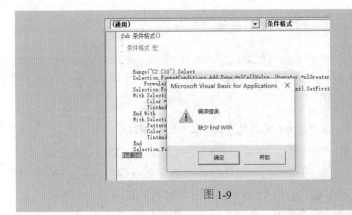

图 1-9

📢 注意：

> 默认情况下，"选项"对话框中会自动勾选"自动列出成员""自动显示快速信息"及"自动显示数据提示"复选框，这都是为了在输入代码时可以提供辅助输入提示或者必要的参考信息。

（4）高效编写代码的原则

高效编写 VB 代码的原则如下。

● 编写代码时善用注释，简要说明每个过程的目的，便于对代码进行理解。

● 在代码中尽量使用灵活变量。

● VBA 中的大部分对象都有相应的默认属性，如 Range 对象的默认属性是 Value 属性，虽然该属性可省略，但是为了便于理解，建议也写出该属性。

● 编写循环代码时，建议尽量不要使用 GoTo 语句，除非是非用不可的。

● 使用循环结构设计代码时，只要达到了目的就应该退出循环，这样可以减少不必要的内存开销。

● 在代码中经常会需要对单元格或者单元格区域进行引用，当区域添加或者删除行时，容易造成引用区域输入错误，所以建议用户首先对指定的单元格区域定义名称。

● 编写代码时，保持一个模块实现一项任务，一个窗体实现一项功能，将实现不相关功能的代码放在不同的模块中，在窗体模块的代码中只包含操作窗体控件的过程，这样代码更容易维护和重复利用。

● 在代码中添加错误处理代码，跟踪并采取相应的动作，避免运行代码时发生错误而导致其停止运行。

4. 了解对象

扫一扫，看视频

Excel VBA 中的应用程序是由多个对象构成的，包括工作簿、工作表、工作表上的单元格区域，以及图形、图表等。

首先我们要知道，Office 对象是 VBA 程序操作的核心，而90%以上的 VBA 代码都是用来操作对象的，并利用对象的方法来读取或写入对象的属性值。所以我们学习 VBA 编程之前，必须对 Office 对象有一个全面的认识。对 Excel 的对象、属性和方法进行学习，才能更好地帮助我们编写一些或简单或复杂的 VBA 代码，有效地提高学习和工作效率。

图 1-10 展示了 Excel 程序中相关对象的名称，当然这只是 Excel 中的一部分对象。通过使用本书进行深入的学习，可以了解更多的对象、属性及集合，并进行代码编写。

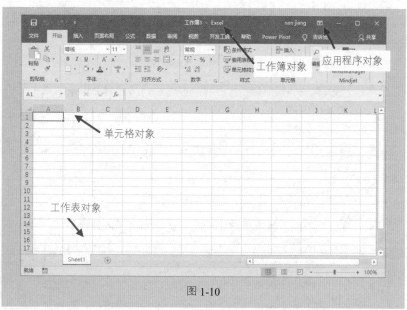

图 1-10

对象代表了应用程序中的元素，是我们要用代码操作和控制的一个实体，包括工作簿、工作表、工作表上的单元格区域、图表、控件、窗体等。为了方便理解，我们可以打一个比方，假如说台灯是一个对象，那么台灯的颜色就是其属性，而购买台灯这个动作则是一个方法，颜色属性和购买行为都是建立在台灯这个主体对象之上的，没有了主体对象，就无所谓属性和方法了。

对象可以相互包含，就像一个文件夹里可以包含多个文件夹一样，而这个文件夹又可以被其他的文件夹包含，一个工作簿对象可以包含多个工作表对象，一个工作表对象又可以包含多个单元格（或图表、图形等），这种对象的排列模式称为 Excel 的对象模型。

对象就是帮助构成应用程序的元素，每个对象模型都包含两种类型的对象：集合对象和独立对象。集合对象是由一组独立对象构成的。例如，Workbooks 的集合，即表示所有 Excel 工作簿（在第 6 章会介绍）。

VBA 中的每个对象都包含特性，该特性控制着其外观、行为、名称等信息，这种特性即被称为对象的属性。用户可以利用代码或属性窗口对对象的属性进行定义。在 Excel VBA 中，每个元素都可以被称为独立对象，如工作表、单元格等。

对象属性的语法表示如下：

<对象>.<属性>=值

在语法表示中，特别要注意对象与属性之间应有"."间隔。

例如，通过定义 Application 对象的 Caption 属性值，将应用程序的标题行显示改变为 work，代码如下：

```
Application.Caption="work"
```

5．了解集合

集合是一个包含几个其他对象的对象，是相同类型对象的统称，如工作簿、汽车等。例如，在 Excel 程序中，Workbook 集合包含在 Application 对象里，当我们要引用某工作簿时，要遵循从大到小的规则，如引用 C:\Excel VBA 速查宝典\第 1 章 Excel VAB 基础概述.doc。

很多 Excel 对象都属于集合，比如说在每个 Workbook 对象中都会有 Worksheet 集合。Worksheet 集合是一个可通过 VBA 调用的对象。Workbook 对象中的每个 Worksheet 对象都位于 Worksheet 集合中。

扫一扫，看视频

若要引用 Worksheet 集合中的一个 Worksheet 对象，可以通过它在集合中的位置来引用它，如在包含了一个名为 MySheet 工作表的工作簿中运行以下两段代码，可以发现运行结果是一样的。

```
Worksheet(1).Select
Worksheets("MySheet").Select
```

6. 了解属性

属性就是对象的特征，如大小、颜色或者某一方面的行为等，因此 Excel VBA 程序要获取对象的特征信息或者要改变对象的特征都需要通过操作具体的属性来实现。Excel 中的对象表名属性也是可以改变的，用户可以通过改变工作表的 Name 属性来改变工作表的名称。例如，对 Sheet1 进行重命名，可以编写如下代码：

```
Sheets("Sheet1").Name = "Sheet2"
```

7. 了解方法

方法指的是对象能执行的动作，如 add 是属于工作表集合的一个方法，使用该方法能在指定的位置插入一个或多个工作表。方法实际上类似于一个 VB 过程，但这种过程是系统根据可能的需求事先定义且封装好的，其内部代码是不可见的，也就是说我们只能按照方法的功能说明来使用方法，但不能对其进行修改。方法是系统事先为对象定义的特定功能，它能有效简化用户的编程，但对象方法只能被调用，而不能被修改，如图 1-11 所示。

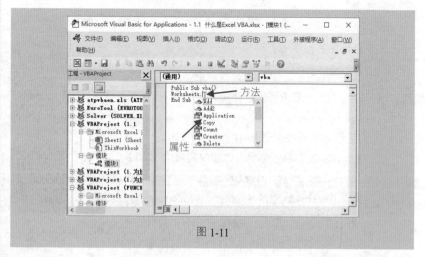

图 1-11

方法与属性除内容不同外，在代码书写上也是有区别的。方法的后面不再连着小圆点。"对象.方法"是指对对象执行某个操作，因此不需要等号，"对象.方法"已经是一句完整的代码。"对象.属性=值"是指对对象的某个属性赋值，单独的"对象.属性"不能成为一句完整的代码，必须有等号才行。如果通过代码读取对象的某个属性值，那么对象与对象的属性前面必须有等号或者函数。如果是修改对象的属性值，那么在属性后面必须有等号，用于赋值。如果只有对象及属性，那么代码是不完整的，无法执行。

1.2　学习 Excel VBA 的方法

Excel VBA 具有强大的功能，可以解决工作中的很多问题，并且可以节省大量的时间和劳动力，大大地提高工作的效率，所以，越来越多的读者对其产生学习的兴趣，希望深入了解并运用 VBA。可是，在学习的过程中总会遇到这样或者那样的问题，甚至学习了很长一段时间，还是很吃力。究其原因，不是对 VBA 不够熟悉和了解，就是学习的方法和思路不对。

这里介绍 Excel VBA 的一些学习方法和技巧，帮助读者快速步入这门知识的殿堂，具体如下。

● 保持良好的学习心态和热情。在学习和应用 Excel VBA 的过程中，应该保持良好的心态、清晰的思路，扎扎实实，坚持学习和实践，切忌急于求成、心态浮躁，即可不断地收获知识和经验。

● 合理并充分利用学习资源。用户不仅可以通过 Excel 自身的录制宏功能和帮助系统来了解相应的对象属性和方法，还可以通过相关的图书及论坛、博客、网站等渠道来学习和参考其他用户分享的一些经验和技巧。

● 把握学习的关键点，有的放矢。学习 Excel VBA 的关键点在于先熟悉其语法和对象模型，编写出代码，然后初步运用一些常用的调试技术和错误处理技术，不断地丰富 VBA 的编程知识和经验。

● 不断地进行实践。通过由浅入深地学习和编制代码，并进行相应的调试和分析，不仅能学习到 Excel VBA 的使用技术和技巧，而且能够将自己亲手试验并实现的案例应用到实际的工作中，从而逐步激发学习的兴趣和热情。

- 归纳知识点，积累实践经验。在学习和应用 Excel VBA 的过程中，要善于归纳和总结学习过的知识点，补充和扩展新的知识点，积累实践经验，巩固并应用所学的知识，从而一步步地使编程的水平发生质的飞跃。

1.3 了解 Excel VBE 操作界面

在进行 VBA 处理时需要使用 Excel VBA 开发环境，该环境有一个专用名称叫作 VBE。通过 VBE 开发的功能直接成为 Excel 文件的组成部分，如对 Excel 文件进行保存操作时，VBA 的组成部分（如宏、模块、用户界面等）同时进行了保存。

1. Excel VBE 界面概览

扫一扫，看视频

VBE 是 Office 及 VB 两种环境的集合体，因此其界面继承了 Office 及 VB 的优点。图 1-12 所示为 Excel 2019 中 VBE 界面的各个主要构成部分。

图 1-12

（1）了解菜单栏

VBE 中的菜单栏包含了 VBE 的大部分功能。菜单栏主要包含文件、编辑、视图、插入、格式、调试、运行、工具、外接程序、窗口及帮助 11 个菜单项。各菜单的具体说明如下。

- 文件：主要是对文件进行保存、导入、导出和退出操作。
- 编辑：主要是对应用程序代码进行撤销、复制、清除、查找、替换、缩进等基本编辑操作，以及显示属性/方法列表、常数列表、参数信息等。
- 视图：主要是对 VBE 窗口进行隐藏/显示管理，如代码窗口、对象窗口、对象浏览器、立即窗口、本地窗口、监视窗口等。
- 插入：主要是对过程、用户窗体和模块等进行插入操作。
- 格式：主要是对用户窗体中添加的控件的位置、大小和间距等进行调整操作。
- 调试：主要是对代码进行编译、调试、监视等操作。
- 运行：主要是对代码进行运行、中断、重新设置和设计模式操作。
- 工具：主要是对 VBE 选项和宏进行管理。
- 外接程序：主要是对外接程序进行管理。
- 窗口：主要是对各窗口的显示方式进行管理。
- 帮助：主要是链接 Microsoft Visual Basic for Application 帮助文件和打开 Web 上的 MSDN 链接等。

（2）了解工具栏

界面中的工具栏包含的功能在菜单栏中都有，不过工具栏中的按钮在操作上比菜单栏更加方便、直观。用户可以通过这些按钮的功能提示来查看并了解其名称与功能。只要将鼠标指针移向一个按钮，屏幕上即可出现其名称。

VBE 提供了 4 种工具栏，分别是"编辑"工具栏、"标准"工具栏、"调试"工具栏，以及"用户窗体"工具栏。默认情况下，只显示"标准"工具栏。若需要显示其他 3 种工具栏，可以通过在菜单栏或工具栏的空白处右击，在弹出的快捷菜单中单击需要显示的工具栏名称使其被勾选即可，如图 1-13 所示。

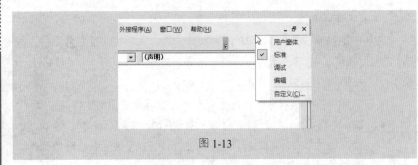

图 1-13

"编辑"工具栏是用于对程序代码进行缩进、凸出、显示属性/方法列表、显示常数列表、显示快速信息、显示参数信息等操作，如图 1-14 所示。

图 1-14

"编辑"工具栏上显示的图标按钮从左至右解释说明如下。

- 属性/方法列表：在代码窗口中打开列表框，其中含有前面带有句点（.）的该对象可用的属性及方法。

- 常数列表：在代码窗口中打开列表框，其中含有所输入属性的可选常数及前面带有等号（＝）的常数。

- 快速信息：根据指针所在的函数、方法或过程的名称提供变量、函数、方法或过程的语法。

- 参数信息：在代码窗口中显示快捷菜单，其中包含指针所在函数的参数信息。

- 自动完成关键字：接受 VB 在所输入字符之后自动添加的字符。

- 缩进：将所有选择的程序行移到下一个定位点。

- 凸出：将所有选择的程序行移到上一个定位点。

- 切换断点：主要是对 VBE 选项和宏进行管理。在当前的程序行上设置或删除断点。

- 设置注释块：在所选文本区块的每一行开头处添加一个注释字符。

- 解除注释块：在所选文本区块的每一行处删除注释字符。

- 切换书签：在程序窗口中使用程序行添加或删除书签。

- 下一书签：将焦点移到书签堆栈中的下一个书签。

- 上一书签：将焦点移到书签堆栈中的上一个书签。

- 清除所有书签：删除所有书签。

"标准"工具栏主要显示常用的功能按钮，包括视图 Microsoft Excel、插入、保存、剪切、复制、粘贴、查找、撤销、运行子过程/用户窗体、中断、设计模式、工程资源管理器、属性窗口、对象浏览器等，如图 1-15 所示。

图 1-15

"标准"工具栏上显示的图标按钮从左至右解释说明如下。

- 视图 <主应用程序>：在主应用程序与活动的 Visual Basic 文档之间做切换。
- 插入：打开菜单以便添加以下对象到活动的工程，图标会变成最后一个添加的对象（默认值是用户窗体）。
- 保存：将包含工程及其所有文件——窗体及模块的主文档存盘。
- 剪切：将选择的控件或文本删除并放置于"剪贴板"中。
- 复制：将选择的控件或文本复制到"剪贴板"中。
- 粘贴：将"剪贴板"中的内容插入当前的位置。
- 查找：打开"查找"对话框并搜索"查找内容"文本框内指定的文本。
- 撤销：撤销最后一个编辑动作。
- 重复：如果在最后一次 Undo 之后没有发生其他动作，则恢复最后一个文本编辑的 Undo 动作。
- 运行子过程/用户窗体：如果指针在一个过程之中，则运行当前的过程；如果当前一个 UserForm 是活动的，则运行 UserForm，而如果既没有代码窗口也没有 UserForm 是活动的，则运行宏。
- 中断：当程序正在运行时停止其执行，并切换至中断模式。
- 重新设置：清除执行堆栈及模块级变量并重置工程。
- 设计模式：打开及关闭设计模式。
- 工程资源管理器：显示"工程"资源管理器，其显示出当前打开的工程及其内容的分层式列表。
- 属性窗口：打开"属性"窗口，以便查看所选择控件的属性。
- 对象浏览器：显示对象浏览器，列出在代码中会用到的对象库、类型库、类、方法、属性、事件、常数及为工程而定义的模块与过程。

- 工具箱：显示或隐藏"工具箱"。
- Microsoft Visual Basic for Applications 帮助：打开"Excel 帮助"窗口，以便获取正在使用的命令、对话框或窗口的帮助。

"调试"工具栏用于对代码进行编译、调试、监视、切换断点、逐语句、逐过程等操作，如图 1-16 所示。

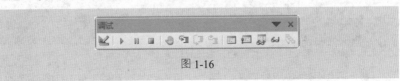

图 1-16

"调试"工具栏上显示的图标按钮从左至右解释说明如下。

- 设计模式：打开及关闭设计模式。
- 运行子过程/用户窗体：如果指针在一个过程之中，则运行当前的过程；如果当前一个 UserForm 是活动的，则运行 UserForm；而如果既没有代码窗口也没有 UserForm 是活动的，则运行宏。
- 中断：当程序正在运行时停止其执行，并切换至中断模式。
- 重新设置：清除执行堆栈及模块级变量并重置工程。
- 切换断点：设置或删除当前行上的一个断点。
- 逐语句：一次一个语句地执行代码。
- 逐过程：在代码窗口中一次一个过程或语句地执行代码。
- 凸出：将所有选择的程序行移到前一个定位点。
- 本地窗口：显示"本地窗口"。
- 立即窗口：显示"立即窗口"。
- 监视窗口：显示"监视窗口"。
- 快速监视：显示所选表达式当前值的"快速监视"对话框。
- 调用堆栈：显示"调用堆栈"对话框，列出当前活动的过程调用（应用中已开始但未完成的过程）。

"用户窗体"工具栏主要对开发的具体窗体控件进行操作，如移至顶层、移至底层、组、取消组、对齐等，如图 1-17 所示。

图 1-17

"用户窗体"工具栏上显示的图标按钮从左至右解释说明如下。

- 移至顶层：将对象一次性提升到最前端。
- 移至底层：将对象一次性降低到最后端。
- 组：将多个对象组合成为一个操作对象。
- 取消组：将组合后的对象取消组合。
- 对齐：将选中的多个对象按左对齐、居中对齐、右对齐等方式进行排列。
- 水平/垂直居中：将选中的多个对象按水平居中或垂直居中方式进行排列。
- 宽度/高度相同：将选中的多个对象的宽度/高度设置为相同。
- 缩放：调整整个界面的视图显示比例。

2. "工程"资源管理器

"工程"资源管理器用于显示所有工程的分层结构列表及所有包含并被每一个工程引用的工程项（当前打开多少个工作簿就有多少个工程），如图 1-18 所示。

扫一扫，看视频

图 1-18

在"工程"资源管理器中，提供了 3 种工程视图显示方式。这 3 种方式的具体功能和用途如下。

- 查看代码（ ▦ ）：显示代码窗口，以编写或编辑所选工程目标代码。
- 查看对象（ ▥ ）：主要显示选取的工程，可以是文档或 UserForm 的对象窗口。

- 切换文件夹（）：主要是在隐藏模块文件夹与显示模块文件夹之间切换。

在工程分层结构列表中，显示了已装入的工程及工程中的工程。每一个工程都对应一个图标，这些图标所代表的意义如表 1-2 所示。

表 1-2

名 称	图 标	功 能 描 述
工 程		工程及其包含的工程
Document		与工程相关的文档，如在 Microsoft Excel 中是 Excel 文档
UserForm 窗体		所有与此工程有关的.form 文件
模块		工程中所有的.bas 模块
类别模块		工程中所有的.cols 文件

3. "属性" 窗口

扫一扫，看视频

"属性" 窗口用于查看或设置窗体及窗体组件的属性，如图 1-19 所示。在设置用户窗体时，会频繁地使用 "属性" 窗口。当选取了多个控件时，"属性" 窗口会列出所有控件都具有的属性。

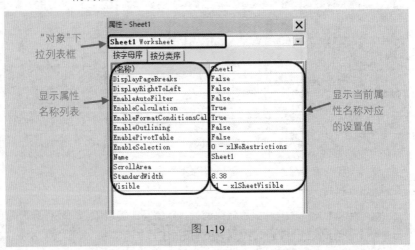

图 1-19

在 "属性" 窗口中，"对象" 下拉列表框、"按字母序" 选项卡和 "按分类序"选项卡的主要作用如下。

- "对象"下拉列表框：列出当前所选的对象，但只能列出当前窗体中的对象。如果选取了多个对象，则会以第一个对象为准，列出各对象均具有的属性。
- "按字母序"选项卡：按字母顺序列出所选对象的所有属性，这些对象可在设计时改变。若要改变属性的设定，可以选择属性名称然后输入，或直接选取新的设定。
- "按分类序"选项卡：根据性质列出所选对象的所有属性。例如，BackColor、Caption 及 ForeColor 都是属于外观的属性。可以折叠这个列表，将只看到分类；也可以扩充一个分类，并可以看到其所有的属性。当扩充或折叠列表时，可在分类名称的左边看到一个加号（＋）或减号（－）图标，如图 1-20 所示。

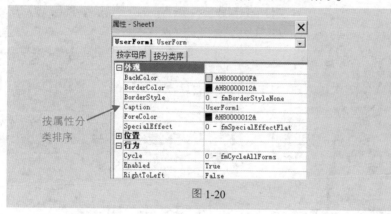

图 1-20

4. 立即窗口

"立即窗口"用于检查某个属性或者变量的值、执行单个过程或者对表达式求值等。在 VBE 界面中可以通过选择"视图→立即窗口"菜单命令或按 Ctrl+G 组合键打开"立即窗口"。

扫一扫，看视频

要查询一个程序过程中指定变量的值，可以通过以下两种方法进行。

（1）Alt+F11 组合键

按 Alt+F11 组合键打开 VBE 界面，依次单击"插入→模块"菜单命令，打开"模块 2"，输入代码。依次单击"视图→立即窗口"菜单命令，打开"立即窗口"。然后使用 Debug.Print 语句输入代码，按 F5 键运行宏，即可在"立即窗口"中显示出结果，如图 1-21 所示。

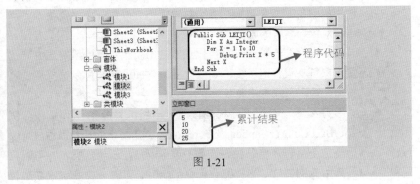

图 1-21

（2）输入代码

在"立即窗口"中直接输入需要运行的程序代码，然后按 Enter 键，也可以显示相同的结果，如图 1-22 所示。

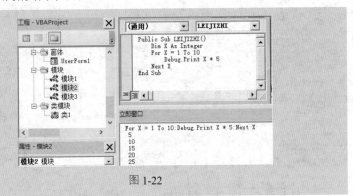

图 1-22

◆》注意：

在"立即窗口"中只能测试一行代码，不同的语句可以使用冒号来连接成一行代码。

例如，原代码如下：

```
For X = 1 To 10
Debug.Print X * 5
Next X
```

在"立即窗口"中直接测试时，则编写为如下代码：

```
For X = 1 To 10:Debug.Print X * 5:Next X
```

5. 本地窗口

"本地窗口"可以自动显示出所有在当前过程中的变量声明及变量值。在 VBE 界面中可以通过选择"视图→本地窗口"菜单命令来打开"本地窗口"。

"本地窗口"只有在中断模式下才可以显示相应的内容,并且只显示当前过程中变量或对象的值。当程序从一个过程转至另一个过程时,其内容也会相应地发生变化。

❶ 图 1-23 和图 1-24 所示分别是 Sheet1 工作表代码窗口和模块代码窗口中输入的代码,两段代码中均设置了 Stop 中断语句。

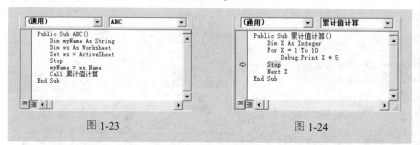

图 1-23   图 1-24

❷ 打开"本地窗口",然后按 F5 键运行 Sheet1 中的代码,即可在"本地窗口"中显示出变量或对象的值,如图 1-25 所示。

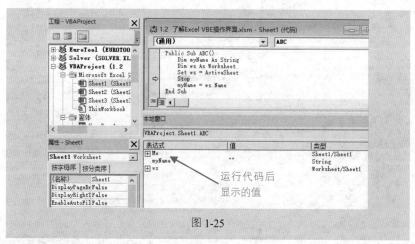

图 1-25

❸ 单击对象名称前的加号,或者双击对象名称,均可以展开对象的属性和值,如图 1-26 所示。

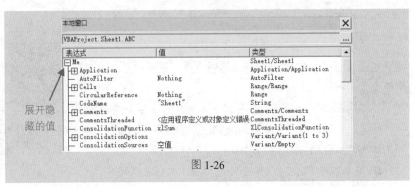

展开隐藏的值

图 1-26

❹ 继续运行代码，即可进入下一个中断模式下的代码过程，同时也可以在"本地窗口"中显示出相应的变量或对象的值，如图 1-27 所示。

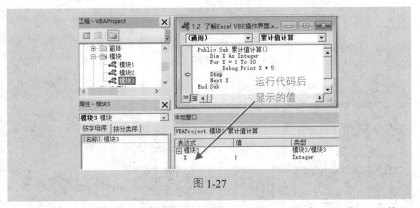

运行代码后显示的值

图 1-27

❺ 单击"本地窗口"中右上角的省略号按钮，可以打开如图 1-28 所示的"调用堆栈"对话框，在其中可以快速切换过程。

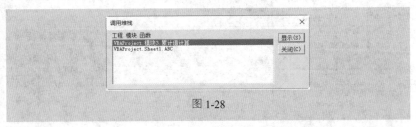

图 1-28

◀》注意：

在图 1-25 中，第 1 行中的 Me 表示 Sheet1 工作表，变量 myName 和对象 ws 是当前过程中的局部变量。

6. 监视窗口

"监视窗口"用于查看指定表达式（即监视表达式）的值。在 VBE 界面中可以通过选择"视图→监视窗口"菜单命令打开"监视窗口"。

扫一扫，看视频

在使用"监视窗口"之前，需要先添加监视的表达式，操作方式如下。

❶ 图 1-29 所示是用于添加监视表达式的两段代码。

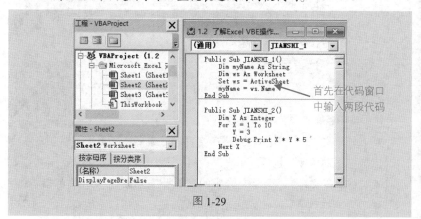

图 1-29

❷ 打开"监视窗口"，然后依次单击"调试→添加监视"菜单命令（如图 1-30 所示），打开"添加监视"对话框。

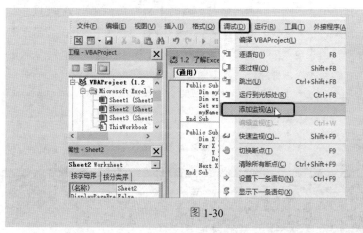

图 1-30

❸ 在"表达式"文本框中输入要监视的表达式 ActiveSheet，选择监视

表达式所在的过程和模块，然后选中"监视表达式"单选按钮，如图 1-31 所示。

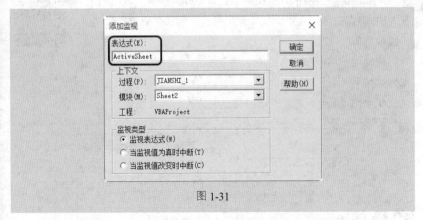

图 1-31

对话框中各个选项的具体内容如下。

- "表达式"：表示在过程中选择的变量名称。用户可以在文本框中手动输入，也可以事先在代码中选中。
- "上下文"：表示需要监视的变量所在的过程及其所在的模块。
- "监视类型"：表示变量的监视方式，包括"监视表达式""当监视值为真时中断"和"当监视值改变时中断"3 个单选按钮。若选中"监视表达式"单选按钮，则在"监视窗口"中显示表达式的值。若选中"当监视值为真时中断"单选按钮，则在程序运行中，当表达式的值为真（不为 0）时程序进入中断模式。若选中"当监视值改变时中断"单选按钮，则在程序运行中，一旦表达式的值改变，程序就进入中断模式。

❹ 单击"确定"按钮，即可为程序添加一个监视表达式。此时可以在"监视窗口"中监视 ActiveSheet 对象的返回值变化，如图 1-32 所示。

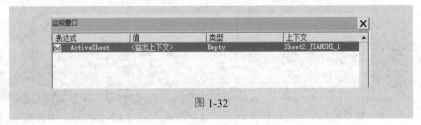

图 1-32

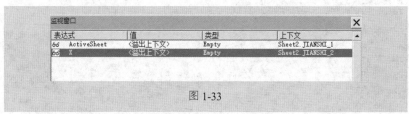

❺ 继续添加监视表达式，在"添加监视"对话框的"表达式"文本框中输入要监视的表达式 X，选择监视表达式所在的过程和模块，然后选中"监视表达式"单选按钮。设置完成后，单击"确定"按钮，即可监视该变量的变化，如图 1-33 所示。

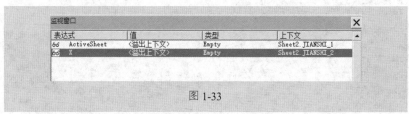

图 1-33

❻ 将光标置于第 2 段代码中，依次单击菜单栏中的"调试→逐语句"菜单命令或者按 F8 键，进入逐语句调试。图 1-34 所示是当循环计数器 X=5 时"监视窗口"的返回值。

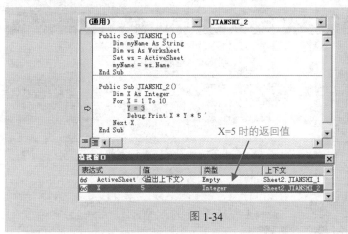

图 1-34

📢 注意：

用户还可以对添加的监视表达式进行编辑或删除。其中，编辑表达式的方法有两种：一种是选择"调试→编辑监视"菜单命令；另一种是在"监视窗口"中选中目标表达式并右击，在弹出的快捷菜单中选择"编辑监视"命令。

删除表达式的方法如下：在"监视窗口"中选中目标表达式并右击，在弹出的快捷菜单中选择"删除监视"命令，或者直接按 Delete 键。

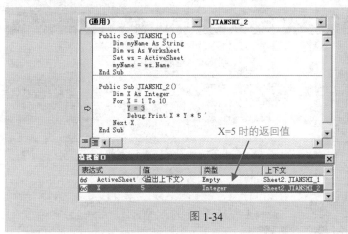

7. "工具箱"工具栏

"工具箱"工具栏中主要包含在设计用户窗体时所需要的控件，如选定对象、标签、文字框、复合框、选项按钮、命令按钮、滚动条等工具控件，如图 1-35 所示。需要在 VBE 中进行用户窗体设计时才会出现该工具栏。

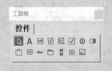

图 1-35

"工具箱"工具栏上显示的各按钮的功能参考表 1-3。

表 1-3

名 称	图 标	功 能 描 述
选定对象		用于选择窗体中的各个控件
标签	A	用于在窗体中输入说明性文本
文字框	ab	用于在窗体中输入文字
复合框		用于在窗体中输入或显示多行文本
列表框		用于在几个数据中进行列表式选择输入
复选框		用于在若干个选择对象中进行多选
选项按钮		用于在若干个选择对象中进行单选
切换按钮		按钮的一种特殊形式，通过按钮形体的变化，反映当前的状态
框架		用于根据需要或数据特点对窗体各控件进行分组划分
命令按钮	ab	选择该按钮，可以完成一个命令
TabStrip		用于创建多组选项卡界面
多页		用于创建多页选项卡界面
滚动条		用于界面延伸
旋转按钮		用于对数据的细微调整
图像		用于用户界面中的图片控制

8. 对象浏览器

对象浏览器用于显示对象库和工程设计过程中的可用类、属性、方法、事件及常数变量，如图 1-36 所示。用户可以从中搜索和使用已有的或来源于其他应用程序的对象。

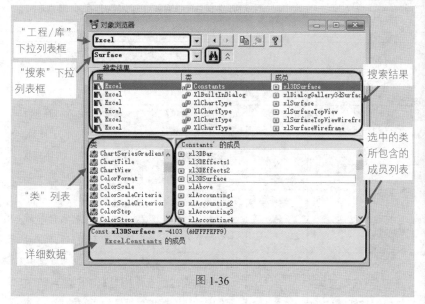

图 1-36

在"对象浏览器"中，"工程/库"下拉列表框和"搜索"下拉列表框的主要作用如下。

- "工程/库"下拉列表框：显示活动工程当前所引用的库（其中的"<所有库>"选项可以一次显示出所有的库）。用户还可以通过选择"工具→引用"菜单命令，在打开的"引用"对话框中添加其他库。
- "搜索"下拉列表框：用于输入需要搜索的字符串。该下拉列表框中包含最后 4 次输入的搜索字符串，直到关闭此工程。在输入字符串时，可以使用标准的 VB 通配符。

如果要查找完全相符的字符串，可以利用快捷菜单中的相关按钮来匹配查找，具体按钮功能如表 1-4 所示。

表 1-4

名　称	图　标	功 能 描 述
"向后"按钮	◂	可以向后回到前一个类及成员列表。每单击一次便回到前一个选项，直到最前面
"向前"按钮	▸	每次单击可以重复原本选择的类及成员列表，直到选择列表用完
"复制到剪贴板"按钮	📋	将"成员"列表中的选项或详细框中的文本复制到剪贴板。可在之后将该选项粘贴至代码中
"查看定义"按钮	📄	将光标移到代码窗口中，定义成员列表或类列表中选定的位置
"帮助"按钮	❔	显示在类或成员列表中选定工程的联机帮助主题。也可以使用 F1 键
"搜索"按钮	🔍	激活类、属性、方法、事件或常数等符合在"搜索"下拉列表框中输入字符串的库搜索，并且打开有适当信息的"搜索结果"列表框
"显示/隐藏搜索结果"按钮	⌃	打开或隐藏"搜索结果"列表框。"搜索结果"列表框改变成显示"工程/库"下拉列表框中所选定的工程或库的搜索结果。搜索结果会默认按类型创建组并从 A~Z 排列

- "搜索结果"列表框：显示搜索字符串所包含工程的对应库、类及成员。
- "类"列表：显示在"工程/库"下拉列表框中选定的库或工程中所有可用的类。如果有代码编写的类，则这个类会以粗体方式显示。这个列表的开头都是<globals>，是可全局访问的成员列表。如果选择了类，但没有选择特定的成员，会得到默认的成员。默认的成员以（*）符号或以此成员特定的默认图标作为标志。
- "Constants'的成员"列表：按组显示出在"类"列表中所选类的元素，在每个组中再按字母排列。用代码编写的方法、属性、事件或常数会以粗体显示。可用"对象浏览器"的快捷菜单中的"组成员"命令改变此列表的顺序。

● 详细数据：显示成员定义。"详细数据"列表框包含一个跳转，以跳到该元素所属的类或库。某些成员的跳转可跳到其上层类。例如，如果"详细数据"列表框中的文本提到 Command1 声明为命令按钮类型，单击命令按钮可以到"命令按钮"类。可以将"详细数据"列表框中的文本复制到代码窗口中。

第2章 Excel 宏基础概述

2.1 Excel 宏概述及应用

宏是微软公司为 Office 软件包设计的一个特殊功能，目的是让用户文档中的一些任务自动化，Excel 的强大优势即在于其提供的宏语言。宏结合窗体控件后，可以灵活地解决日常工作中的重复操作过程，如快速筛选数据、突出标记指定范围的数据等。可以使用程序的自带功能定义宏，也可以设置代码定义宏。

简单地说，Excel 宏指的就是使用 Excel 内置的编程语言 VBA 编写宏代码，并最终在 Excel 环境里运行的一系列操作指令。用户在 Excel 中手动进行的几乎所有操作（如条件格式、排序、数据验证等），都可以使用 Excel 宏操作。用户只需要运行指定宏即可实现快速操作。

1. 宏的基础概念

扫一扫，看视频

宏在 Office 环境中的英文名称为 Macro，是用 VBA 语言编写的一段存储于 Visual Basic 模块中的程序，指的是 Excel 内部提供某种功能且由一系列命令和函数组成的指令集。简单来说，宏就是一组动作的组合。不同的宏功能不同，其使用的名称也不相同。

从本质上来说，宏就是一系列代码的统称。例如，使用求和函数 SUM，能实现求和功能，但究其本质，就是一个宏，其名称是 SUM，在其内部包含了一系列代码，这些代码组合在一起，即可实现求和的功能。这是其中的一种宏，通常用来实现统计功能。

除了函数这种可以实现某种功能的宏，还有另外一种仅实现某种设置功能的宏。例如，平时为单元格设置字体、边框、颜色等格式，需要进行好几步操作才能实现效果，但是若将这些操作集中在一起变成一个宏，那么只要运行这个宏程序，即可用一步操作完成平时多步的操作。

通过启动 Excel 的自动录制功能，可将操作过程记录到宏中；也可以通

过直接在 VBE 环境中输入代码的方式创建宏。在需要使用宏时，可通过宏
资源管理器、宏 IDE 或指定的快捷键运行。

支持宏的文件格式如表 2-1 所示。

表 2-1

扩 展 名	文 件 类 型
.xlsm	启用宏的工作簿
.xlsb	二进制工作簿
.xltm	启用宏的模板
.xlam	加载宏

2. 创建你的专属宏（一）

对于 Excel VBA 的初学者而言，最好的学习方法就是从宏
开始，在理解了宏的基础上再学习 VBA，可以达到事半功倍的
效果。宏功能主要包括宏的录制、控制、管理等相关知识。在
Excel 中录制宏就是要把所有进行的操作生成 VBA 代码，在录
制之前需要规划好操作步骤。

扫一扫，看视频

例如，本例中需要将分数在 80 分以上的记录以特殊格式显示出来，使
用 Excel 基础功能中的"条件格式"可以实现特殊标记需求，也可以录制宏。
下面介绍具体录制过程。通过本例的介绍可以帮助用户学习如何录制宏、停
止录制宏及运行宏。

❶ 当前工作簿中分别输入了两个班级各个学生的分数记录，如图 2-1
所示。

	A	B	C
1	班级	姓名	成绩
2	1班	李晓楠	85
3	2班	张辉	90
4	1班	秦娜	68
5	2班	王婷婷	89
6	1班	李超	69
7	1班	张海	79
8	2班	刘云波	92
9	2班	李倩	77
10	1班	姜旭	87

图 2-1

❷ 单击"开发工具"选项卡,在"代码"选项组中单击"录制宏"按钮,启动宏的录制功能,如图 2-2 所示。打开"录制宏"对话框。

图 2-2

📢 注意:

如何使用宏中的绝对引用按钮与相对引用按钮?

单击"代码"选项组中的"使用相对引用"按钮,可以使宏记录的操作只相对于初始选定单元格。例如,当在 A1 单元格中录制将光标移至 A3 单元格的宏时,如果单击一次该按钮使其高亮显示,则在 D5 单元格中运行生成的宏时,会将光标移至 D7 单元格;如果再单击一次该按钮取消其高亮显示,则在 D5 单元格中运行该宏时,会将光标移至 A3 单元格。

❸ 输入宏名称为"条件格式"(也可以根据需要命名),其他选项保持默认不变,如图 2-3 所示。

图 2-3

🔊 **注意：**

"录制宏"对话框有4部分。

❶ 宏名：用来对宏进行命名，Excel 会对创建的宏有一个默认名称，如"宏 1"，用户可以根据需要修改名称，这个名称可以用来描述宏的作用和达到的目的等。

❷ 快捷键：此处为可选设置项，由于每个宏都需要指定事件才能发生，因此可以通过指定快捷键来快速执行宏命令。

❸ 保存在：用于设置宏的保存路径，一般默认保存在当前工作簿中，只要用户打开工作簿，就可以执行创建的宏。

❹ 说明：该设置项也是可选的，如果工作簿中的宏比较多，单独的宏名无法完整解释宏的执行作用，就可以在此处详细描写该宏的用处，向使用者详细说明该宏。

❹ 单击"确定"按钮开始录制宏。在工作簿中选择要设置条件格式的单元格区域，在"开始"选项卡的"样式"选项组中单击"条件格式"下拉按钮，在打开的下拉列表中依次单击"突出显示单元格规则→大于"命令（如图 2-4 所示），打开"大于"对话框。

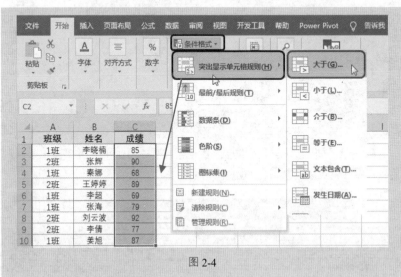

图 2-4

📢 注意:

　　这一步操作实际上就是使用 Excel 的原始"条件格式"功能，将其操作一遍录制为宏命令。

❺ 设置大于的数据为 80，再设置显示格式为默认的"浅红填充色深红色文本"，如图 2-5 所示。

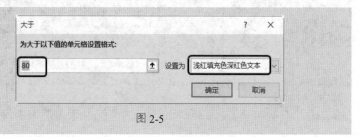

图 2-5

❻ 单击"确定"按钮返回工作表，可以看到 80 分以上的数据以指定格式标记，如图 2-6 所示。

	A	B	C
1	班级	姓名	成绩
2	1班	李晓楠	85
3	2班	张辉	90
4	1班	秦娜	68
5	2班	王婷婷	89
6	1班	李超	69
7	1班	张海	79
8	2班	刘云波	92
9	2班	李倩	77
10	1班	姜旭	87

图 2-6

❼ 单击"开发工具"选项卡，在"代码"选项组中单击"停止录制"按钮，即可完成宏的录制，如图 2-7 所示。

图 2-7

❽ 按 Alt+F11 组合键打开 VBE 界面，即可看到如下录制宏所生成的代码。

```
Sub 条件格式()
'
' 条件格式 宏
'

'
    Selection.FormatConditions.Add Type:=xlCellValue,
    Operator:=xlGreater, _
        Formula1:="=80"

Selection.FormatConditions(Selection.FormatConditions
.Count).SetFirstPriority
    With Selection.FormatConditions(1).Font
        .Color = -16383844
        .TintAndShade = 0
    End With
    With Selection.FormatConditions(1).Interior
        .PatternColorIndex = xlAutomatic
        .Color = 13551615
        .TintAndShade = 0
    End With
    Selection.FormatConditions(1).StopIfTrue = False
End Sub
```

3. 执行宏的方式

前面已经介绍了录制宏、保存宏的方法，下一步就是执行宏了。在 Excel 中执行宏，实际上就是调用 Excel VBA 的过程，下面介绍执行宏的几种操作方法。

扫一扫，看视频

（1）使用"宏"对话框

录制宏之后，继续在工作簿中单击"开发工具"选项卡，在"代码"选项组中单击"查看宏"按钮，打开"宏"对话框，如图 2-8 所示。在"宏"对话框中可以看到之前创建的宏，选中宏并单击"执行"按钮即可。

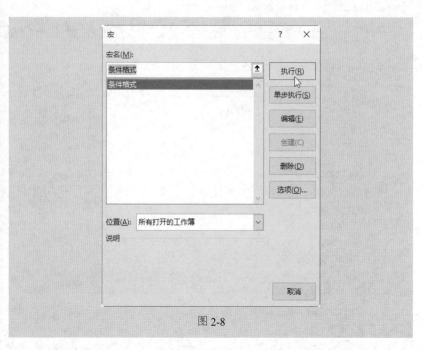

图 2-8

❶ "执行"表示将宏完整执行一次；"单步执行"表示进入 VBE 的编辑环境，以逐语句的方式执行宏。

由于"单步执行"方式可以更为直观地查看每步操作所带来的效果，因此比较适合于 VBA 的初学者。

❷ 如果要重新编辑修改宏，在选择指定宏名之后，单击对话框右侧的"编辑"按钮即可。

（2）添加窗体控件按钮

在日常工作中频繁使用的表格，有时会存在多个宏或自定义的功能块，这时，如果还利用宏管理器来运行宏，在识别区分时会非常麻烦。因此在 Excel 2019 中，可以利用控件按钮来快速控制运行宏。

本例沿用上一个例子中的学生成绩表，通过单击表格中的按钮控件，直接运行宏并对成绩数据按要求进行标记。

❶ 单击"开发工具"选项卡，在"控件"选项组中单击"插入"按钮，

在弹出的菜单中单击"按钮"图标，如图 2-9 所示。

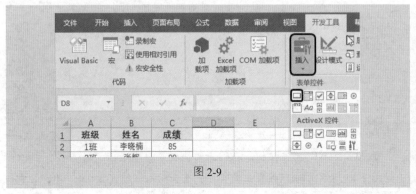

图 2-9

❷ 此时鼠标指针变成十字形，在工作表的指定位置单击并拖动鼠标，绘制一个矩形形状的图标按钮，释放鼠标后弹出"指定宏"对话框，并选中"条件格式"选项，如图 2-10 所示。

图 2-10

❸ 单击"确定"按钮，即可绘制一个窗体控件按钮（按钮 1），并且被指定为"条件格式"宏，如图 2-11 所示。

图 2-11

❹ 右击创建的控件按钮，在弹出的快捷菜单中选择"编辑文字"命令（如图 2-12 所示），删除按钮上的文字并重新输入新的内容，如"80分以上"即可。同时，可以在按钮被选中时，通过拖曳按钮四周的控制点来改变按钮的大小。

❺ 完成绘制后，单击该按钮（如图 2-13 所示），即可执行指定宏，将成绩在 80 分以上的数据都以特殊格式进行标记。

图 2-12   图 2-13

📢 注意：

完成宏的编辑之后，如果想要重新修改宏，可以按 Alt+F11 组合键激活 VB 编辑器，并打开模块 1，重新在代码窗口中修改即可。

4. 创建你的专属宏（二）

扫一扫，看视频

高级筛选的操作较为烦琐，为减少其操作难度，可以通过将其操作过程录制为宏，再利用宏的高度自动化实现该功能。比如本例中需要将班级为 2 班且成绩大于 90 分以上的记录筛选出来。

❶ 当前工作簿中分别输入了两个班级各个学生的分数记录，并在 E1:F2 区域设置了高级筛选的条件，即班级是 2 班，分数大于 90 分，如图 2-14 所示。

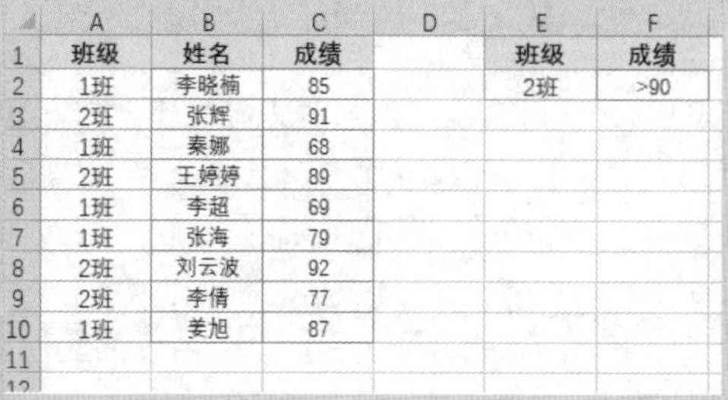

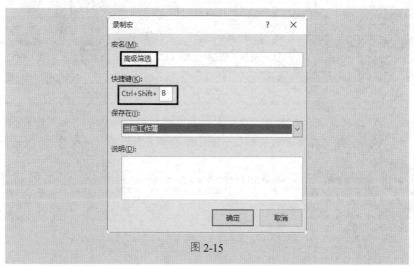

图 2-14

❷ 单击"开发工具"选项卡，在"代码"选项组中单击"录制宏"按钮，启动宏的录制功能。

❸ 打开"录制宏"对话框，在"宏名"文本框中输入"高级筛选"，设置其快捷键为 Ctrl+Shift+B，如图 2-15 所示。

图 2-15

❹ 设置完成后，单击"确定"按钮即开始录制宏。然后在"数据"选项卡下的"排序和筛选"选项组中单击"高级"按钮，如图 2-16 所示。

图 2-16

❺ 打开"高级筛选"对话框，然后将光标置于"列表区域"文本框中，用鼠标拾取当前工作表中的 A1:C10 单元格区域为参与筛选的单元格区域，再用同样的方法拾取工作表中的 E1:F2 单元格区域为"条件区域"，最后设置复制到的区域为 E5 单元格。设置完成后，单击"确定"按钮，如图 2-17 所示。

图 2-17

❻ 切换至"开发工具"选项卡，在"代码"选项组中单击"停止录制"按钮，即可停止宏的录制。如图 2-18 所示是执行了"高级筛选"命令后的结果。

	A	B	C	D	E	F	G
1	班级	姓名	成绩		班级	成绩	
2	1班	李晓楠	85		2班	>90	
3	2班	张辉	91				
4	1班	秦娜	68				
5	2班	王婷婷	89		班级	姓名	成绩
6	1班	李超	69		2班	张辉	91
7	1班	张海	79		2班	刘云波	92
8	2班	刘云波	92				

图 2-18

❼ 继续单击"开发工具"选项卡,在"控件"选项组中单击"插入"按钮,在弹出的菜单中单击"按钮"图标,如图 2-19 所示。

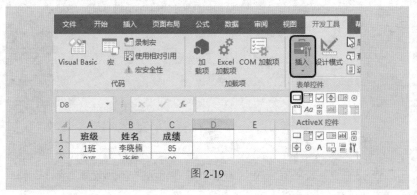

图 2-19

❽ 此时鼠标指针变成十字形,在工作表的指定位置单击并拖动鼠标,绘制一个矩形的图标按钮,释放鼠标后弹出"指定宏"对话框,在其中选中"高级筛选"选项,如图 2-20 所示。

图 2-20

❾ 单击"确定"按钮,即可绘制一个命令控件按钮(按钮 1),并且被

指定为"高级筛选"宏，将按钮重命名为"高级筛选"，如图 2-21 所示。

	A	B	C	D	E	F
1	班级	姓名	成绩		班级	成绩
2	1班	李晓楠	85		2班	>90
3	2班	张辉	91			
4	1班	秦娜	68			
5	2班	王婷婷	89			
6	1班	李超	69			
7	1班	张海	79			
8	2班	刘云波	92			
9	2班	李倩	77		高级筛选	
10	1班	姜旭	87			
11						

图 2-21

⑩ 单击"高级筛选"按钮（如图 2-22 所示），即可执行指定宏，将班级为 2 班且成绩在 90 分以上的数据都筛选出来显示在 E5 单元格中。

	A	B	C	D	E	F	G
1	班级	姓名	成绩		班级	成绩	
2	1班	李晓楠	85		2班	>90	
3	2班	张辉	91				
4	1班	秦娜	68				
5	2班	王婷婷	89		班级	姓名	成绩
6	1班	李超	69		2班	张辉	91
7	1班	张海	79		2班	刘云波	92
8	2班	刘云波	92				
9	2班	李倩	77		高级筛选		
10	1班	姜旭	87				
11							
12							

图 2-22

5. 菜单命令控制宏

扫一扫，看视频

下面介绍在 Excel 菜单中添加菜单命令，并使用该命令可以执行宏的方法。

❶ 在录制了宏的工作簿中单击"文件"选项卡，选择"选项"标签，打开"Excel 选项"对话框。

❷ 单击左侧的"自定义功能区"标签，在右侧的"从下列位置选择命令"下拉列表框中选择"宏"选项，然后单击对话框右下角的"新建选项卡"按钮，即可在"主选项卡"列表框中添加新的选项卡和选项组，如图 2-23 所示。

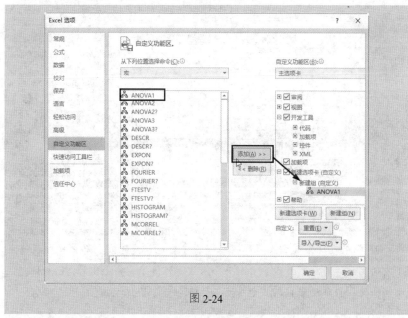

图 2-23

❸ 选中指定的宏，如 ANOVA1，然后单击"添加"按钮，即可将其添加至新添加的选项组中，如图 2-24 所示。

图 2-24

第 2 章 Excel 宏基础概述

④ 单击"确定"按钮返回工作表中，即可看到新添加的选项卡，单击即可在其中的新建选项组中看到添加的 ANOVA1 宏按钮，如图 2-25 所示。

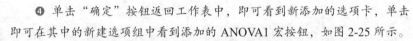

图 2-25

⑤ 单击该按钮，即可执行该宏。

6. 将宏保存至个人宏工作簿

扫一扫，看视频

用户在创建自己的专属宏之后都是用于特定工作簿中的，但是有些情况下希望能在所有工作簿中使用某些宏，此时就可以将这些通用的宏保存到个人宏工作簿中，在启动 Excel 时就会自动加载个人宏工作簿。

❶ 按照上例开始录制宏之后，可以看到在"保存在"列表中有"个人宏工作簿"选项，如图 2-26 所示。

图 2-26

❷ 如果在"个人宏工作簿"中保存了自己创建的宏，那么在加载使用了宏的工作簿时就不用逐步去打开个人宏工作簿了。要退出时，Excel 会自动询问是否将改动保存到"个人宏工作簿"。

7. 宏管理器

宏管理器窗口用于对 Excel 文件中的宏进行管理，其中包括执行、编辑、删除等操作。可以通过单击"开发工具"选项卡，在"代码"选项组中单击"宏"按钮，在打开的"宏"对话框中进行宏管理的相关操作。

扫一扫，看视频

如果要删除指定宏，可以按照下面的方法操作。

❶ 在"宏"对话框中选中需要删除的宏，如选中"条件格式"，然后单击"删除"按钮，如图 2-27 所示。

图 2-27

❷ 在弹出的对话框中单击"是"按钮（如图 2-28 所示），即可删除指定宏。

图 2-28

8. 保存为加载宏

扫一扫，看视频

将创建好宏的工作表另存为"Excel 加载宏"文件格式后，可以将其添加至"加载宏"对话框列表。

打开工作簿后打开"另存为"对话框，将其保存类型设置为"Excel 加载宏"，并设置文件名为"设计加载宏"即可，如图 2-29 所示。设置完成后单击"保存"按钮即可。

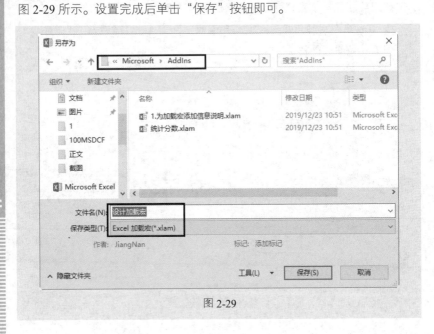

图 2-29

9. 添加/卸载/加载宏

扫一扫，看视频

由于 Excel 加载宏是一个特殊的 Excel 文件，所以需要经过一个添加过程才能将一个加载宏添加到当前的 Excel 文件中，然后才可以使用。其操作步骤如下。

（1）添加/加载宏

❶ 打开 Excel 工作簿，单击"文件"选项卡，选择"选项"标签，在弹出的"Excel 选项"对话框中单击"加载项"标签，然后单击右侧窗格中的"转到"按钮，如图 2-30 所示。

图 2-30

❷ 弹出"加载项"对话框,单击"浏览"按钮,如图 2-31 所示。

图 2-31

③ 在弹出的"浏览"对话框中选中需要加载的加载宏文件，如图 2-32 所示。

图 2-32

④ 单击"确定"按钮，返回至"加载项"对话框。即可在"可用加载宏"列表框中添加指定的加载宏（"设计加载宏"），如图 2-33 所示。然后单击"确定"按钮，完成设置。

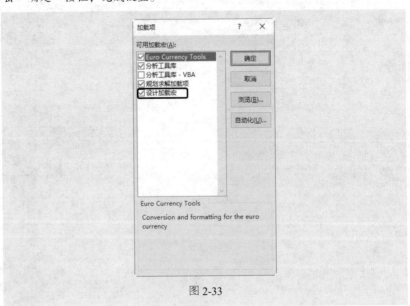

图 2-33

（2）卸载宏

在 Excel 中，若要卸载已经加载的加载宏，可以在"加载项"对话框中的"可用加载宏"列表框中取消选中其前面的复选框。若要彻底删除指定的加载宏，则可以通过下面的方法来实现。

❶ 若能确定需要卸载的加载宏工作簿的具体位置，则将其移至其他的位置即可。

❷ 若不能确定加载宏工作簿的具体位置，则可以通过在 VB 编辑器的"立即窗口"中执行"? Application.AddIns ("AddinTest").Path"语句获取（将其中的"Path"属性换成"FullName"，即可同时返回加载宏工作簿的路径和文件名）。

❸ 卸载加载宏之后，打开"加载项"对话框，在"可用加载宏"列表框中单击加载宏名称前面的复选框，会弹出如图 2-34 所示的对话框。

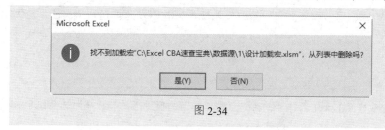

图 2-34

2.2 宏的安全设置

Excel 通常用于保存、管理企业的各类电子数据，如财务数据、销售数据等，因此保证 Excel 环境与文件的安全显得非常重要。宏主要用来实现日常工作中 Excel 任务的自动化，在为广大用户带来极大便利的同时，也带来了潜在的安全风险。因此非常有必要了解 Excel 中相关宏的安全性设置，合理使用这些设置可以帮助用户有效地降低使用宏的安全风险。

1. 宏的安全级别

宏的安全级别用于对宏的使用进行级别限制，等级越高，

扫一扫，看视频

使用受限度越强。通常分为如下几种级别。

- 禁用所有宏，并且不通知。如果不信任宏，可使用此设置。文档中的所有宏及有关宏的安全警报都被禁用。如果文件具有信任的未签名的宏，则可以将这些文件放在受信任位置。受信任位置的文件可直接运行，不会由信任中心安全系统进行检查。
- 禁用所有宏，并发出通知。这是默认设置。如果想禁用宏，但又希望在存在宏时收到安全警报，则应使用此选项。这样，可以根据具体情况选择何时启用这些宏。
- 禁用无数字签署的所有宏。设置与"禁用所有宏，并发出通知"选项相同，但下面这种情况除外：如果还不信任发行者，将收到通知。这样，可以选择启用那些签名的宏或信任发行者。所有未签名的宏都被禁用，且不发出通知。
- 启用所有宏。可以暂时使用此设置，以便允许运行所有宏。因为此设置会使计算机受到恶意代码的攻击，所以不建议永久使用此设置。
- 信任对 VBA 工程对象模型的访问。此设置仅适用于开发人员。

① 打开 Excel 工作簿，在"开发工具"选项卡下的"代码"选项组中单击"宏安全性"按钮，如图 2-35 所示。

图 2-35

② 弹出"信任中心"对话框，在"宏设置"栏中选中相应安全级别的选项，如"禁用所有宏，并发出通知"，然后单击"确定"按钮，如图 2-36 所示。

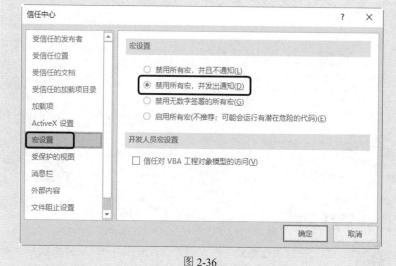

图 2-36

2. 启用工作簿的宏

在宏安全性设置中选中"禁用所有宏，并发出通知"选项后，打开包含代码的工作簿时，在功能区和编辑栏之间将出现"安全警告"消息栏。上述操作之后，该工作簿将成为受信任的文档。当 Excel 再次打开该工作簿时，将不再显示"安全警告"消息栏。但是这可能会给用户带来潜在的危害。如果有恶意代码被人为地添加到这些受信任的文档中，并且原有文件名保持不变，那么当用户再次打开该工作簿时将不会出现任何安全警示，而直接激活其中包含恶意代码的宏程序，这将对计算机安全造成危害。因此，需要进一步提高文档的安全性，如按照下面的操作步骤来禁用受信任文档，然后启用其中的宏。

扫一扫，看视频

在"开发工具"选项卡下的"代码"选项组中单击"宏安全性"按钮，弹出"信任中心"对话框，单击"受信任的文档"标签，在其右侧勾选"禁用受信任的文档"复选框，然后单击"确定"按钮，如图 2-37 所示。

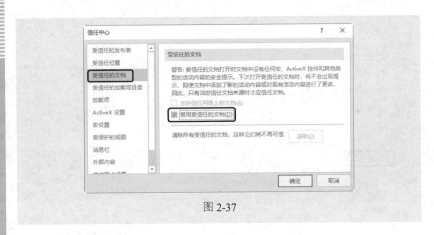

图 2-37

3. 添加受信任位置

扫一扫，看视频

在公司通常会将相关的文档存放在同一个文件夹或几个文件夹中，如果此时采用安全级别，每次打开文档时都需要设置，会让工作变得烦琐。在这种情况下，可设置宏的信任位置，以减少很多类似的麻烦。

❶ 在"开发工具"选项卡下的"代码"选项组中单击"宏安全性"按钮，弹出"信任中心"对话框，单击"受信任位置"标签，在其右侧单击"添加新位置"按钮，如图 2-38 所示。

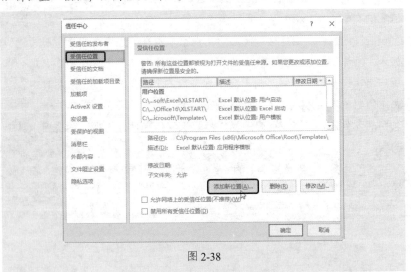

图 2-38

❷ 在弹出的"Microsoft Office 受信任位置"对话框中输入添加的受信任位置，并勾选"同时信任此位置的子文件夹"复选框，如图2-39所示。

图 2-39

❸ 单击"确定"按钮，返回"信任中心"对话框，即可在列表框中显示出添加的受信任位置，如图2-40所示。

图 2-40

❹ 单击"确定"按钮关闭对话框。此后打开保存于该受信任位置（F:\）中包含宏的任何工作簿时，系统将自动启用宏，而不再显示安全警告提示窗口。

55

4. 设置 VBA 保护密码

由于 Excel VBA 以 Excel 为母体依存, 所以有时会遇到自己花费了大量时间与精力定制了一个 VBA 程序, 结果被他人无意破坏或使用等情况, 最好的方法是对 VBA 进行密码保护, 而该密码保护与 Excel 的打开、修改密码不同, 该密码只保护 VBA 代码部分。

❶ 打开包含 VBA 代码的 Excel 工作簿, 选择"工具→VBAProject 属性"菜单命令, 如图 2-41 所示。

图 2-41

❷ 弹出"VBAProject - 工程属性"对话框, 单击"保护"选项卡, 在"锁定工程"选项组中勾选"查看时锁定工程"复选框, 并在"查看工程属性的密码"选项组中设置密码 (本例设置密码为 123), 如图 2-42 所示。

图 2-42

③ 单击"确定"按钮，保存并关闭文档即可。

④ 重新打开该 Excel 工作簿文件，启动 VBE 环境，进行一些操作时即可弹出提示输入 VBA 保护密码的消息框，在其中输入设置的密码，单击"确定"按钮即可取消 VBA 的保护。

第 3 章　VBA 程序开发基础

3.1　基本数据类型

Excel VBA 是一门特殊的程序语言，既拥有 VB 的强大功能，又拥有 Excel 强大的数据处理能力。

在 Excel VBA 定制 Excel 功能模块时，需要调用、控制 Excel 专用对象。本章详细介绍在 Excel 中常用的对象模型、方法、属性。Excel VBA 程序开发通常需要进行代码编辑，因此掌握程序开发的基础知识与方法变得非常重要。

对于很多初学者而言，需要学习各种数据类型、函数与过程、各类控制语句及运算符等内容。这些基础知识可以帮助大家掌握并了解程序开发的常用名词与基本用法。

数据不仅是程序中必要的组成部分，同时也是程序处理的对象。在高级程序语言中，广泛使用数据类型这一词汇，通过数据类型可以体现数据结构的特点及数据用途。需要注意的是，不同的数据类型所表示的数据范围不同，因此数据类型定义错误有时会导致整个程序的错误。

VBA 数据类型继承了传统的 Basic 语言的数据类型，如 Microsoft Quick Basic。在 VBA 应用程序中，也需要对变量的数据类型进行声明。VBA 提供了较为完备的数据类型，Excel 数据表中的字段使用的数据类型（OLE 对象和备注字段数据类型除外）在 VBA 中都有对应的类型。

1. 数值型数据

扫一扫，看视频

下面首先介绍几种数值型数据的概念。

（1）Integer（整数型）

该数据类型通常就是指日常所说的整数，以两个字节（16 位）的二进制表示和参与运算。该数据类型表示的数据范围为 -32768 ~ +32767。例如：

```
Dim I as Integer
```

```
I=100            '表示正确
I=65536          '表示错误，赋值数据超出了该类型的范围
```

（2）Long（长整数型）

该数据类型通常用于定义大型数据，该类型可以表达–2147483648～+2147483647 范围内的数据。

例如：定义 Rs 存放工作表的最大行值，或在程序中用于存放身份证号码。

```
Dim Rs as Long
Rs=1048576
```

（3）Single（单精度型）

该数据类型主要用于表示单精度浮点值，变量存储为 32 位（4 字节）浮点数值的形式，对正负数有不同的数据范围，正数数据范围表示：+1.401298E–45～+3.402823E38，而负数数据范围则表示：–3.402823E38～–1.401298E–45。

（4）Double（双精度型）

该数据类型主要用于表示双精度浮点值，变量存储为 64 位（8 字节）浮点数值的形式，对正负数也有不同的数据范围，正数数据范围表示：+4.94065645841247E–324～+1.79769313486232E308，而负数数据范围则表示：–1.79769313486232E308～–4.94065645841247E–324。

（5）Byte（字节型）

字节型数据主要用于存放较少的整数值，该类型表示 0～255 之间的数值。例如：定义 PersonAge 存放年龄值。

```
Dim PersonAge as Byte
PersonAge=26
```

2. 字符串型数据

字符串型是在 VBA 中使用最多的数据类型，这主要是由 VBA 本身的特性所决定的。字符串型数据类型通常用于处理以下两种形式的字符串。

扫一扫，看视频

（1）String*Length（固定长度的字符串）

该类字符串可以存储 1～64000 个字符。在此状态下，对不满足固定长度设定的字符采取差补与截的方法。例如，定义固定长度为 3 的字符串，输入一个字符 a，则结果为 a（后补两个空格），但若输入 String，则得到 Str。

（2）String（可变长度字符串）

可变长度字符串能够存储长度可变的字符串，最多可存储 2 亿个字符。

```
Dim Rs as Long
Rs=1048576
```

3. 其他数据类型

扫一扫，看视频

（1）Date（日期型）

日期型数据类型主要用于存储日期，需要注意的是，在使用日期型数据类型时，必须使用#号把日期括起来。例如：

```
MyBorn = #6/26/10#
```

也可以采用该方法将文本格式日期括起来，例如：

```
MyBorn=#May 5, 2010#
```

（2）Boolean（布尔型）

布尔型数据类型通常用于存储返回的布尔值，该值主要有两种形式：真（TRUE）与假（FALSE）。如表达正确或错误的状态时，可采用布尔型数据类型。

```
Dim bl As Boolean
```

（3）Variant（变体型）

变体型数据类型是一种可变的数据类型，可以表示任何值，包括数据、字符串、日期、布尔型等。由于变体型数据类型占据大量内存，所以建议在使用该数据类型时进行显式声明。例如：

```
Dim mVariant as Variant
```

（4）Currency（货币型）

货币型数据类型主要适用于货币计算或固定小数位数的计算。

📣 注意：

> 各种数据类型的表示符号如下。
>
> ％：表示整型；＆：表示长整型；！：表示单精度型；＃：表示双精度型；＄：表示字符型；＠：表示货币型。

3.2 常量、变量和数组

在程序设计与执行过程中，不同类型的数据可以以常量的形式出现，也可以以变量的形式出现。常量主要代表内存中的存储单元，在程序执行期间值不发生改变，而变量则是可变的。

1. 常量

常量是指在程序运行的过程中其值不能被改变的量。在 VBA 环境中常量通常分为两类：内置常量与用户自定义常量。

扫一扫，看视频

（1）内置常量

任何应用程序都会包含内置常量，而且这些常量均会被赋予值。为了方便记忆与使用内置常量，其名称通常采用两个字符开头指明应用程序名的方式定义。例如，Word 对象的常量都是以 wd 开头。

在 VBA 中的常量，开头两个字母通常为 vb。用户可以通过 VBA 的"对象浏览器"来显示个别对象库提供的常量列表。

（2）用户自定义常量

应用程序内置的常量始终不能完全满足用户需要，因此在进行代码功能定制时，用户通常也会定义一些常量。要声明常量，必须使用 Const 关键字。Const 语法形式如下。

```
[Public|Private] Const Constaname  [As type]=Value
```

参数说明如下。

- Public|Private：指定该常量的有效范围，即作用域。该项参数是可选项。
- Const：指定常量的名称。
- type：表示为前面所提到各类数据类型中的一种。对任何常量的定义都需要指定 As type。
- Value：表示常量的值。

例如，指定 mconst 并初始化其值为 100。

```
Dim mconst as Integer =100
```

在同一行中还可以定义多个常量，但每个常量都需要定义其数据类型，且以逗号进行分隔。例如：

```
Const  Rol  as  integer , stuName  as  string =David
```

2. 变量

变量实际上是一个符号地址，代表了命名的存储位置，包含在程序执行阶段修改的数据。每个变量都有变量名，在其作用域范围内可唯一识别。

扫一扫，看视频

　　常量必须在声明时进行初始化，而对于变量，使用前可以指定数据类型（即采用显式声明），也可以不指定（即采用隐式声明）。

　　在 VBA 中变量通过 Dim 语句进行声明，每个变量都包含名称与数据类型两部分，通过名称可以引用一个变量，而数据类型则决定了该变量的存在分配空间。

　　（1）显式声明变量

　　显式声明是指在过程开始之前进行变量声明，然后由 VBA 为该变量分配内存空间。显式声明使用较为广泛，原因在于该声明具有以下优点。

- 显式声明更方便于代码阅读。
- 出现拼写错误时，VBA 不会自动创建新变量。
- 代码运行更快。

　　显式声明的主要缺点：必须要花费时间在过程开始之前声明变量。

　　（2）隐式声明变量

　　隐式声明变量是指不在过程开始之前显式声明变量，而是在第一次使用变量时，自动进行声明的变量。对于 VBA 而言，在程序执行过程中，遇到此类变量时，都会检查是否已经存在同名的变量，如果没有找到同名的变量，则直接创建该变量，并指定为 Variant 数据类型。

　　这种方式最大的优点是，只在程序使用时才进行声明，比较容易阅读。但也有不足之处：一是在编码时可能会有很多输入错误，假设已经声明了 N_Total 变量，并赋值为 100，当在代码中使用该变量时，如果输入的变量名为 N_Total#（#代表空格），而对于 N_Total，则 VBA 会识别到这个错误，然后创建一个新的变量 N_Total#，并初始化值为 0；二是数据类型，前面提到 Variant 类型的数据比其他类型的数据占用内存空间都要多，因此当隐式声明变量过多时，程序会占据大量的内存空间，从而导致整体运行时间过长。

　　（3）变量命名规则

　　任何变量都需要一个名称，在 VBA 中变量的命名具有一定的规则。

- 名称只能由字母、数字、下划线组成。
- 名称的第一个字符必须是字母。
- 名称的有效字符长度为 255 个。
- 不能使用保留字作为变量名，但可以将保留字作为嵌套放入名称中。例如，不可以定义 Print 作为变量名，但可以定义 Print_name 作为变量名。

变量名的定义如下。

```
Declare   变量名 as   数据类型
```

Declare 可以是 Dim、Static、Redim、Public、Private。

例如，定义 Print_Name 作为字符串变量。

```
Dim Print_Name as  String
```

Dim 与 Static 之间的最大区别：Dim 为动态变量，即每次引用变量时，变量会自动重新设置为 0，字符串设置为空；而 Static 为静态变量，即每次引用变量时，其值会继续保留使用。

下面举例讲解创建窗体界面显示数字递增效果。

❶ 在 Excel 2019 中，按 Alt+F11 组合键，切换到 VBE 环境。依次单击"插入→用户窗体"菜单命令，创建窗体界面（默认名称为 UserForm1）。右击创建的空白窗体，在弹出的快捷菜单中单击"查看代码"命令（如图 3-1 所示），打开代码编辑窗口。

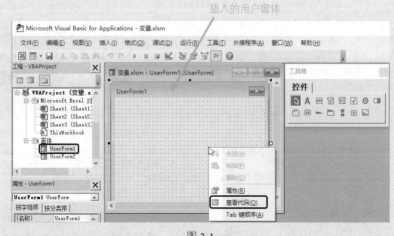

图 3-1

❷ 在打开的代码编辑窗口中输入如下代码。

```
Private Sub UserForm_Click()
Static n As Long
Dim x As Long
n = n + 1
x = x + 1
MsgBox "n=" & n & ";" & "x=" & x
End Sub
```

③ 输入完成后，按 F5 键运行代码，即可打开创建的窗体，如图 3-2 所示。
④ 单击窗体，可查看程序运行的结果，如图 3-3 所示。

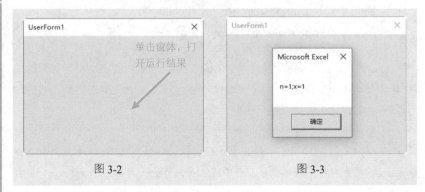

图 3-2   图 3-3

⑤ 不断单击"确定"按钮和窗体，会发现 n 的值不断在增加，而 x 的值始终为 1，如图 3-4 和图 3-5 所示。

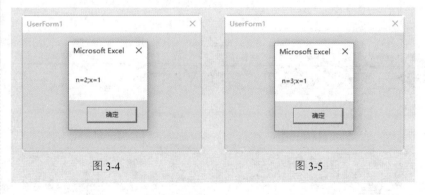

图 3-4   图 3-5

3. 数组

扫一扫，看视频

使用变量有一定的局限性，即每个变量一次只能存储一个值。若需要变量存储 20 个值，则必须声明 20 个变量，可对一个变量进行 20 次赋值，这样的方法会花费较多的时间，因此可采用数组的方法来进行声明。

数组是由一组具有相同数据类型的变量（称为数组元素）构成的有序序列。数组变量由变量名和数组下标组成。

（1）声明数组

与变量相同，数组也是通过 Dim 语句来进行声明的。声明时在数组名后加一对括号，括号中可以指定数组大小，也可为空。对于括号内有值的数组被称为固定数组，而对于括号内为空的数组，则被称为动态数组。

动态数组在以后使用时再用 ReDim 来指定数组大小，称为数组重定义。在数组重定义时，可以使用 ReDim 后加保留字 Preserve 来保留以前的值，否则使用 ReDim 后数组元素的值会被重新初始化为默认值。

例如，下面的语句分别定义了一个名为 MyArray 且包含有 20 个元素的长整型固定数组，以及一个名为 MyName 的整数型动态数组。

```
Dim MyArray(20) As Long
Dim MyName() as Integer
```

（2）使用数组中的值

存储或调用数组中的数据都需要引用数组元素，因此数组中的每个元素都具有一个与之关联的下标号，数组的第一位置数据下标号为 0，其他依次排列，如数组中的第 3 个数据表示为 MyArray(2)。

例如，对 MyArray 数组进行赋值，定义如下。

```
MyArray(0)=1
MyArray(1)=2
MyArray(2)=3
...
```

（3）存储并调用数组数据

本例先将数据写入某个数组，然后用一个语句即可调用数组中的数据。

❶ 按 Alt+F11 组合键打开 VB 编辑器，依次单击"插入→模块"菜单命令，然后在代码编辑窗口中输入相应的代码，如图 3-6 所示。

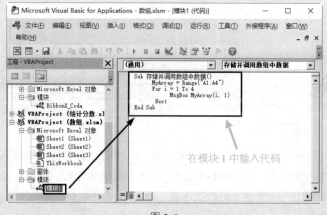

图 3-6

❷ 输入完成后，按 F5 键运行代码，即可弹出如图 3-7 所示的对话框。

图 3-7

❸ 继续依次单击"确定"按钮，即可分别弹出如图 3-8~图 3-10 所示的提示对话框，显示出指定单元格内的内容。

图 3-8   图 3-9   图 3-10

3.3 过程与函数

1. 过程

扫一扫，看视频

在 VBA 中，过程是以功能为基础进行分类的，使用过程可以把复杂的程序分解成小的模块，并且可将若干条语句集成在一起。使用过程可以使程序更易于维护和调试。根据程序的不同需要，过程主要分为 3 种类型：Sub、Function、Property。

（1）Sub 过程

Sub 过程是一系列由 Sub 和 End Sub 语句所包含起来的 VB 语句，该过程主要基于事件的可执行代码单元，有时也被称为命令宏。当 Sub 过程执行时，会执行动作却不能返回任何值。

语法形式如下。

66

```
[Public|Private][Static] Sub <过程名>
    过程语句
End sub
```

Sub 过程可由参数（如常数、变量或表达式等）来调用。如果一个 Sub 过程没有参数，则其 Sub 语句必须包含一个空的圆括号。

下面介绍一个重要文件弹出指定消息框的操作过程。

❶ 按 Alt+F11 组合键打开 VB 编辑器，依次单击"插入→模块"菜单命令，然后在代码编辑窗口中输入相应的代码，如图 3-11 所示。

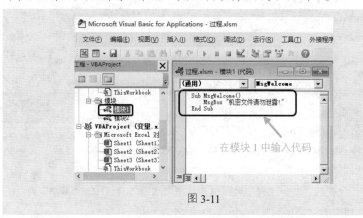

图 3-11

❷ 输入完成后，按 F5 键运行代码，即可弹出如图 3-12 所示的对话框。

图 3-12

（2）Function 过程

Function 过程可以执行一系列由 Function 和 End Function 语句所包含起来的 VB 语句并返回过程值，且可以接收和处理参数的值。通常利用 Function 创建自定义的计算公式。

语法形式如下。

```
[Public|Private][Static] Function <过程名> [ As  <数据
类型>]
     过程语句
End Function
```

例如，返回数值的绝对值。

```
Function MAbs (m_abs as Integer)
     MAbs=Abs(m_abs)
End Function
```

（3）Property 过程

使用 Property 过程可以访问对象的属性，也可以对对象的属性进行赋值。

语法形式如下。

```
[Public|Private][Static] Property │Get|Let|Set│ <过
程名>
     过程语句
End Property
```

下面介绍创建 Property 过程的方法。

❶ 按 Alt+F11 组合键打开 VB 编辑器，依次单击"插入→过程"菜单命令，打开"添加过程"对话框。

❷ 在打开的"添加过程"对话框中设置"名称"为 ABC，"类型"为"属性"，"范围"为"公共的"，如图 3-13 所示。

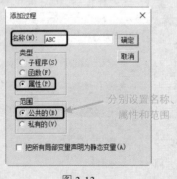

图 3-13

❸ 设置完成后单击"确定"按钮，即可得到相应的效果，如图 3-14 所示。

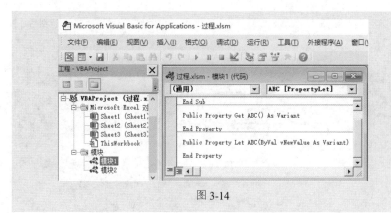

图 3-14

2. 函数

函数是一种过程，可以返回值，也可以接收参数。通常利用函数功能完成特定任务，如统计销售、财务等数据。

扫一扫，看视频

在 VBA 中，可以直接利用大量的内置函数来完成多个任务，如消息框、用户交互框等。

（1）函数调用

要使用函数，必须从 Sub 过程或另一个函数内调用，调用的方法如下：可以使用 Call 关键字调用或直接指定函数名称。

Call 语法如下。

```
[Call] subName [, argumentlist]
```

subName 表示需要调用的函数名称；argumentlist 可用，也可省略。使用 argumentlist 可以指定需要传递给函数的变量或表达式列表，每一项用逗号间隔。

例如，需要在名为 Call MsgHello 的过程中调用前面写到的 MsgHello。

```
Call MsgHello
```

（2）创建用户自定义函数

计算公式：年龄 = 当前年份－出生年份。若 1985 年出生，则相应年龄为 2019-1985=34 岁。功能设置过程如下。

❶ 按 Alt+F11 组合键打开 VB 编辑器，单击 "插入→过程" 菜单命令，在弹出的 "添加过程" 对话框中设置 "名称" 为 "计算年龄"，设置 "类型"

69

为"函数","范围"为"公共的",设置完成后单击"确定"按钮,如图 3-15 所示。

图 3-15

❷ 打开代码窗口,并输入如下代码。

```
Option Explicit
Dim checkin As Integer
Dim birthyear As Integer
Public Function 计算年龄() As Integer
    birthyear = Year(Date) - checkin
End Function
Sub WorkCheckIn()
    checkin = InputBox("输入出生年份")
    Call 计算年龄
    MsgBox birthyear
End Sub
'执行 WorkCheckIn
```

❸ 按 F5 键运行代码,在弹出的对话框中输入出生年份,如图 3-16 所示。

图 3-16

❹ 单击"确定"按钮,即可看到计算出来的年龄值,如图 3-17 所示。

图 3-17

🔊 代码解析：

❶ InputBox 是 VB 和 VBS 中的一种函数，其功能是弹出一个对话框，在其中显示提示，等待用户输入文字并按下按钮，然后返回用户输入的文字。
❷ birthyear 代表出生年份。

3.4 控制语句

在过程或函数中编写的语句是按照先后的顺序执行的，而在实际应用中经常需要一些特殊的执行顺序，如重复、选择等。因此，除顺序语句外，程序语言中还包含另外两种次序模式：循环与判断语句。

1. 循环语句

在某些情况下，可能需要重复执行一组语句，如对数组元素赋值，此时，可采用循环语句加以简化。循环结构包含两种不同的循环方式：For（计数循环）和 Do（当循环）。

扫一扫，看视频

（1）For 循环

通常用于按指定的次数进行循环。常见的有以下两种。

```
For...Next
For Each ...Next
```

● For...Next 用于完成指定次数的循环。其语法形式如下。

```
For Counter = Start to End [Step Cou]
...
Next
```

Counter 表示变量；Start 表示变量的起始值；End 表示结束值；Cou 表

第 3 章 VBA 程序开发基础

71

示相邻值间的跨度，若该参数省略，则表示跨度为 1。

下面介绍如何定义数组，并对数组中的元素依次进行赋值。

❶ 按 Alt+F11 组合键打开 VB 编辑器，插入"模块 1"，并在代码编辑窗口中输入如下代码。

```
Sub MyArray()
Dim i As Integer
Dim MyArray(10) As Integer
For i = 1 To 10
    MyArray(i - 1) = i
Next
For i = 0 To 9
    Debug.Print MyArray(i)
Next
End Sub
```

❷ 按 Ctrl+G 组合键打开"立即窗口"，然后按 F5 键运行代码，即可在"立即窗口"中显示出结果，如图 3-18 所示。

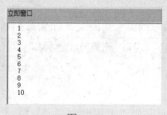

图 3-18

● For Each…Next 用于对集合中的每个对象执行重复的任务。其语法形式如下。

```
For Each Object in Objects
...
Next Object
```

在本语法中，对于指定集合中的每个对象都执行同一个代码段。Object 表示对象名，Objects 表示集合名。

下面介绍如何设置代码快速显示出当前工作簿中的所有工作表名。

❶ 按 Alt+F11 组合键打开 VB 编辑器，插入"模块 2"，并在代码编辑窗口中输入如下代码。

```
Sub SheetsName()
```

```
Dim Item As Worksheet
For Each Item In ActiveWorkbook.Worksheets
MsgBox Item.Name
Next Item
End Sub
```

❷ 按 F5 键运行代码，即可弹出显示第 1 个工作表名称的对话框（Sheet1），如图 3-19 所示。

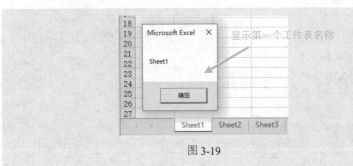

图 3-19

❸ 依次单击"确定"按钮，即可弹出显示其他工作表名称的消息，如图 3-20 和图 3-21 所示。

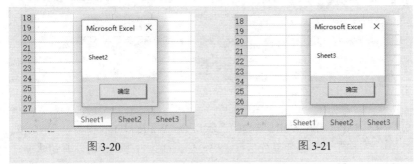

图 3-20   图 3-21

（2）Do 循环

Do 循环比 For 循环结构更为灵活，该循环依据条件控制过程的流程，在 VBA 中通常可以看到如下几种 Do 循环方式。

```
Do While...Loop
Do...Loop While
Do Until...Loop
Do...Loop Until
```

● **Do While...Loop** 结构只有当条件为真时，循环才会继续，而条件为假时，则直接退出。其语法形式如下。

```
Do While  Condition
...
Loop
```

本例中将利用 **Do While...Loop** 语句计算出 1+2+3+…+50 的结果。

❶ 按 **Alt+F11** 组合键打开 VB 编辑器，插入"模块 1"，并在代码编辑窗口中输入如下代码。

```
Sub ABC()
    Dim int1 As Integer, intSum As Integer
    int1 = 0: intSum = 0
    Do While int1 < 50
        int1 = int1 + 1
        intSum = intSum + int1
    Loop
    MsgBox intSum
End Sub
```

❷ 按 **F5** 键运行代码，即可计算出指定数值相加的和，如图 3-22 所示。

图 3-22

- Do...Loop While 结构的功能与 Do While...Loop 相似，不同之处在于，本语句是先运行代码，后判断条件是否为真。其语法形式如下。

```
Do
...
Loop While  条件
```

- Do Until...Loop 结构表示条件为假时执行话句，而条件为真时退出运行。其语法形式如下。

```
Do Until <条件>
...
Loop
```

下面介绍如何使用 Do Until...Loop 语句设置代码计算 1+2+3+…+50 的结果。

❶ 按 Alt+F11 组合键打开 VB 编辑器，插入"模块 1"，并在代码编辑窗口中输入如下代码。

```
Sub 计算累计值()
Dim i As Integer
Dim sum As Integer
i = 1
Do Until i > 50
   sum = sum + i
      i = i + 1
   Loop
Debug.Print sum
End Sub
```

❷ 按 Ctrl+G 组合键打开"立即窗口"，然后按 F5 键运行代码，即可在"立即窗口"中显示出计算结果，如图 3-23 所示。

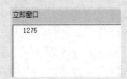

图 3-23

● Do...Loop Until 结构的功能与 Do Until...Loop 相似，不同之处在于，本语句是先运行代码，后判断条件是否为真。其语法形式如下。

```
Do
...
Loop Until 条件
```

2．判断语句

判断语句主要依赖条件值，并根据具体值对程序进行控制。通常的判断语句包括 If 语句与 Select 语句。

（1）If 语句

If 语句是程序开发时使用频率非常高的语句，很多判断语

扫一扫，看视频

句都需要用其来实现，如在计算销售奖金时，需要判断输入的数值是否大于指定的销售金额。其语法形式如下。

```
If 条件 Then
...
[Else
    ...]
Else If
```

下面介绍如何通过设置代码判断成本的大小，分别计算不同的佣金值。

❶ 按 Alt+F11 组合键打开 VB 编辑器，插入"模块 1"，并在代码编辑窗口中输入如下代码。

```
Sub 计算业绩奖金()
Dim inDate As Integer
inData = Val(InputBox("请输入业绩"))
If inData < 5000 Then
    MsgBox inData * 0.1    '当输入的值小于 5000 时，乘以 0.1
    ElseIf inData < 10000 Then
        MsgBox inData * 0.15 '当输入的值小于 10000 时，乘以 0.15
        End If
End Sub
```

❷ 按 F5 键运行代码，即可在弹出的对话框中输入业绩数值，如图 3-24 所示。

❸ 单击"确定"按钮，即可计算出业绩奖金，如图 3-25 所示。

图 3-24   图 3-25

（2）Select 语句

当条件过多时，利用 If 嵌套的方式会非常烦琐，此时就可以借用 Select…Case 结构方式实现。该语句首先提供表达式，并列出所有可能的结果。当表达式的结果与列出的值相匹配时，就会执行相应的语句，若没有匹配语句，则执行默认语句。语法形式如下。

```
Select Case 表达式
Case  条件1

    ...
Case  条件2

    ...
End Select
```

本例中将利用 Select...Case 语句自定义条件设置指定单元格区域的颜色。

❶ 按 Alt+F11 组合键打开 VB 编辑器,插入"模块 1",并在代码编辑窗口中输入如下代码。

```
Sub 根据自定义条件设置单元格颜色()
  Dim myRng As Range
  Dim i As Range
  Dim myColor As Integer
  Set myRng = Range("A1:A5")
  For Each i In myRng
    Select Case i.Value
        Case Is < 20
        myColor = 3 '红色
        Case Is < 50
        myColor = 4 '绿色
        Case Is < 100
        myColor = 6 '黄色
        Case Else
        myColor = 5 '蓝色
    End Select
    i.Interior.ColorIndex = myColor
  Next i
End Sub
```

❷ 按 F5 键运行代码,即可根据范围添加上不同的颜色标记,如图 3-26所示。

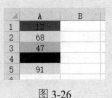

图 3-26

🔊代码解析：

```
Select Case i.Value
        Case Is < 20
        myColor = 3 '红色

        Case Is < 50
        myColor = 4 '绿色

        Case Is < 100
        myColor = 6 '黄色

        Case Else
        myColor = 5 '蓝色
```

该段代码表示数值小于 20 时，单元格显示红色；数值小于 50 时，单元格显示绿色；数值小于 100 时，单元格显示黄色；数值大于 100 时，单元格显示蓝色。

3.5　GoTo 语句

扫一扫，看视频

GoTo 语句通常用来改变程序执行的顺序，跳过程序的某部分直接去执行另一部分，也可返回已经执行过的某语句使之重复执行。

语法形式如下。

GoTo ｜标号｜行号｜

GoTo 语句是早期 Basic 语言中常用的一种流程控制语句。过量使用会导致程序运行跳转频繁、程序控制和调试难度加大，因此在 VB、VBA 等程序设计语言中都应尽量避免使用 GoTo 语句。

在 VBA 中，GoTo 语句主要用于错误处理 On Error GoTo Label 结构。

下面介绍如何使用 GoTo 语句选定单元格。也就是选定指定工作表中的某一单元格，并滚动工作表以显示该单元格。

❶ 按 Alt+F11 组合键打开 VB 编辑器，依次单击"插入→模块"菜单命令，在 VB 编辑器中插入的模块 1 中输入"选中并显示 Sheet1 工作表中 A200 单元格"的代码，如图 3-27 所示。

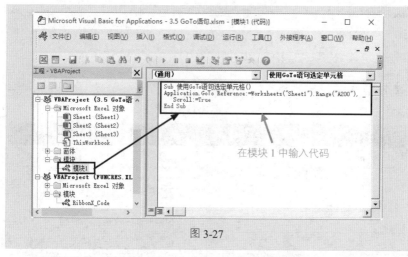

图 3-27

❷ 输入完成后，按 F5 键运行代码，即可选定单元格 A200，如图 3-28 所示。

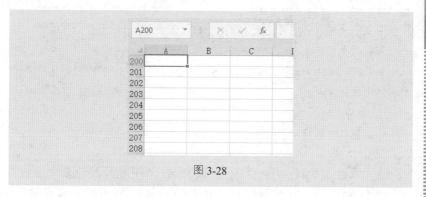

图 3-28

3.6 VBA 中的运算符

运算符是表达式中非常关键的构成部分。在 VBA 中，运算符包括算术运算符、比较运算符、连接运算符及逻辑运算符。

1. 算术运算符

算术运算符是常用的运算符，用来执行简单的算术运算。

除在数学中所运用的加、减、乘、除等计算符号之外，还包含求余等运算符。具体计算符号及含义如表 3-1 所示。以下运算符中，除了"减"是单目运算符外，其他均是双目运算符。其中，"乘"与"除"是同级运算符，"加"与"减"是同级运算符。

表 3-1

运 算 符	名 称	示 例	结 果
+	加	5+5	10
–	减	5-5	0
*	乘	5*5	25
/	除	5/5	1
\	整除	6\5	1
^	幂	2^3	8
Mod	求余	5Mod2	1

若表达式中含有括号，先计算括号内表达式的值。若有多层括号时，则先计算内层括号中表达式的值。

加、减、乘几个运算符的含义与数学中基本相同，下面介绍其他几个运算符的操作。

（1）除

该运算符执行标准除法操作，其结果为浮点数。

（2）整除

该运算符执行整除运算，其结果为整型值，因此表达式 7\2 的值为 3。

（3）幂

该运算符用来计算乘方和方根。例如，2^8 表示 2 的 8 次方，而 2^（1/2）或 2^0.5 是计算 2 的平方根。

（4）求余

该运算符用来求余，其结果为第 1 个操作数整除第 2 个操作数所得的余数。

扫一扫，看视频

2. 比较运算符和连接运算符

比较运算符又称为关系运算符，用来对两个表达式的值进行比较。连接运算符主是由&连接多个字符串，如"Hard"&"Ware"，得到的结果为 HardWare。

（1）比较运算符

通常包含 =（等于）、>（大于）、<（小于）、>=（大于等于）、<=（小于等于）、<>或><（不等于）、Like（字符串匹配）、Is（对象引用比较）。

（2）连接运算符

在 VBA 中，除了用&连接字符串，还可以用加法运算符+来连接（在有些情况下，用&比用+安全）。

3. 逻辑运算符

逻辑运算也称为布尔运算，由逻辑运算符连接两个或多个关系式，组成一个布尔表达式。

扫一扫，看视频

逻辑运算符通常用于程序开发过程中的判断语句中，其具有对多个结果进行对与错的判断功能，同时还可以进行判断后结果的组合判断。例如，表示年份为 2019 年，班级为高三（1）班，则用程序代码表示如下。

年份="2019年" and 班级=高三（1）班

即表示满足"年份是 2019 年"这个条件的同时，还需要满足"班级为高三（1）班"，才可以执行后面的内容。

为了更清楚地理解在程序开发过程中各逻辑运算符的使用，在表 3-2 中对各逻辑运算符进行了描述。

表 3-2

运 算 符	名 称
Eqv	只有两者都为真或假时，才返回真，否则返回假
And	只有两者都为真时才返回真，其余都返回假
Imp	如果第一表达式为真，第二表达式为假，则返回假，否则返回真
Or	只要其中一个表达式为真，则为真，否则为假
Xor	只有两者都为真或假时，才返回假，否则返回真
Not	表达式为真，返回假；表达式为假，则返回真

4. 运算符优先级

扫一扫，看视频

当对数据进行计算的过程中存在多种不同类型的运算符时，数据将按照运算的优先级进行计算，正如在学习数学时所熟悉的，先括号再乘除后加减一样。对于各种运算符的优先级，程序开发过程中有着标准的定义，具体内容如表 3-3 所示。

表 3-3

优 先 级	运 算 符
1	^
2	-(负)
3	*和/
4	\
5	Mod
6	+和-
7	&
8	=, <, >, >=, <=, Like, Is
9	And，Eqv，Imp，Or，Xor，Not

3.7 引用对象库

扫一扫，看视频

利用 VBE 环境进行代码定制时，有些程序需要使用到比较特殊的功能或模块。例如，在 Excel 中使用 Word 的功能，则必须在 Excel 中添加对 Word 的引用，而管理引用对象的即是 VBE 中提供的"对象库"功能。

下面介绍如何添加 Word 对象库。

❶ 在 VBE 操作界面中单击"工具→引用"菜单命令，打开"引用-VBAProject"对话框。

❷ 在"可使用的引用"列表框中勾选 Microsoft Word 16.0 Object Library
复选框，如图 3-29 所示。

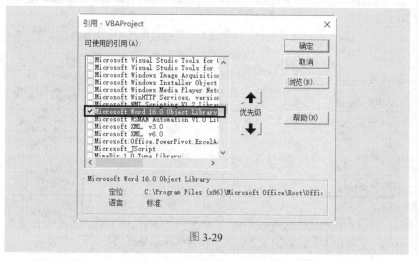

图 3-29

❸ 设置完成后单击"确定"按钮，即可添加 Word 对象库。

📣 注意：

> 如果要添加更多的外部引用对象，可以在"引用-VBAProject"对话框
> 中单击"浏览"按钮，在打开的"添加引用"对话框中选择需要添加的引用
> 对象，然后单击"打开"按钮。

3.8　Application（应用程序）对象

Application 对象是 Excel 对象模型中最高层级的对象，它代表应用程序
自身，也包含后面章节介绍的工作表、工作簿、单元格集合及其中包含的数
据。下面介绍一些基本操作方法和技巧实现，帮助大家更好地理解
Application 对象。

表 3-4 列出了 Application 对象的一些属性，它们在处理单元格和区域时
是非常有用的。

表 3-4

属　　性	返回的对象
ActiveCell	活动单元格
ActiveChart	活动图表工作表或工作表中包含在 ChartObject 对象中的图表。如果没有激活图表，则该属性为 Nothing
ActiveSheet	活动表
ActiveWindow	活动窗口
ActiveWorkbook	活动工作簿
Selection	被选中的对象，可以是 Range 对象、Shape 对象、Chart Object 对象等
ThisWorkbook	包含了正在被执行的 VBA 过程的工作簿

使用这些属性来返回对象，不需要给对象提供具体的引用，因此编写代码时不需要指定到具体的工作表、工作簿和单元格区域。

从某种意义上讲，Application 对象是指应用程序环境（如 Excel 环境），因此可以将其作为所有程序对象的容器。例如：日常生活中的"冰箱""空调""洗衣机"等，也可以统称为"家用电器"，即"家用电器"为容器。

（1）对象属性

在 Application 对象中包含了众多的属性设置，程序通过这些属性值影响着 Excel 环境。下面介绍几个比较重要的属性设置。

● Application.UserName：返回或设置当前用户的名称（属于 String 类型）。

```
MsgBox "Excel 当前用户名为： " & Application.UserName
```

● Application.Path：返回或设置 Excel 的安装路径。

```
MsgBox "Excel 的安装路径为： " & Application.Path
```

● Application.WorksheetFunction：返回 WorksheetFunction 对象。在其中包含了大量的计算公式。

下面通过一个具体的例子介绍如何计算某个指定单元格区域的最小值。

❶ 图 3-30 所示是要计算的区域，要求使用代码将各地区各季度中的最小营业额显示出来。

图 3-30

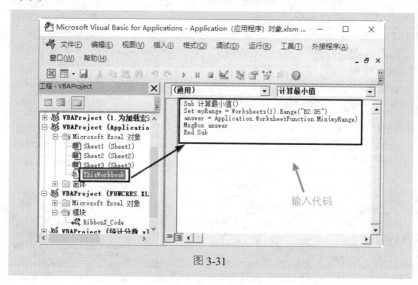

❷ 按 Alt+F11 组合键打开 VB 编辑器，在"工程"资源管理器中双击 ThisWorkbook，然后在右侧的代码编辑窗口中输入相应的代码，如图 3-31 所示。

图 3-31

❸ 输入完成后，按 F5 键运行代码，即可弹出如图 3-32 所示的消息对话框，计算出指定区域的最小值。

❹ 如果将代码中的 Min（myRange）改为 Max（myRange），即可计算出指定区域的最大值，如图 3-33 所示。

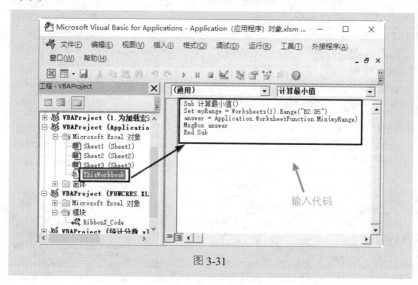

图 3-32   图 3-33

- Application.Caption：返回或设置 Excel 窗口的标题。

```
'设置 Excel 窗口的标题
MsgBox "Excel 窗口的标题为：" & Application.Caption
Application. Caption = 数据源
```

- Application.Visible：隐藏或显示 Excel 窗口。

```
'隐藏 Excel 窗口
Application.Visible = False
'显示 Excel 窗口
Application.Visible = True
```

- Application.Dialogs：返回一个 Dialogs 集合，该集合表示所有内置对话框，具有只读属性。

```
'显示"打开"对话框
Application.Dialogs(xlDialogOpen).Show
```

（2）对象方法

同属性一样，在 Application 中包含了大量的方法，经常运用的方法有以下几种。

- Add 方法：用于在 Application 对象中添加一个新的变量。

```
'在 Application 对象中添加一个值为 Test 的 App 变量
Application.Add("App","Test")
```

- Lock/UnLock 方法：用于锁定/解除锁定全部 Application 对象变量。

```
'在 Session_End 事件中先使用 Lock 方法锁定 Application 变量，
然后使用 UnLock 方法解除锁定 Application 变量
Void Session_End
Application.Lock
Application.UnLock
```

- SaveWorkSpace 方法：保存当前工作区。

```
'保存 saved workspace 工作区
Application.SaveWorkspace "saved workspace"
```

● GetOpenFileName 方法：用于显示标准的"打开"对话框，并获取用户文件名，而不必真正打开任何文件。

下面通过一个具体的例子介绍如何快速显示出"打开"对话框。

❶ 按 Alt+F11 组合键打开 VB 编辑器，依次单击"插入→模块"菜单命令，在 VB 编辑器中插入的模块 1 并输入如图 3-34 所示的代码。

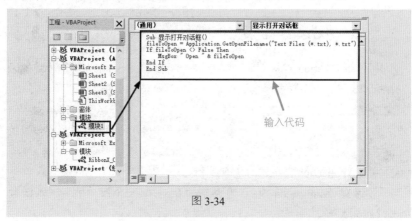

图 3-34

❷ 输入完成后，按 F5 键运行代码，即可弹出如图 3-35 所示的"打开"对话框。

图 3-35

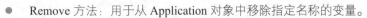

● Remove 方法：用于从 Application 对象中移除指定名称的变量。

```
'在 Application 对象中移除 App 的变量
Application.Remove("App")
```

（3）对象事件

Application 对象主要包含两个事件，即 Application_Start 事件和 Application_End 事件。

● Application_Start 事件。该事件在首次创建新的会话（即事件）之前发生，只有 Application 和 Server 内置对象可使用。

由于 Application 对象是多用户共享的，因此与 Session 对象有本质的区别，同时 Application 对象不会因为某一用户甚至全部用户的离开而消失，一旦建立了就会一直存在，直到该对象被卸载。另外，由于 Application 对象创建之后不会自行注销并且会占用内存，因此一定要小心使用，并且尽量避免降低服务器对其他工作的响应速度。

中止 Application 对象的方法有 3 种：中止服务、改变 Global.asax 文件（用于保存 Application_Start 事件触发的唯一一个脚本程序）、卸载 Application 对象。

● Application_End 事件。该事件在应用程序退出时于 Session_End 事件之后发生，同样只有 Application 和 Server 内置对象可使用。

Application_End 事件只有在服务中止或者 Application 对象卸载时才会触发，如果单独使用 Application 对象，该事件可以通过 Application 对象在利用 Unload 事件卸载时进行触发。

1. 查看操作系统名称和版本

下面介绍如何使用 Application 对象的相关属性查看当前计算机操作系统的名称以及版本。

❶ 新建 Excel 工作簿，启动 VBE 环境，单击"插入→模块"菜单命令，创建"模块 1"，在打开的代码编辑窗口中输入代码。

```
Public Sub 查看操作系统名称和版本()
    MsgBox "当前计算机操作系统的名称以及版本为：" & Application
.OperatingSystem
End Sub
```

❷ 按 F5 键运行代码，即可弹出对话框，显示当前计算机操作系统的名称和版本，如图 3-36 所示。

图 3-36

2. 查看 Excel 安装路径

如果要查看 Excel 在当前计算机中的安装路径，可以在 VB 编辑器中使用 Application 对象的 Path 属性查看。

扫一扫，看视频

❶ 新建 Excel 工作簿，启动 VBE 环境，单击"插入→模块"菜单命令，创建"模块 1"，在打开的代码编辑窗口中输入代码。

```
Public Sub 查看Excel安装路径()
    MsgBox "Excel 安装路径为: " & Application.Path
End Sub
```

❷ 按 F5 键运行代码，即可弹出对话框，显示 Excel 程序的具体安装路径，如图 3-37 所示。

图 3-37

3. 设置文件默认保存路径

如果要设置 Excel 文件在当前计算机中的默认保存路径，可以使用 Application 对象的 DefaultFilePath 属性来设置。

扫一扫，看视频

❶ 新建 Excel 工作簿，启动 VBE 环境，单击"插入→模块"菜单命令，创建"模块 1"，在打开的代码编辑窗口中输入代码。

```
Public Sub 设置文件默认保存路径()
    Dim myPath As String
    myPath = "C:\Program Files"
    Application.DefaultFilePath = myPath
```

```
        MsgBox "Excel 文件的默认保存位置被设置为: " & myPath
End Sub
```

❷ 按 F5 键运行代码，即可弹出对话框，显示 Excel 文件的默认保存路径，如图 3-38 所示。

图 3-38

4. 设置 Excel 窗口最大化

扫一扫，看视频

创建工作簿后我们可以对工作簿窗口的大小进行手动调整、最大化、最小化及设置自定义大小。下面介绍如何设置代码让 Excel 窗口最大化。

❶ 新建 Excel 工作簿，启动 VBE 环境，单击"插入→模块"菜单命令，创建"模块 1"，在打开的代码编辑窗口中输入代码。

```
Public Sub 设置Excel窗口最大化()
    Application.WindowState = xlMaximized
    ActiveWindow.WindowState = xlMaximized
End Sub
```

❷ 按 F5 键运行代码，即可将当前工作簿的窗口最大化显示。

5. 隐藏 Excel 窗口

扫一扫，看视频

下面介绍如何使用 Application 对象的 Visible 属性来隐藏 Excel 窗口。

❶ 新建 Excel 工作簿，启动 VBE 环境，单击"插入→模块"菜单命令，创建"模块 1"，在打开的代码编辑窗口中输入代码。

```
Public Sub 隐藏Excel窗口()
    Application.Visible = False
    MsgBox "当前Excel窗口已被隐藏！下面会重新显示Excel窗口！"
    Application.Visible = True
End Sub
```

❷ 按 F5 键运行代码，即可弹出对话框，显示窗口已被隐藏，如图 3-39

所示。

图 3-39

❸ 单击"确定"按钮，即可重新显示 Excel 窗口。

6. 修改 Excel 标题

下面介绍如何创建代码修改 Excel 标题，并迅速恢复至原来的标题。

扫一扫，看视频

❶ 新建 Excel 工作簿，启动 VBE 环境，单击"插入→模块"菜单命令，创建"模块 1"，在打开的代码编辑窗口中输入代码。

```
Public Sub 修改Excel标题()
    Application.Caption = "业绩报表"
    '将窗口标题文本设置为空字符串
    ActiveWindow.Caption = vbNullString
End Sub
```

❷ 按 F5 键运行代码，即可修改 Excel 标题为"业绩报表"，如图 3-40 所示。

图 3-40

❸ 继续在代码窗口下方输入第二段代码。

```
Public Sub 修改Excel标题1()
    '将应用程序的标题文本设置为空字符串
    Application.Caption = vbNullString
    ActiveWindow.Caption = ActiveWorkbook.Name
End Sub
```

❹ 按 F5 键运行代码，即可恢复开始的 Excel 标题，如图 3-41 所示。

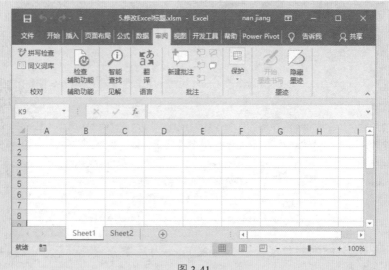

图 3-41

7. 批量修改工作表名称

扫一扫，看视频

创建表格后默认的名称为 Sheet1、Sheet2、Sheet3，下面介绍如何批量修改名称为"报表1""报表2""报表3"。

❶ 新建 Excel 工作簿，启动 VBE 环境，单击"插入→模块"菜单命令，创建"模块1"，在打开的代码编辑窗口中输入代码。

```
Public Sub 批量修改工作表名称()
    Dim i As Integer
    For i = 1 To Application.Sheets.Count
        Application.Sheets(i).Name = "报表" & i
    Next
End Sub
```

❷ 按 F5 键运行代码，即可看到工作表被批量重命名，如图 3-42 所示。

图 3-42

◀))) 代码解析:

　　代码中的 Application 对象的 Name 属性可以重新设置工作表标签的名称。

8. 重新设置工作表数量

　　Excel 2019 默认的表格数量只有一个,除了手动添加工作表,还可以设置代码快速添加指定数量的工作表。

扫一扫,看视频

　　❶ 新建 Excel 工作簿,启动 VBE 环境,单击"插入→模块"菜单命令,创建"模块 1",在打开的代码编辑窗口中输入代码。

```
Public Sub 重新设置工作表数量()
    Dim n As Integer
    Application.SheetsInNewWorkbook = 5 '设置工作表的数量
    n = Application.SheetsInNewWorkbook
    MsgBox "新工作簿中的工作表个数为 " & n & "个"
End Sub
```

　　❷ 按 F5 键运行代码,即可弹出对话框,显示新建工作簿后会自动创建 5 个工作表,如图 3-43 所示。

图 3-43

　　❸ 单击"确定"按钮后按 Ctrl+N 组合键,即可新建包含 5 个工作表的

新工作簿，如图 3-44 所示。

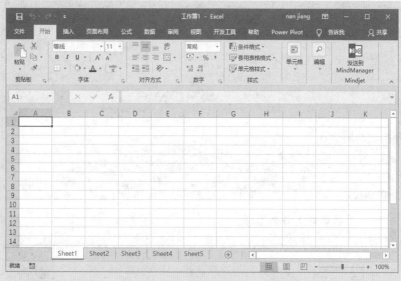

图 3-44

🔊 代码解析：

代码中的 Application 对象的 SheetsInNewWorkbook 属性可以重新设置工作表的数量。

9. 设置保存自动恢复信息时间间隔以及文件位置

扫一扫，看视频

为了防止意外，可以设置保存文件的自动恢复信息时间间隔以及保存文件的位置。

❶ 新建 Excel 工作簿，启动 VBE 环境，单击"插入→模块"菜单命令，创建"模块 1"，在打开的代码编辑窗口中输入代码。

```
Public Sub 设置保存自动恢复信息时间间隔以及文件位置()
    With Application.AutoRecover
        .Time = 3      '文件自动恢复信息的时间间隔
        .Path = "C:\Program Files"  '文件自动恢复的保存位置
    End With
End Sub
```

❷ 按 F5 键运行代码，再打开"Excel 选项"对话框，可以看到显示的

时间间隔和自动恢复文件位置，如图 3-45 所示。

图 3-45

🔊 代码解析：

代码中的 Application 对象的 AutoRecover 属性结合 Time 属性和 Path 属性，可以设置文件保存自动恢复信息的时间间隔以及文件位置。

10. 关闭文件时不显示提示框

如果对工作簿有过编辑修改，则关闭工作簿时会弹出警告提示框。下面介绍如何设置代码使得关闭文件时不再显示警告提示。

扫一扫，看视频

❶ 图 3-46 所示为关闭工作簿时弹出的警告提示框。

图 3-46

第 3 章 VBA 程序开发基础

❷ 新建 Excel 工作簿，启动 VBE 环境，单击"插入→模块"菜单命令，创建"模块 1"，在打开的代码编辑窗口中输入代码。

```
Public Sub 关闭文件时不显示提示框()
    Application.DisplayAlerts = False  '设置不显示提示框
    ThisWorkbook.Close                 '关闭工作簿
    '关闭结束后重新设置显示提示框
    Application.DisplayAlerts = True
End Sub
```

❸ 按 F5 键运行代码，当再次关闭工作簿时将不会弹出提示框。

📢 代码解析：

代码中的 Application 对象的 DisplayAlerts 属性设置为 False，可以避免在关闭文件时弹出提示框；设置为 True 则可重新显示提示框。

11. 安装加载宏

扫一扫，看视频

如果要在 Excel 工作表中安装加载使用宏，可以使用 Application 对象的 AddIns 属性安装指定某个加载宏。

❶ 新建 Excel 工作簿，启动 VBE 环境，单击"插入→模块"菜单命令，创建"模块 1"，在打开的代码编辑窗口中输入代码。

```
Public Sub 安装加载宏()
    Application.AddIns("分析工具库").Installed = True
End Sub
```

❷ 按 F5 键运行代码，切换至"数据"选项卡，可以看到安装加载的"数据分析"工具，如图 3-47 所示。

图 3-47

第 4 章 Range 对象

4.1 Range 对象概述

Range 对象是 Microsoft Excel 程序中最常用的对象，处于 Worksheet 对象的下一层。一个 Range 对象可以是一个单元格、一行、一列或者多个相邻/不相邻的单元格区域。

而在日常编程中，我们经常需要选中或者定位目标单元格，这时就需要用到 Range 对象。利用单元格对象的有关属性，可以设置单元格的字体格式、填充颜色、边框、对齐方式等。在操作 Excel 内的任何单元格区域之前，都需要将其表示为一个 Range 对象，然后才能使用该对象的方法和属性。

1. 对象属性

Range 对象的属性有多种，下面介绍其中几个常用的属性。

（1）Range 属性

Range 属性用于引用指定单元格或单元格区域。

```
'引用当前工作表中的 A1 单元格
Range("A1")
'引用当前工作表中的 A1:C10 单元格区域
Range("A1:C10")
'引用当前工作表中的名为 Data 的数据区域
Range("Data")
```

（2）Cell 属性

Cell 属性用于引用指定单元格，可以单独使用，也可以和 Range 属性联合起来使用。

```
'引用当前工作表中第 2 行第 3 列的单元格，即 C2 单元格
Cell(2,3)
'引用当前工作表中的 A1:D10 单元格区域
Range(cell(1,1),cell(10,4))
'引用 A1:F20 单元格区域中第 2 行第 5 列的单元格
Range("A1:F20").Cell(2,5)
```

（3）Value 属性

Value 属性用于获取指定单元格内的显示值。

```
'获取 B5 单元格内的显示值
Range("B5").Value
```

（4）Row 属性

Row 属性用于获取指定单元格的行值。

```
'获取 A1 单元格的行值
Range("A1").Row
```

（5）Column 属性

Column 属性用于获取指定单元格的列值。

```
'获取 A1 单元格的列值
Range("A1"). Column
```

（6）Count 属性

Count 属性用于获取单元格区域中的单元格个数。

```
'获取 A1:D5 单元格区域中的单元格个数
Range("A1:D5"). Count
```

2. 对象方法

扫一扫，看视频

Range 对象的方法主要是 Activate 方法、Select 方法、Copy 方法、Insert 方法、Delete 方法和 Clear 方法，具体应用如下。

（1）Activate 方法

Activate 方法用于激活指定的单元格或单元格区域。

```
'激活当前工作表中的 B2 单元格
Range("B2"). Activate
'激活当前工作表中的 A1:D5 单元格区域
Range("A1:D5"). Activate
```

（2）Select 方法

Select 方法用于选择指定的单元格或单元格区域。

```
'选择当前工作表中的 B2 单元格
Range("B2"). Select
'选择当前工作表中的 A1:D5 单元格区域
Range("A1:D5"). Select
```

（3）Copy 方法

Copy 方法用于将指定范围的单元格复制到剪贴板或目标位置。

'将 A1 单元格复制到 B10 单元格中
```
Range("A1").copy Destination:=Range("B10")
```
（4）Insert 方法

Insert 方法用于在工作表中插入一个单元格或单元格区域，其他单元格做相应的移动。

'在当前工作表的第 2 行插入单元格，则原来的第 2 行单元格将占据第 3 行的位置
```
Range("2").Insert
```
（5）Delete 方法

Delete 方法用于删除工作表中指定的单元格或单元格区域。

'删除当前工作表中的 B2:E5 单元格区域，并将其下的单元格向上移动
```
Range("B2:E5"). Delete Shift: = xlshiftUp
```
（6）Clear 方法

Clear 方法用于删除指定单元格或单元格区域中的全部信息。相关的方法还有 ClearContents 方法（删除单元格的公式和值）、ClearFormats 方法（删除单元格的格式）、ClearComments 方法（删除单元格的批注）。

'删除 A1:C10 单元格区域中的全部信息
```
Range("A1:C10"). Clear
```
'删除 A1:C10 单元格区域中的公式和值
```
Range("A1:C10"). ClearContents
```
'删除 A1:C10 单元格区域中的格式
```
Range("A1:C10"). ClearFormats
```
'删除 A1:C10 单元格区域中的批注
```
Range("A1:C10"). ClearComments
```

新建 Excel 工作簿，启动 VBE 环境，单击"插入→模块"菜单命令，创建"模块 1"，在打开的代码编辑窗口中输入如下代码，将 A1 单元格的对齐方式设置为水平居中。

```
Public Sub 设置单元格的对齐方式()
    Dim myRange As Range
    Set myRange = Range("A1")  '指定单元格
    With myRange
        .HorizontalAlignment = xlCenter
        MsgBox "水平居中"
        .VerticalAlignment = xlTop
    End With
```

```
      Set myRange = Nothing
End Sub
```

🔊 代码解析：

❶ MsgBox 功能是弹出一个对话框，等待用户单击按钮，并返回一个 Integer 值表示用户单击了哪一个按钮。本例中是在对话框中显示"水平居中"。

❷ HorizontalAlignment = xlCenter 表示设置单元格为水平居中格式。

4.2 设置单元格

利用 Range 对象的相关属性、方法可以为单元格设置字体格式、对齐方式、添加边框和下划线，也可以为单元格插入指定超链接或者批注信息。

1. 设置单元格的字体格式

扫一扫，看视频

在 VBA 中，可分别使用 Font 对象的 Name 属性、Size 属性、Bold 属性、Italic 属性、ColorIndex 属性来设置单元格的字体、字号、加粗、倾斜、文本颜色。

❶ 图 4-1 所示是当前工作表中 A1 单元格内默认字体格式的数据。

	A	B	C	D	E
1	各区销售业绩统计				
2	区域	业绩（万元）	负责人		
3	华东	19.8	刘倩		
4	华南	250.6	李东南		
5	沿海	330	张强		

图 4-1

❷ 启动 VBE 环境，单击"插入→模块"菜单命令，创建"模块 1"，在

打开的代码编辑窗口中输入如下代码，设置 A1 单元格内的文本为"等线"、18 号字、"加粗""不斜体""深红色"。

```
Public Sub 设置单元格的字体格式()
    Dim myRange As Range
    Dim myFont As Font
    Set myRange = Range("A1")        '指定单元格
    Set myFont = myRange.Font
    With myFont
        .Name = "等线"              '设置字体
        .Size = 18                   '设置字号
        .Bold = True                 '设置是否加粗
        .Italic = False              '设置是否倾斜
        .ColorIndex = 9              '设置文本颜色
    End With
    Set myFont = Nothing
    Set myRange = Nothing
End Sub
```

◀))) 代码解析：

Name 代表字体格式；Size 代表字号；Bold 代表字体是否加粗；Italic 代表字体是否设置为倾斜格式；ColorIndex 用来设置字体的颜色，不同的数值代表不同的颜色，本例中的数值 9 代表字体颜色为"深红色"。

❸ 按 F5 键运行代码后，结果如图 4-2 所示。

	A	B	C
1	各区销售业绩统计		
2	区域	业绩（万元）	负责人
3	华东	19.8	刘倩
4	华南	250.6	李东南
5	沿海	330	张强

图 4-2

2. 设置单元格的对齐方式

单元格的对齐方式主要包括水平左对齐（xlLeft）、水平右对齐（xlRight）、水平居中（xlCenter）、水平分散对齐（xlDistributed）、垂直靠上（xlTop）、垂直靠下（xlBottom）、

扫一扫，看视频

垂直居中（xlCenter）。在 VBA 中，使用 HorizontalAlignment 属性可以对单元格进行水平对齐设置，而使用 VerticalAlignment 方法则可以进行垂直对齐设置。

❶ 新建 Excel 工作簿，启动 VBE 环境，单击"插入→模块"菜单命令，创建"模块1"，在打开的代码编辑窗口中输入如下代码，将 A1 单元格的对齐方式设置为"水平居中"。

```vba
Public Sub 设置单元格的对齐方式()
    Dim myRange As Range
    Set myRange = Range("A1")   '指定单元格
    With myRange
        .HorizontalAlignment = xlCenter
        MsgBox "水平居中"
        .VerticalAlignment = xlTop
    End With
    Set myRange = Nothing
End Sub
```

📢 代码解析：

❶ MsgBox 的功能是弹出一个对话框，等待用户单击按钮，并返回一个 Integer 值表示用户单击了哪一个按钮。本例中是在对话框中显示"水平居中"。

❷ HorizontalAlignment = xlCenter 表示设置单元格为水平居中格式。

❷ 按 F5 键运行代码后，即可将 A1 单元格水平居中并弹出相应的对话框，如图 4-3 所示。

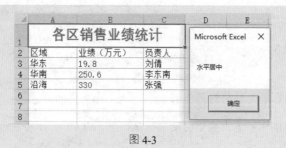

图 4-3

3. 为单元格插入超链接

在 VBA 中，仅使用 Hyperlinks 属性的 Hyperlinks 对象可以为指定单元格插入指向当前工作簿内部的超链接。本例中需要设置当单击 A5 单元格文本时，能够自动跳转至指定超链接，即跳转至 Sheet2 单元格中的 B6。

❶ 新建 Excel 工作簿，启动 VBE 环境，单击"插入→模块"菜单命令，创建"模块 1"，在打开的代码编辑窗口中输入如下代码，在 A5 单元格中插入指向 Sheet2 工作表中 B6 单元格的超链接。

```
Public Sub 为单元格插入超链接()
    Dim myRange As Range
    Dim myHyps As Hyperlinks
    Set myRange = Range("A5")        '指定需要插入超链接的单元格
    Set myHyps = myRange.Hyperlinks
    With myHyps
        .Delete                      '删除已经存在的超链接
        '插入指向当前工作簿内部的超链接
        .Add Anchor:=myRange, Address:="", SubAddress:=
"Sheet2!B6", _
            ScreenTip:="单击激活沿海地区明细销售数据"
    End With
    Set myHyps = Nothing
    Set myRange = Nothing
End Sub
```

❷ 按 F5 键运行代码后，可以看到 A5 单元格插入的超链接，如图 4-4 所示。

	A	B	C
1	各区销售业绩统计		
2	区域	业绩（万元）	负责人
3	华东	19.8	刘倩
4	华南	250.6	李东南
5	沿海	330	张强
6		单击激活沿海地区明细销售数据	
7			

图 4-4

4. 为单元格插入批注

本例中将使用 Comment 属性和 AddComment 方法为单元格添加批注。本例表格中需要为沿海地区的业绩数据添加批注，提示该数据明细可以在 Sheet2 工作表中进行详细查看。

❶ 新建 Excel 工作簿，启动 VBE 环境，单击"插入→模块"菜单命令，创建"模块 1"，在打开的代码编辑窗口中输入如下代码，设置在 B5 单元格中插入指向 Sheet2 工作表的批注。

```
Public Sub 为单元格插入批注()
    Dim myRange As Range
    Set myRange = Range("B5")        '指定需要添加批注的单元格
    With myRange
      On Error Resume Next
      .Comment.Delete                '删除已经存在的批注
      On Error GoTo 0
      '插入的批注
      .AddComment "Sheet2 工作表查看明细销售数据"
    End With
    Set myRange = Nothing
End Sub
```

❷ 按 F5 键运行代码后，可以看到 B5 单元格插入的批注，如图 4-5 所示。

图 4-5

5. 设置单元格底纹填充

扫一扫，看视频

在 VBA 中可以使用 Range 对象的相关属性设置指定单元格的底纹填充效果，下面看具体的代码如何设置。

❶ 新建 Excel 工作簿，启动 VBE 环境，单击"插入→模块"菜单命令，创建"模块 1"，在打开的代码编辑窗口中输入如下代码，为标题单元格设置"红色"底纹填充色。

```
Public Sub 设置单元格底纹填充()
    Dim myRange As Range
```

```
  Dim myItr As Interior
  Set myRange = Range("B5")        '指定单元格
  Set myItr = myRange.Interior
  myRange.Clear                    '清除单元格
  With myItr
      .ColorIndex = 3              '指定单元格填充颜色（红色）
  End With
  Set myItr = Nothing
  Set myRange = Nothing
End Sub
```

❷ 按 F5 键运行代码后，即可看到底纹填充效果，如图 4-6 所示。

	A	B	C	D
1	各区销售业绩统计			
2	区域	业绩（万元）	负责人	
3	华东	19.8	刘倩	
4	华南	250.6	李东南	
5	沿海		张强	
6				
7				

图 4-6

6. 为标题设置下划线

单元格的下划线格式有单下划线、双下划线，使用 Font 对象的 Underline 属性可以为单元格数据设置下划线效果。

❶ 新建 Excel 工作簿，启动 VBE 环境，单击"插入→模块"菜单命令，创建"模块 1"，在打开的代码编辑窗口中输入如下代码，为 A1 单元格设置下划线及取消下划线。

扫一扫，看视频

```
Public Sub 为标题设置下划线()
   Dim myRange As Range
   Set myRange = Range("A1")     '指定单元格
   With myRange
      MsgBox "下面将为 A1 单元格添加单下划线"
      .Font.Underline = xlUnderlineStyleSingle
      MsgBox "下面将为 A1 单元格添加双下划线"
      .Font.Underline = xlUnderlineStyleDouble
      MsgBox "下面将取消 A1 单元格的下划线"
      .Font.Underline = xlUnderlineStyleNone
   End With
```

```
        Set myChr = Nothing
        Set myRange = Nothing
End Sub
```

❷ 按 F5 键运行代码后，即可弹出相应的对话框，如图 4-7 所示。

图 4-7

❸ 单击"确定"按钮后，可弹出相应的对话框并添加单下划线，如图 4-8 所示。

图 4-8

❹ 再次单击"确定"按钮，即可为标题添加双下划线并弹出相应的对话框，如图 4-9 所示。

图 4-9

❺ 单击"确定"按钮，即可取消所有下划线效果，如图 4-10 所示。

图 4-10

7. 设置单元格的边框

在单元格中输入数据之后，可以使用 Range 对象的 Borders 集合对单元格区域边框应用格式，使用 BorderAround 方法可以为单元格区域添加外部边框。

扫一扫，看视频

❶ 新建 Excel 工作簿，启动 VBE 环境，单击"插入→模块"菜单命令，创建"模块 1"，在打开的代码编辑窗口中输入如下代码，为表格指定区域添加指定格式的边框效果。

```
Public Sub 设置单元格的边框()
    Dim rng As Range
    Set rng = Range("A2:C5")          '指定单元格区域
    With rng.Borders                  '设置单元格区域边框
        .LineStyle = xlContinuous     '设置边框线型
        .Weight = xlThin              '设置边框线宽
        .ColorIndex = 4               '设置边框颜色
    End With
    rng.BorderAround xlContinuous, xlThick, 6 '应用外边框
    Set rng = Nothing
End Sub
```

❷ 按 F5 键运行代码后，即可为表格添加指定格式的外部和内部边框，如图 4-11 所示。

图 4-11

8. 为过长单元格内容缩小字体

如果单元格内的字体过大导致无法完整显示在单元格内，则可以使用 ShrinkToFit 属性将单元格内的文字字体缩小显示。

❶ 新建 Excel 工作簿，启动 VBE 环境，单击"插入→模块"菜单命令，创建"模块 1"，在打开的代码编辑窗口中输入如下代码，使指定单元格的内容自适应单元格大小。

```vba
Public Sub 为过长单元格内容缩小字体()
    Dim myRange As Range
    Set myRange = Range("B2")    '指定单元格
    With myRange
        MsgBox "下面会缩小字体以适应单元格大小!"
        .ShrinkToFit = True
    End With
    Set myRange = Nothing
End Sub
```

❷ 按 F5 键运行代码后，弹出对话框，如图 4-12 所示。

图 4-12

❸ 单击"确定"按钮后，即可将 B2 单元格中的文字缩小以适应单元格大小，如图 4-13 所示。

图 4-13

9. 为单元格区域定义名称

为表格单元格区域定义名称，可以方便公式及数据的引用。下面介绍如何使用 Name 属性和 Add 方法为指定单元格区域定义名称。

❶ 新建 Excel 工作簿，启动 VBE 环境，单击"插入→模块"菜单命令，创建"模块 1"，在打开的代码编辑窗口中输入如下代码，为指定单元格区域定义名称。

```
Public Sub 为单元格区域定义名称()
    Dim myRange As Range
    '指定要定义名称的单元格区域
    Set myRange = Range("B3:B5")
    On Error Resume Next
    Names("销售业绩").Delete          '删除原有相同内容
    On Error GoTo 0
    myRange.Name = "销售业绩"          '定义新名称
    '选择定义了名称为"销售业绩"的单元格区域
    [销售业绩].Select
    Set myRange = Nothing
End Sub
```

❷ 按 F5 键运行代码后，即可为指定区域定义名称为"销售业绩"，如图 4-14 所示。

图 4-14

4.3 单元格常规操作

在使用 Excel VBA 编程时，除了设置单个单元格，还需要对单元格区域进行引用。单元格区域指的是工作表中由多个单元格组成的区域。单元格区域可以是整行、整列或由多个非连续区域组成。下面介绍一些常见的引用单元格的编程技巧。

1. 删除单元格公式和值

扫一扫，看视频

　　　　使用 VBA 代码可以删除工作表中的某部分单元格区域的公式和值。

　　❶ 图 4-15 所示的工作表中既包含公式也包含了值和批注信息。

　　❷ 启动 VBE 环境，单击"插入→模块"菜单命令，创建"模块 1"，在打开的代码编辑窗口中输入如下代码。

```
Sub 删除单元格的公式和值()
    Range("A2:A7").ClearContents
End Sub
```

　　❸ 按 F5 键运行代码后，即可将指定单元格区域中的值和公式全部删除，如图 4-16 所示。

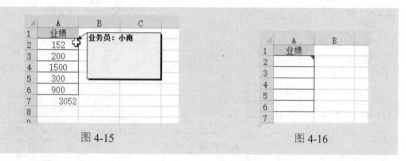

图 4-15　　　　　　　　　　　　　　　图 4-16

2. 复制单元格数值

扫一扫，看视频

　　　　使用 VBA 代码可以指定复制工作表中某部分单元格区域的数值。

　　❶ 新建 Excel 工作簿，启动 VBE 环境，单击"插入→模块"菜单命令，创建"模块 1"，在打开的代码编辑窗口中输入如下代码，将数据区域进行复制。

```
Public Sub 复制单元格数值()
    Dim myRange1  As Range
    Dim myRange2  As Range
```

```
Set myRange1 = Range("A1:C5")    '指定复制的单元格区域
Set myRange2 = Range("A8")    '指定目标位置的左上角单元格
myRange1.Copy
myRange2.PasteSpecial Paste:=xlPasteValues
Application.CutCopyMode = False
Set myRange1 = Nothing
Set myRange2 = Nothing
End Sub
```

❷ 按 F5 键运行代码后，即可将指定区域的数据复制到表格相应的单元格区域，如图 4-17 所示。

	A	B	C	D	E
1	各区销售业绩统计				
2	区域	业绩（万元）	负责人		
3	华东	19.8	刘倩		
4	华南	250.6	李东南		
5	沿海	320	张强		
6					
7					
8	各区销售业绩统计				
9	区域	业绩（万元）	负责人		
10	华东	19.8	刘倩		
11	华南	250.6	李东南		
12	沿海	320	张强		

图 4-17

3. 复制单元格格式

在 VBA 中，将 PasteSpecial 方式中的 Paste 参数设置为 xlPasteFormats，即可复制单元格的格式。

扫一扫，看视频

❶ 新建 Excel 工作簿，启动 VBE 环境，单击"插入→模块"菜单命令，创建"模块 1"，在打开的代码编辑窗口中输入如下代码，复制单元格格式。

```
Public Sub 复制单元格格式()
    Dim myRange1 As Range
    Dim myRange2 As Range
    Columns("E:G").Clear
    Set myRange1 = Range("A1:C5")    '指定要复制的单元格区域
    Set myRange2 = Range("E1")    '指定目标位置的左上角单元格
```

```
    myRange1.Copy
    myRange2.PasteSpecial Paste:=xlPasteFormats
    Set myRange1 = Nothing
    Set myRange2 = Nothing
End Sub
```

❷ 按 F5 键运行代码后，即可将左侧表格的单元格格式复制到指定位置，如图 4-18 所示。

	A	B	C	D	E	F	G
1	各区销售业绩统计						
2	区域	业绩（万元）	负责人				
3	华东	19.8	刘倩				
4	华南	250.6	李东南				
5	沿海	320	张强				
6							
7							

图 4-18

4. 按自定义序列重排单元格

扫一扫，看视频

本例中将使用 AddCustomList 方法为应用程序添加一个自定义序列，然后使用 Sort 方法按照这个序列来重新排列单元格。

❶ 新建 Excel 工作簿，启动 VBE 环境，单击"插入→模块"菜单命令，创建"模块 1"，在打开的代码编辑窗口中输入如下代码，按 E2:E6 单元格区域的自定义序列重排 B 列学历名称单元格。

```
Public Sub 按自定义序列重排单元格()
    '添加自定义序列 E2:E6 单元格区域
    Application.AddCustomList ListArray:=Range("E2:E6")
    Range("A1").Sort Key1:=Range("B1"), _
        Order1:=xlAscending, Header:=xlYes, _
        OrderCustom:=Application.CustomListCount + 1
    '删除新添加的自定义序列
    Application.DeleteCustomList _
    ListNum:=Application.CustomListCount
End Sub
```

❷ 按 F5 键运行代码后，即可将学历按指定内容重新排列，如图 4-19 所示。

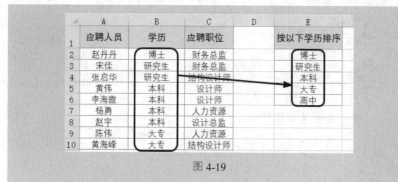

图 4-19

扫一扫，看视频

5. 快速移动单元格

如果需要对表格数据进行快速移动，可以使用 VBA 中的 Cut 方法快速移动指定单元格及其内容（包括格式）。

❶ 图 4-20 所示为需要进行数据移动的原始表格。

	A	B	C		G	H	I
1	销售员	上半年销售额	下半年销售额				
2					赵宇	56.8	88.6
3					张启华	110.6	152.2
4					李海霞	480	166.5
5					陈伟	120	200.5
6					黄伟	98	320
7					宋佳	79.9	195
8							
9							
10							

图 4-20

❷ 新建 Excel 工作簿，启动 VBE 环境，单击"插入→模块"菜单命令，创建"模块 1"，在打开的代码编辑窗口中输入如下代码，对单元格进行移动。

```
Public Sub 快速移动单元格()
    Range("G2:I7").Cut Destination:=Range("A2")
End Sub
```

❸ 按 F5 键运行代码后，即可将指定单元格数据移动到相应位置，如图 4-21 所示。

图 4-21

6. 快速选中单元格区域

扫一扫，看视频

如果要快速选中表格中的单元格区域，可以使用 Select 方法选中指定单元格区域。

❶ 新建 Excel 工作簿，启动 VBE 环境，单击"插入→模块"菜单命令，创建"模块 1"，在打开的代码编辑窗口中输入如下代码，选中指定单元格区域。

```
Public Sub 快速选中单元格区域()
    Range("A2:C7").Select    '选中单元格区域
    MsgBox "已选中 A2:C7 单元格区域"
End Sub
```

❷ 按 F5 键运行代码后，即可弹出对话框，并选中指定单元格区域 A2:C7，如图 4-22 所示。

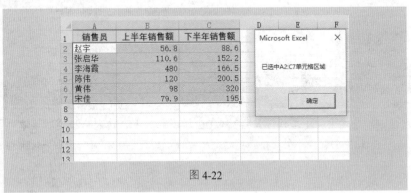

图 4-22

扫一扫，看视频

7. 合并、取消合并单元格

在 VBA 中，可以使用 Merge 方法、UnMerge 方法合并、取消合并单元格。

❶ 新建 Excel 工作簿，启动 VBE 环境，单击"插入→模块"菜单命令，创建"模块 1"，在打开的代码编辑窗口中输入如下代码。

```
Public Sub 合并单元格()
    Dim myRange As Range
    Set myRange = Range("A1:C1")      '指定任意单元格区域
    myRange.Merge                     '合并该单元格区域
    Set myRange = Nothing
End Sub
```

❷ 取消合并单元格的代码如下。

```
Public Sub 取消合并单元格1()
    Dim myRange As Range
    Set myRange = Range("A1")          '指定任意单元格
    If myRange.MergeArea.Address = myRange.Address Then
        MsgBox "该单元格不是合并单元格的一部分"
    Else
        '删除单元格的合并
        myRange.MergeArea.MergeCells = False
    End If
    Set myRange = Nothing
End Sub
```

❸ 按 F5 键运行第一段代码后，即可看到指定单元格区域被合并，如图 4-23 所示。

	A	B	C	D
1	2019年秋招应聘职位表			
2	应聘人员	学历	应聘职位	
3	赵宇	本科	财务总监	
4	张启华	本科	设计师	
5	李海霞	本科	人力资源	
6	陈伟	研究生	设计师	
7	黄伟	本科	设计总监	
8	宋佳	本科	人力资源	
9	杨勇	大专	设计师	
10	黄海峰	本科	设计师	
11	赵丹丹	博士	建筑设计师	

图 4-23

❹ 按 F5 键运行第二段代码后，即可看到合并的单元格被取消合并，如图 4-24 所示。

图 4-24

4.4 单元格的引用

在对单元格进行相关操作时，经常需要对单元格执行引用，本节将介绍一些单元格引用的方法。

1. Range 属性引用单元格

扫一扫，看视频

Range 属性的 A1 方式引用是单元格最常用的引用方式。

❶ 新建 Excel 工作簿，启动 VBE 环境，单击"插入→模块"菜单命令，创建"模块 1"，在打开的代码编辑窗口中输入如下代码，使用 Range 属性引用单元格。

```
Public Sub Range属性引用单元格()
    Dim myRange As Range
    Set myRange = Range("A1")          '指定引用的单元格
    myRange.Value = 2019               '指定单元格内的数据
    Set myRange = Nothing
End Sub
```

❷ 按 F5 键运行代码后，即可引用指定值，如图 4-25 所示。

图 4-25

2. 引用单列单元格区域

如果想要引用表格中的单列单元格区域，可以使用 Range 属性设置代码。

扫一扫，看视频

❶ 新建 Excel 工作簿，启动 VBE 环境，单击"插入→模块"菜单命令，创建"模块 1"，在打开的代码编辑窗口中输入如下代码，使用 Range 属性引用单列单元格。

```
Public Sub 引用单列单元格区域()
    Dim myRange As Range
    Set myRange = Range("A1:A10")
    myRange.Select
    Set myRange = Nothing
End Sub
```

❷ 按 F5 键运行代码后，即可引用 A 列，如图 4-26 所示。

	A	B	C	D
1	应聘人员	学历	应聘职位	
2	赵宇	本科	财务总监	
3	张启华	本科	设计师	
4	李海霞	本科	人力资源	
5	陈伟	研究生	设计师	
6	黄伟	本科	设计总监	
7	宋佳	本科	人力资源	
8	杨勇	大专	设计师	
9	黄海峰	本科	设计师	
10	赵丹丹	博士	建筑设计师	
11				

图 4-26

📢 代码解析：

> Range 为引用单列，如果要引用多列，可以将 Range 更改为 Columns。

3. 使用定义的名称引用单元格区域

如果表格中设置了名称，可以使用 Range 属性来引用定义的名称所指定的单元格区域。

扫一扫，看视频

❶ 新建 Excel 工作簿，启动 VBE 环境，单击"插入→模块"菜单命令，创建"模块 1"，在打开的代码编辑窗口中输入如下代码，使用 Range 属性引用定义的名称所在的单元格区域。

```
Public Sub 使用定义的名称引用单元格区域()
    Dim myRange As Range
```

```
    Set myRange = Range("应聘职位")
    myRange.Select
    Set myRange = Nothing
End Sub
```

❷ 按 F5 键运行代码后，即可选中已定义的名称所引用的单元格区域，如图 4-27 所示。

应聘职位		× ✓ fx	财务总监	
▲	A	B	C	D
1	应聘人员	学历	应聘职位	
2	赵宇	本科	财务总监	
3	张启华	本科	设计师	
4	李海霞	本科	人力资源	
5	陈伟	研究生	设计师	
6	黄伟	本科	设计总监	
7	宋佳	本科	人力资源	
8	杨勇	大专	设计师	
9	黄海峰	本科	设计师	
10	赵丹丹	博士	建筑设计师	
11				

图 4-27

4.5 单元格的查看

使用 Formula 属性、HasFormula 属性等方法可以查看单元格内的公式、引用数据情况、数字格式、值及批注信息。

1. 查看单元格内的公式

扫一扫，看视频

本例表格中使用了公式计算总业绩，下面需要使用 Formula 属性设置代码，查看指定单元格内设置的完整公式。

❶ 图 4-28 所示的工作表的 B6 单元格显示了计算公式。

B6		× ✓ fx	=SUM(B3:B5)	
▲	A	B	C	D
1	各区销售业绩统计			
2	区域	业绩（万元）	负责人	
3	华东	19.8	刘倩	
4	华南	250.6	李东南	
5	沿海	330	张强	
6	合计值	600.4		

图 4-28

❷ 启动 VBE 环境，单击"插入→模块"菜单命令，创建"模块 1"，在打开的代码编辑窗口中输入如下代码。

```
Public Sub 查看单元格内的公式()
    Dim myRange As Range
    Dim myFormula As String
    Set myRange = Range("B6")    '指定单元格
    If myRange.HasFormula = True Then
        myFormula = myRange.Formula
        MsgBox "单元格" & myRange.Address & "内输入的公式
为: " & myFormula
    Else
        MsgBox "未输入公式!"
    End If
    Set myRange = Nothing
End Sub
```

❸ 按 F5 键运行代码后，即可弹出对话框显示指定单元格内的公式，如图 4-29 所示。

图 4-29

2. 判断公式是否引用了其他工作表数据

如果表格中的某个单元格设置的公式引用了其他工作表数据，可以使用 HasFormula 属性判断是否引用了其他工作表数据。

❶ 图 4-30 所示的工作表的 B6 单元格显示了计算公式，这里的计算公式引用了其他工作表数据。

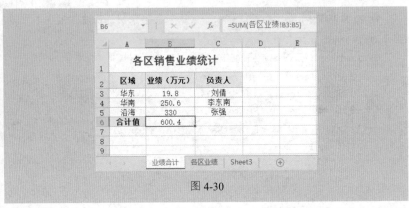

图 4-30

❷ 启动 VBE 环境，单击"插入→模块"菜单命令，创建"模块 1"，在打开的代码编辑窗口中输入如下代码。

```
Public Sub 判断公式是否引用了其他工作表数据()
    Dim myRange As Range
    Set myRange = Range("B6")    '指定单元格
    If myRange.HasFormula And InStr(myRange.Formula,"!")
> 0 Then
        MsgBox "单元格" & myRange.Address & "引用了其他工
作表!" _
            & vbCrLf & "引用的工作表为: " _
            & Mid(myRange.Formula, 2,
InStr(myRange.Formula, "!") - 2)
    Else
        MsgBox "未引用其他工作表!"
    End If
    Set myRange = Nothing
End Sub
```

❸ 按 F5 键运行代码后，即可弹出对话框，显示指定单元格内的公式引用了其他工作表，如图 4-31 所示。

图 4-31

3. 判断公式是否引用了其他工作簿数据

如果表格中的某个单元格设置的公式引用了其他工作簿
数据，可以使用 HasFormula 属性判断是否引用了其他工作簿
数据。

扫一扫，看视频

❶ 图 4-32 所示的两个工作簿分别是"各区业绩"和"业绩
合计"，其中"业绩合计"工作簿的 C1 单元格引用了工作簿"各区业绩"的
B2:B5 单元格区域。

图 4-32

❷ 启动 VBE 环境，单击"插入→模块"菜单命令，创建"模块 1"，在
打开的代码编辑窗口中输入如下代码。

```
Public Sub 判断公式是否引用了其他工作簿数据()
    Dim myRange As Range
    Set myRange = Range("C1")      '指定单元格
    If myRange.HasFormula And InStr(myRange.Formula,
"xls") > 0 Then
        MsgBox "单元格" & myRange.Address & "公式引用了其他
工作簿!"
    Else
        MsgBox "未引用其他工作簿!"
    End If
    Set myRange = Nothing
End Sub
```

第 4 章 Range 对象

121

❸ 按 F5 键运行代码后，即可弹出对话框，显示 C1 单元格中的公式引用了其他工作簿数据，如图 4-33 所示。

图 4-33

4. 查看单元格数字格式

扫一扫，看视频

如果要查看单元格内的数字格式，可以使用 NumberFormat-Local 属性设置代码。

❶ 打开 Excel 工作簿，启动 VBE 环境，单击"插入→模块"菜单命令，创建"模块 1"，在打开的代码编辑窗口中输入如下代码。

```
Public Sub 查看单元格数字格式()
    Dim myRange As Range
    Set myRange = Range("B3")    '指定单元格
    MsgBox "单元格 " & myRange.Address & "的格式为： " &
myRange.NumberFormatLocal
    Set myRange = Nothing
End Sub
```

❷ 按 F5 键运行代码后，即可弹出对话框，显示指定单元格的数字格式，如图 4-34 所示。

图 4-34

5. 查看单元格区域的行数和列数

使用 Rows 属性和 Count 属性可以查看指定单元格区域的行数，如果要查看指定单元格区域的列数，则可以使用 Columns 属性和 Count 属性设置代码。

扫一扫，看视频

❶ 打开 Excel 工作簿，启动 VBE 环境，单击"插入→模块"菜单命令，创建"模块 1"，在打开的代码编辑窗口中分别输入如下两段代码。

```
Public Sub 查看单元格区域的行数()
    Dim myRange As Range
    Set myRange = ActiveSheet.UsedRange   '指定的单元格区域
    MsgBox "单元格区域行数为" & myRange.Rows.Count
End Sub
Public Sub 查看单元格区域的列数()
    Dim myRange As Range
    Set myRange = ActiveSheet.UsedRange   '指定的单元格区域
    MsgBox "单元格区域列数为" & myRange.Columns.Count
End Sub
```

❷ 按 F5 键运行第一段代码后，即可弹出对话框，显示单元格区域的行数，如图 4-35 所示。

	A	B	C	D	E
1	区域	第1季度	第2季度	第3季度	第4季度
2	华中	34.5	77.8	90	83
3	华东	44	57	76	90
4	华北	56	78	39	50
5					

Microsoft Excel ×

单元格区域行数为 4

确定

图 4-35

❸ 继续运行第二段代码后，即可弹出对话框，显示单元格区域的列数，如图 4-36 所示。

图 4-36

6. 查看指定单元格的值

扫一扫，看视频

如果要查看表格中指定单元格的值，可以使用 Value 属性设置代码。

❶ 打开 Excel 工作簿，启动 VBE 环境，单击"插入→模块"菜单命令，创建"模块 1"，在打开的代码编辑窗口中输入如下代码。

```
Public Sub 查看指定单元格的值()
    Dim myRange As Range
    Set myRange = Range("D3")    '指定的单元格
    MsgBox "单元格" & myRange.Address & "的值为: " &
myRange.Value
    Set myRange = Nothing
End Sub
```

❷ 按 F5 键运行代码后，即可弹出对话框，显示指定单元格的值为 76，如图 4-37 所示。

图 4-37

7. 判断单元格是否插入批注

本例表格的标题添加了批注内容，下面介绍如何使用
Comment 属性判断指定单元格中是否确实包含批注，并显示出
批注的具体内容。

扫一扫，看视频

❶ 图 4-38 所示为当前工作表 A1 单元格中插入的批注
信息。

	A	B	C	D	E
1	各区销售业绩统计			JiangNan: 2019年销售业绩报表	
2	区域	业绩（万元）	负责人		
3	华东	19.8	刘倩		
4	华南	250.6	李东南		
5	沿海	330	张强		
6	合计值	600.4			
7					
8					
9					

图 4-38

❷ 启动 VBE 环境，单击"插入→模块"菜单命令，创建"模块 1"，在
打开的代码编辑窗口中输入如下代码。

```
Public Sub 判断单元格是否插入批注()
    Dim myRange As Range
    Dim myComment As Comment
    Set myRange = Range("A1")    '指定单元格
    With myRange
        On Error Resume Next
        Set myComment = .Comment
        On Error GoTo O
        If myComment Is Nothing Then
            MsgBox "未插入批注!"
        Else
            MsgBox "批注的内容为: " & vbCrLf & myComment.Text
        End If
    End With
End Sub
```

❸ 按 F5 键运行代码后，即可弹出对话框，显示单元格内插入的批注内

容, 如图 4-39 所示。

图 4-39

❹ 如果表格中没有批注信息, 运行代码后会弹出如图 4-40 所示的对话框。

图 4-40

第5章 工作表对象

5.1 工作表的引用

工作表（Worksheet）对象为用户提供了几个非常重要的属性、方法和事件。在使用 Worksheet 对象完成一些活动时，通常需要指定工作表，以便进行相应的操作，因此需要指明工作表的索引号或名称，例如，Worksheet(1)、Worksheet（"Sheet1"）等。

工作表是工作簿的基础，对 Excel 工作簿的操作都是在工作表中进行的。不同工作表之间的转换需要指定引用的工作表，下面介绍 Worksheet 对象属性和对象方法。

（1）Worksheet 对象属性

Worksheet 对象包含以下几个常用属性。

- Cells：返回一个 Range 对象，代表工作表中的所有单元格（不仅仅是当前使用的单元格）。
- Name：返回或设置一个 String 值，代表对象的名称。
- Names：返回一个 Names 集合，代表所有特定的工作表名称（使用 "WorksheetName!" 前缀定义的名称）。
- PageSetup：返回一个 PageSetup 对象，包含用于指定对象的所有页面设置。
- Range：返回一个 Range 对象，代表一个单元格或单元格区域。
- UsedRange：返回一个 Range 对象，该对象表示指定工作表上所使用的区域。
- Visible：返回或设置一个 XlSheetVisibility 值，确定对象是否可见。

（2）Worksheet 对象方法

Worksheet 属性的 Add 方法用于添加新的工作表，参数说明如下。

- Before：指定增加的工作表放置在某一个工作表之前（默认为活动

工作表之前）。

- After：指定增加的工作表放置在某一个工作表之后。
- Count：指定增加的工作表数目。
- Type：指定增加工作表的种类。默认为增加一个标准工作表（xlWorksheet）。

语法形式如下。

```
WorkSheet.Add [Before],[After],[Count],[Type]
```

Worksheet 属性的 Copy 方法用于将工作表复制到指定的位置，参数说明如下。

- Before：表示将在其之前放置所复制的工作表。
- After：表示将在其之后放置所复制的工作表。

语法形式如下。

```
Worksheet.Copy(Before,After)
```

Worksheet 属性的 Move 方法用于将工作表移动至指定的位置（与 Copy 方法相似），参数说明如下。

- Before：表示将在其之前放置所移动的工作表。
- After：表示将在其之后放置所移动的工作表。

语法形式如下。

```
Worksheet.Move(Before,After)
```

Worksheet 属性的 Delete 方法用于删除指定的工作表。

语法形式如下。

```
Worksheet.Delete
```

例如，删除 Sheet1 工作表，具体代码如下。

```
Worksheets("Sheet1").Delete
```

（3）Worksheet 对象事件

Worksheet 对象具有 9 种不同的事件，包括 Activate、BeforeDoubleClick、BeforeRightClick、Calculate、Change、Deactivate、FollowHyperLink、PivotTableUpdate、SelectionChange。下面对其中几个常用事件进行说明。

- Activate 事件：当工作表被激活或者进行工作表间切换时，就会发生该事件。
- BeforeDoubleClick 事件：当双击工作表时将发生此事件。此事件先于默认的双击操作，通常用于激活与当前工作表或单元格存在关联的窗体或功能。

- BeforeRightClick 事件：右击工作表时将发生此事件。此事件先于默认的右击操作，通常用于改变在工作表中的右键列表选项。
- Calculate 事件：在对工作表进行重新计算之后将发生此事件。
- Change 事件：当用户更改工作表中的单元格值，或因外部链接引起单元格的更改时将发生此事件。
- SelectionChange 事件：当工作表中的选定区域发生改变时将发生此事件。

1. 引用所有工作表

在工作表中可以使用 Worksheets 集合的 Count 属性对所有工作表集合进行循环，再利用循环语句来引用所有工作表。

扫一扫，看视频

❶ 新建 Excel 工作簿，启动 VBE 环境，单击"插入→模块"菜单命令，创建"模块 1"，在打开的代码编辑窗口中输入如下代码。

```
Public Sub 引用所有工作表()
    Dim i As Integer
    Dim wb As Workbook
    Dim ws As Worksheet
    Set wb = ThisWorkbook        '指定工作簿
    For i = 1 To wb.Worksheets.Count
        Set ws = wb.Worksheets(i)
        MsgBox "第" & i & "个工作表的名称为：" & ws.Name
    Next i
    Set ws = Nothing
    Set wb = Nothing
End Sub
```

❷ 按 F5 键运行代码后，即可依次弹出如图 5-1 和图 5-2 所示的对话框。

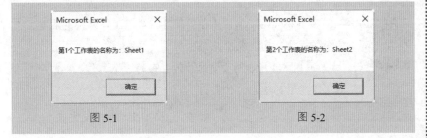

图 5-1　　　　　　　　　　　　　　图 5-2

2. 使用名称引用工作表

工作表标签中显示了工作簿中所有工作表的名称，用户可以使用 Worksheets 集合来引用这些工作表名称。

❶ 新建 Excel 工作簿，启动 VBE 环境，单击"插入→模块"菜单命令，创建"模块 1"，在打开的代码编辑窗口中输入如下代码，使用名称引用当前工作簿中指定的工作表。

```
Public Sub 使用名称引用工作表()
    Dim ws As Worksheet
    Dim myName As String
    Set wb = ThisWorkbook            '指定当前工作簿
    myName = "2019秋招应聘职位表"      '指定当前工作表的名称
    Set ws = wb.Worksheets(myName)
    MsgBox "引用的工作表名称为: " & ws.Name
    Set ws = Nothing
    Set wb = Nothing
End Sub
```

❷ 按 F5 键运行代码后，即可弹出对话框，如图 5-3 所示。

图 5-3

3. 引用当前活动工作表

本例将介绍如何使用相关属性将当前工作簿中的活动工作表名称改为指定的名称。

❶ 图 5-4 所示为当前工作簿包含的 3 个工作表，第一个工作表是当前的活动工作表。

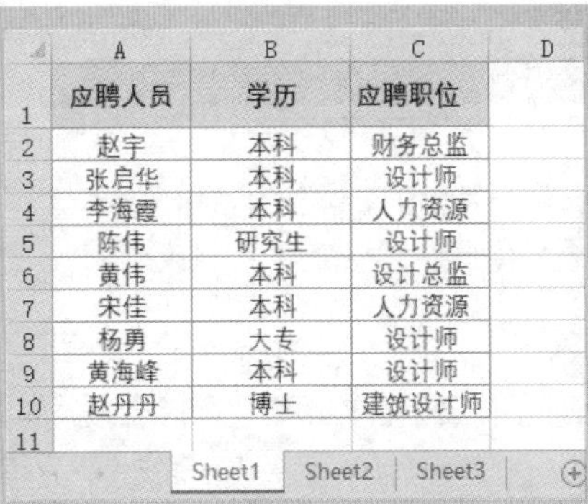

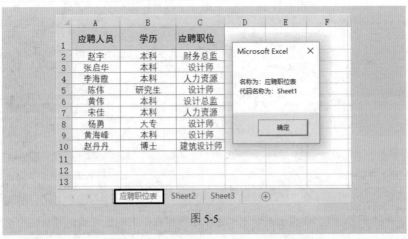
图 5-4

❷ 启动 VBE 环境，单击"插入→模块"菜单命令，创建"模块 1"，在打开的代码编辑窗口中输入如下代码，将当前工作表的名称修改为"应聘职位表"。

```
Public Sub 引用当前活动工作表()
    With ActiveSheet
      .Name = "应聘职位表"
      MsgBox "名称为: " & .Name & vbCrLf & "代码名称为:"
& .CodeName
    End With
End Sub
```

❸ 按 F5 键运行代码后，即可看到引用的工作表名称被修改为"应聘职位表"，如图 5-5 所示。

图 5-5

5.2 查看工作表信息

在 Worksheet 对象中包含了工作表的名称及多个工作表，下面介绍如何设置代码查看工作表的信息。

1. 查看工作表名称

扫一扫，看视频

本例工作簿中包含多个工作表，用户可以使用 Name 属性结合循环语句查看所有工作表的名称。

❶ 新建 Excel 工作簿，启动 VBE 环境，单击"插入→模块"菜单命令，创建"模块 1"，在打开的代码编辑窗口中输入如下代码，查看各工作表的名称。

```
Public Sub 查看工作表名称()
    Dim ws As Worksheet
    Columns(1).Clear
    Range("A1") = "当前工作簿中所有工作表的名称"
    For Each ws In Worksheets
        Cells(Rows.Count, 1).End(xlUp).Offset(1).Value =
ws.Name
    Next
    Set ws = Nothing
End Sub
```

❷ 按 F5 键运行代码后，即可将所有工作表的名称显示出来，如图 5-6 所示。

图 5-6

扫一扫，看视频

2. 查看工作簿中是否有指定的工作表

如果要判断工作簿中是否存在指定的工作表，可以使用对

Worksheets 集合指定成员名称。

❶ 新建 Excel 工作簿，启动 VBE 环境，单击"插入→模块"菜单命令，创建"模块 1"，在打开的代码编辑窗口中输入如下代码，判断工作表是否存在。

```
Public Sub 查看工作簿中是否有指定的工作表()
    Dim ws As Worksheet
    Dim myName As String
    myName = "招聘职位表"
    On Error Resume Next
    Set ws = Worksheets(myName)
    On Error GoTo 0
    If ws Is Nothing Then
        MsgBox "工作表" & myName & "不存在。"
    Else
        MsgBox "工作表" & myName & "存在。"
    End If
    Set ws = Nothing
End Sub
```

❷ 按 F5 键运行代码后，即可弹出提示是否存在指定工作表的对话框，如图 5-7 所示。

图 5-7

5.3 工作表常规操作

工作表的常规操作包括新建、复制、删除及切换等，本节将介绍如何使用相应的属性和方法来对工作表进行一些基本操作。

1. 添加新工作表

新建工作表是使用工作表时经常需要用到的一个操作，可以使用 Worksheets 集合或 Sheets 集合的 Add 方法新建工作表，再使用 Name 属性为新添加的工作表重命名。

❶ 新建 Excel 工作簿，启动 VBE 环境，单击"插入→模块"菜单命令，创建"模块 1"，在打开的代码编辑窗口中输入如下代码。

```
Public Sub 添加新工作表()
    Sheets.Add After:=Sheets(Sheets.Count)
    ActiveSheet.Name = "华东区业绩明细"
End Sub
```

❷ 按 F5 键运行代码后，即可新建指定名称的工作表，如图 5-8 所示。

图 5-8

2. 重命名工作表

如果要重新命名工作表，可以使用 Name 属性实现，结合 Add 方法还可以重命名新建的工作表。

❶ 新建 Excel 工作簿，启动 VBE 环境，单击"插入→模块"菜单命令，创建"模块 1"，在打开的代码编辑窗口中输入如下代码，重命名指定工作表。

```
Public Sub 重命名工作表()
    Dim ws As Worksheet
    Set ws = Worksheets(1)        '指定任意工作表
    On Error Resume Next
    ws.Name = "招聘职位表"
    MsgBox "指定工作表已重命名为 " & ws.Name
    Set ws = Nothing
End Sub
```

❷ 按 F5 键运行代码后，即可将指定工作表重新命名，如图 5-9 所示。

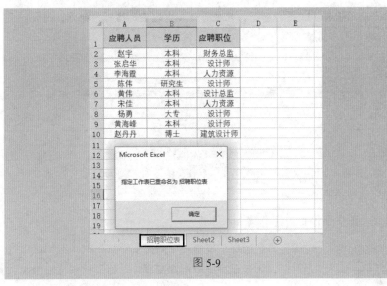

图 5-9

3. 保护工作表中的单元格

如果要保护工作表中的某个单元格，可以按照下面的方法设置代码。

扫一扫，看视频

❶ 新建 Excel 工作簿，启动 VBE 环境，单击"插入→模块"菜单命令，创建"模块 1"，在打开的代码编辑窗口中输入如下代码。

```
Public Sub 保护工作表中的单元格()
    Dim ws As Worksheet
    Set ws = Worksheets(1)          '指定要保护的工作表
    With ws
        .Protect Password:="111"    '设置保护密码
        .Protect Contents:=True     '保护单元格内容
    End With
End Sub
```

❷ 取消保护当前工作表单元格的代码如下。

```
Public Sub 取消保护工作表单元格()
    Dim ws As Worksheet
    Set ws = Worksheets(1)          '指定要取消保护的工作表
    ws.Unprotect Password:="111"
End Sub
```

❸ 将光标置于第一段代码中，按 F5 键运行代码后，即可将当前工作表

的单元格以密码 111 进行保护，此时若对其中的单元格进行操作，则会弹出如图 5-10 所示的警告信息对话框。

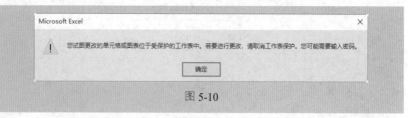

图 5-10

❹ 再将光标置于第二段代码中，按 F5 键运行代码后，即可取消保护当前工作表的单元格。

4. 操作受保护的工作表

扫一扫，看视频

对工作表执行保护操作后，如果要对其中的某些部分进行修改，可以使用代码首先取消保护操作，再进行相应的修改，修改之后再次重新保护工作表即可。

❶ 打开 Excel 工作簿，启动 VBE 环境，单击"插入→模块"菜单命令，创建"模块 1"，在打开的代码编辑窗口中输入如下代码。

```
Public Sub 操作受保护的工作表()
  With ActiveSheet
    .Unprotect
    .Range("A1").Value = "录用人员"
    .Protect
  End With
End Sub
```

❷ 按 F5 键运行代码后，即可看到 A1 单元格被修改为"录用人员"，如图 5-11 所示。

	A	B	C	D
1	录用人员	学历	应聘职位	
2	赵宇	本科	财务总监	
3	张启华	本科	设计师	
4	李海鑫	本科	人力资源	
5	陈伟	研究生	设计师	
6	黄佳	本科	设计总监	
7	宋佳	本科	人力资源	
8	杨勇	大专	设计师	
9	黄海峰	本科	设计师	
10	赵丹丹	博士	建筑设计师	

图 5-11

5. 隐藏工作表行列标题

在 Excel 的实际操作过程中，若要隐藏或显示某个工作表的行列标题，可以使用 Windows 对象的 DisplayHeadings 属性来实现，将其设置为 False，即可隐藏行列标题；设置为 True，即可显示行列标题。

❶ 新建 Excel 工作簿，启动 VBE 环境，单击"插入→模块"菜单命令，创建"模块 1"，在打开的代码编辑窗口中输入如下代码，隐藏当前工作簿中指定工作表的行列标题。

```
Public Sub 隐藏工作表行列标题()
    Dim ws As Worksheet
    Set ws = Worksheets(1)          '指定工作表
    ws.Activate                     '激活工作表
    '隐藏工作表的行列标题
    ActiveWindow.DisplayHeadings = False
End Sub
```

❷ 按 F5 键运行代码后，即可隐藏工作表的行列标题，如图 5-12 所示。

应聘人员	学历	应聘职位
赵宇	本科	财务总监
张启华	本科	设计师
李海霞	本科	人力资源
陈伟	研究生	设计师
黄伟	本科	设计总监
宋佳	本科	人力资源
杨勇	大专	设计师
黄海峰	本科	设计师
赵丹丹	博士	建筑设计师

图 5-12

❸ 继续在模块 1 中的第一段代码下方输入如下代码，可以显示当前工作簿中第二个工作表的行列标题。

```
Public Sub 显示()
    Dim ws As Worksheet
    Set ws = Worksheets(1)          '指定工作表
    ws.Activate                     '激活工作表
    '显示工作表的行列标题
    ActiveWindow.DisplayHeadings = True
End Sub
```

❹ 按 F5 键运行代码后，即可重新显示工作表的行列标题，如图 5-13 所示。

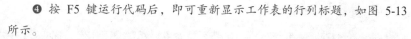

图 5-13

6. 隐藏指定工作表

扫一扫，看视频

在 VBA 中，可以利用 Worksheet 对象的 Visible 属性来设置工作表的显示状态。Visible 有 3 个属性，xlSheetVisible 是显示，xlSheetHidden 和 xlSheetVeryHidden 是隐藏。xlSheetHidden 隐藏后，还可以通过 Excel 菜单使其显示；而 xlSheetVeryHidden 隐藏后只能在 VBA 里取消隐藏。

❶ 当前打开的工作簿中包含两个工作表，如图 5-14 所示。

图 5-14

❷ 启动 VBE 环境，单击"插入→模块"菜单命令，创建"模块 1"，在打开的代码编辑窗口中输入如下代码，对当前工作簿中的第二个工作表进行先隐藏后显示。

```
Public Sub 隐藏指定工作表()
    Dim ws As Worksheet
    Set ws = Worksheets(1)
    With ws
```

```
        .Visible = xlSheetHidden
        MsgBox "工作表被隐藏，可以通过 Excel 菜单使其显示。"
        .Visible = xlSheetVeryHidden
        MsgBox "工作表被隐藏，不能通过 Excel 菜单使其显示。"
        .Visible = xlSheetVisible
        MsgBox "已重新显示工作表。"
    End With
    Set ws = Nothing
End Sub
```

❸ 按 F5 键运行代码后，即可先隐藏后显示指定工作表，并依次弹出如图 5-15~图 5-17 所示的对话框。

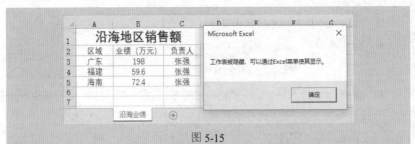

图 5-15

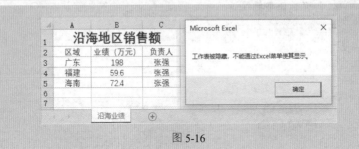

图 5-16

图 5-17

7. 设置工作表标签颜色

本例中将利用 Worksheet 对象的 Tab 属性返回 Tab 对象，然后利用该对象的 ColorIndex 属性来设置工作表标签的颜色。

扫一扫，看视频

❶ 新建 Excel 工作簿，启动 VBE 环境，单击"插入→模块"菜单命令，创建"模块 1"，在打开的代码编辑窗口中输入如下代码，利用 ColorIndex 属性将当前工作簿中的第三个工作表标签颜色设置为红色。

```
Public Sub 设置工作表标签颜色()
    Dim ws As Worksheet
    Set ws = Worksheets(1)
    ws.Tab.ColorIndex = 3
    MsgBox "指定工作表标签颜色显示为红色，下面将恢复为默认值!"
    ws.Tab.ColorIndex = xlColorIndexNone
    Set ws = Nothing
End Sub
```

❷ 按 F5 键运行代码后，即可将指定的 Sheet2 工作表标签颜色设置为红色，并弹出如图 5-18 所示的对话框。

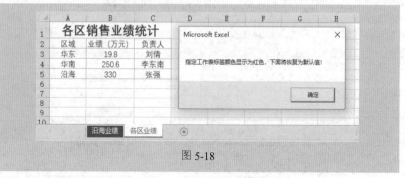

图 5-18

8. 复制指定工作表

扫一扫，看视频

下面介绍如何使用 Copy 方法结合 Before 和 After 两个可选位置来复制工作表。

❶ 新建 Excel 工作簿，启动 VBE 环境，单击"插入→模块"菜单命令，创建"模块 1"，在打开的代码编辑窗口中输入如下代码，复制工作表到相应位置。

```
Public Sub 复制指定工作表()
```

```
Dim ws As Worksheet
Set ws = Worksheets(1)                 '指定要复制的工作表
With Worksheets
    '复制到当前工作簿的最后位置
    ws.Copy After:=.Item(.Count)
    ws.Copy Before:=.Item(1) '复制到当前工作簿的最前位置
    ws.Copy                        '复制到新建的工作簿中
End With
Set ws = Nothing
End Sub
```

❷ 按 F5 键运行代码后，即可在指定位置显示复制的工作表，并将其复制到新工作簿，如图 5-19 所示。

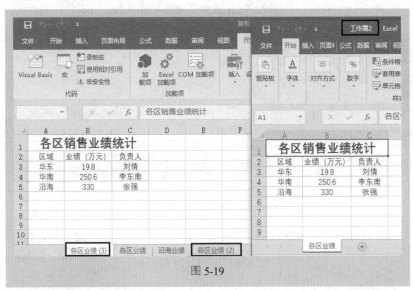

图 5-19

9. 删除指定工作表

下面介绍删除指定工作表的方法，可以防止弹出信息提示框，直接将指定工作表删除。

❶ 新建 Excel 工作簿，启动 VBE 环境，单击"插入→模块"菜单命令，创建"模块 1"，在打开的代码编辑窗口中输入如下代码，删除指定工作表。

扫一扫，看视频

```
Public Sub 删除指定工作表()
```

```
    On Error Resume Next
    Dim ws As Worksheet
    Set ws = Worksheets(2)     '指定要删除的工作表
    If Worksheets.Count > 1 Then
       Application.DisplayAlerts = False
       ws.Delete
       Application.DisplayAlerts = True
    Else
       MsgBox "当前只剩下最后一张工作表，不可删除！"
    End If
    Set ws = Nothing
End Sub
```

❷ 按 F5 键运行代码后，即可快速删除指定工作表，如图 5-20 所示。

图 5-20

❸ 继续运行代码，即可弹出如图 5-21 所示的对话框。

Microsoft Excel ✕

当前只剩下是最后一张工作表，不可删除！

确定

图 5-21

10. 快速切换工作表

扫一扫，看视频

下面介绍如何使用 Select 方法在工作簿中快速切换至指定的工作表中。

❶ 图 5-22 所示为包含多个工作表的工作簿。下面需要快速

切换至 Sheet3。

图 5-22

❷ 启动 VBE 环境，单击"插入→模块"菜单命令，创建"模块 1"，在打开的代码编辑窗口中输入如下代码。

```
Public Sub 快速切换工作表()
    Dim ws As Worksheet
    Set ws = Worksheets(3)    '指定切换到的工作表
    ws.Select
    Set ws = Nothing
End Sub
```

❸ 按 F5 键运行代码后，即可快速跳转至 Sheet3，如图 5-23 所示。

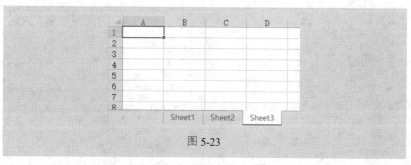

图 5-23

11. 快速选中所有工作表

下面介绍如何使用 Worksheets 集合的 Select 方法来快速选中当前工作簿中的所有工作表。

❶ 打开工作簿，启动 VBE 环境，单击"插入→模块"菜单

扫一扫，看视频

命令，创建"模块1"，在打开的代码编辑窗口中输入代码。

```
Public Sub 快速选中所有工作表()
    Worksheets.Select
End Sub
```

❷ 按 F5 键运行代码后，可以看到 3 个工作表被选中，如图 5-24 所示。

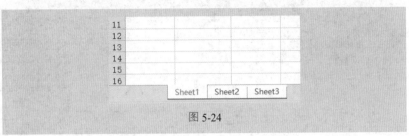

图 5-24

12. 删除所有空白工作表

扫一扫，看视频

本例工作簿中包含多个空白的工作表，下面介绍如何使用 IsBlankSheet 函数判断出空白工作表，再使用 DisplayAlerts 属性关闭所有空白工作表。

❶ 图 5-25 所示为包含多个工作表的工作簿。除"招聘职位表"之外，其他 3 个都是空白工作表，下面设置代码将 3 个空白表格删除。

	A	B	C	D	E	F
1	应聘人员	学历	应聘职位			
2	赵宇	本科	财务总监			
3	张启华	本科	设计师			
4	李海霞	本科	人力资源			
5	陈伟	研究生	设计师			
6	黄伟	本科	设计总监			
7	宋佳	本科	人力资源			
8	杨勇	大专	设计师			
9	黄海峰	本科	设计师			
10	赵丹丹	博士	建筑设计师			

招聘职位表　面试人员　笔试人员　录用人员　⊕

图 5-25

❷ 启动 VBE 环境，单击"插入→模块"菜单命令，创建"模块1"，在打开的代码编辑窗口中输入如下代码，删除所有空白工作表。

```
Option Explicit
Function IsBlankSheet(Sht As Variant) As Boolean
    If TypeName(Sht) = "String" Then Set Sht =
```

```
Worksheets(Sht)
   If Application.CountA(Sht.UsedRange.Cells) = 0 Then
      IsBlankSheet = True
   End If
End Function

Sub DeleteBlankSheet()
   Dim Sht As Worksheet
   Application.DisplayAlerts = False
   For Each Sht In Worksheets
      If IsBlankSheet(Sht) Then Sht.Delete
   Next
   Application.DisplayAlerts = True
End Sub
```

❸ 按 F5 键运行代码后，即可快速删除所有空白工作表，如图 5-26 所示。

	A	B	C	D
1	应聘人员	学历	应聘职位	
2	赵宇	本科	财务总监	
3	张启华	本科	设计师	
4	李海霞	本科	人力资源	
5	陈伟	研究生	设计师	
6	黄伟	本科	设计总监	
7	宋佳	本科	人力资源	
8	杨勇	大专	设计师	
9	黄海峰	本科	设计师	
10	赵丹丹	博士	建筑设计师	

招聘职位表

图 5-26

第6章 工作簿对象

6.1 工作簿对象概述

工作簿（Workbook）对象代表 Microsoft Excel 工作簿，处于 Application 对象的下一层。一个 Workbook 对象就是一个 Excel 文件，多个 Workbook 对象则组成 Workbooks 集合。

1. Workbook 对象声明

扫一扫，看视频

在对工作簿进行操作时，必须指定工作簿，在 VBA 中声明一个 Workbook 对象，通常采用 3 种方式，分别是 Workbook 对象、ActiveWorkbook 对象和 ThisWorkbook 对象。

（1）Workbook 对象

Workbook 对象表示当前打开的所有 Excel 文件，可以通过工作簿索引号或工作簿名称进行工作簿的指定。

（2）ActiveWorkbook 对象

ActiveWorkbook 对象表示当前处于活动状态的工作簿。

（3）ThisWorkbook 对象

ThisWorkbook 对象表示对包含该语句的工作簿有效。

2. 创建工作簿

扫一扫，看视频

利用 VBA 创建工作簿，需要使用 Workbooks 集合中的 Add 方法。语法形式如下：Workbook.Add（模板），"模板" 参数可以取的常量值如下。

● xlWBATWorksheet：表示采用只包含一个工作表的工作簿模板。

● xlWBATChart：表示创建包含一个图表的工作簿。

● xlWBATExcel4MacroSheet：表示创建包含一个 Excel 4 的宏表的工作簿。

- xlWBATExcel4IntMacroSheet：表示创建包含一个 Excel 4 的国际性宏表的工作簿。

❶ 新建 Excel 工作簿，启动 VBE 环境，单击"插入→模块"菜单命令，创建"模块 1"，在打开的代码编辑窗口中输入如下代码。

```
Sub 创建带图表的工作簿()
Workbooks.Add xlWBATChart  '创建包含一个图表的工作簿
End Sub
```

❷ 按 F5 键运行代码，即可创建并打开一个包含图表的工作簿，如图 6-1 所示。

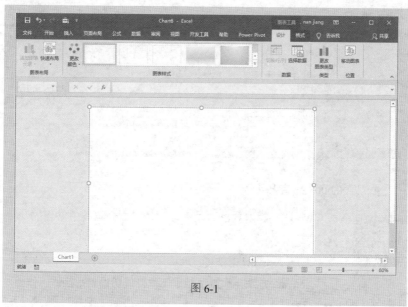

图 6-1

3. Workbook 对象属性

Workbook 常用对象属性如下。

- Workbook.Name：返回工作簿的文件名。
- Workbook.FullName：返回包括完整路径的工作簿文件名。
- Workbook.Path：返回工作簿文件的完整路径，但不包括文件名。
- Workbook.Saved：确定工作簿中是否有过保存的更改，若没有即返回 False。

扫一扫，看视频

● Workbook.Password：返回或设置打开指定工作簿必须提供的密码。

❶ 新建 Excel 工作簿，启动 VBE 环境，单击"插入→模块"菜单命令，创建"模块 1"，在打开的代码编辑窗口中输入如下代码。

```
Sub ABC()
    MsgBox "当前活动工作簿的名称为: " & ActiveWorkbook.Name
End Sub
```

❷ 按 F5 键运行代码，即可弹出返回当前活动工作簿名称的对话框，如图 6-2 所示。

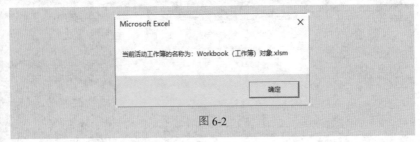

图 6-2

4. Workbook 对象方法

扫一扫，看视频

Workbook 对象的方法有多种，下面介绍其中常用的几种方法。

（1）Activate 方法

Activate 方法用于激活指定工作簿或切换到指定的工作簿。

（2）Close 方法

Close 方法用于关闭指定的工作簿。

（3）Save 方法

Save 方法用于保存指定的工作簿保存。

（4）SaveAs 方法

SaveAs 方法用于将指定的工作簿以另一个名称保存。

（5）Protect 方法

Protect 方法用于设置工作簿保护密码。

5. Workbook 对象事件

Workbook 对象主要包含以下几个事件。

（1）Open 事件

Open 事件是工作簿对象的默认事件。当打开工作簿时，这
个事件就被激活。

（2）Activate 事件

当激活一个工作簿时产生 Activate 事件。

```
'当激活当前工作簿时，就在活动工作表的A1单元格中输入12345
Sub Workbook_Activate()
Range("A1") = "12345"
```

（3）BeforeClose 事件

BeforeClose 事件发生在工作簿被关闭的时候。

```
'关闭当前工作簿时不保存工作簿
Sub Workbook_BeforeClose (Cancel As Boolean)
ThisWorkbook.Close savechange: = False
```

（4）BeforeSave 事件

BeforeSave 事件发生在工作簿被保存的时候。

```
'保存工作簿之前询问用户是否保存
Private Sub Workbook_BeforeSave(ByVal SaveAsUI As
Boolean, Cancel As Boolean)
Dim res
res = MsgBox("是否要保存此工作簿? ", vbQuestion + vbYesNo)
```

（5）Deactivate 事件

Deactivate 事件发生在当工作簿从活动状态转为非活动状态的时候。

```
'当活动工作簿转为非活动工作簿时，将Sheet1工作表的A1单元格中的
数据清除
Private Sub Workbook_Deactivate()
Sheet1.Range("A1").ClearContents
```

6.2 工作簿的常规操作

　　工作簿的常规操作包括新建、打开、保护及设置工作簿窗口、比例等。
本节将通过若干实例介绍如何使用工作簿对象和属性方法，让各种工作簿的
操作更加快捷、简单。

1. 新建工作簿并命名

本例将介绍如何新建模块并输入代码，实现快速创建新工作簿并自定义名称。

❶ 新建 Excel 工作簿，启动 VBE 环境，单击"插入→模块"菜单命令，创建"模块 1"，在打开的代码编辑窗口中输入如下代码，将新建的工作簿命名为"业绩销售表"。

```
Public Sub 新建工作簿并命名()
    Dim wb As Workbook
    Set wb = Workbooks.Add
    wb.SaveAs Filename:="F:\业绩销售表.xls"
    MsgBox ""业绩销售表"工作簿创建完毕!"
End Sub
```

❷ 按 F5 键运行代码，即可新建工作簿，如图 6-3 所示。

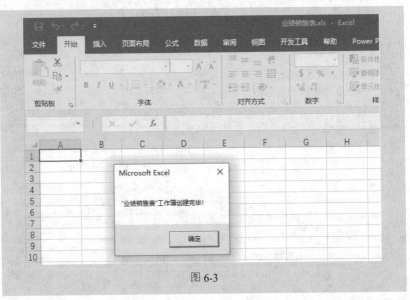

图 6-3

📢》代码解析：

SaveAs Filename:="F:\业绩销售表.xls"

将新建工作簿保存为"业绩销售表"。

2. 快速打开指定工作簿

下面介绍如何使用代码快速在众多工作簿中只打开指定名称的工作簿。

新建 Excel 工作簿，启动 VBE 环境，单击"插入→模块"菜单命令，创建"模块 1"，在打开的代码编辑窗口中输入如下代码，打开指定工作簿"业绩销售表"。

```
Public Sub 快速打开指定工作簿()
    Dim myFilename As String
    '指定要打开工作簿的名称
    myFilename = ThisWorkbook.Path & "\业绩销售表.xls"
    Workbooks.Open Filename:=myFilename
End Sub
```

📢 代码解析：

> myFilename = ThisWorkbook.Path & "\业绩销售表.xls"
> 指定要打开工作簿的名称。

3. 设置密码保护工作簿

如果要对当前的工作簿设置密码保护，防止他人对工作簿窗口和结构进行修改，可以按照下面的方法设置代码。

❶ 新建 Excel 工作簿，启动 VBE 环境，单击"插入→模块"菜单命令，创建"模块 1"，在打开的代码编辑窗口中输入如下代码，保护工作簿结构不被编辑。

```
Public Sub 设置密码保护工作簿()
    Dim wb As Workbook
    Set wb = ThisWorkbook
    wb.Protect Password:="123456", Structure:=True,
    Windows:=True
    Set wb = Nothing
End Sub
```

📢 代码解析：

> wb.Protect Password:="123456", Structure:=True, Windows:=True
> 为保护的工作簿设置密码为 123456。

❷ 按 F5 键运行代码，即可看到工作簿无法进行"复制""移动"等操作，如图 6-4 所示。

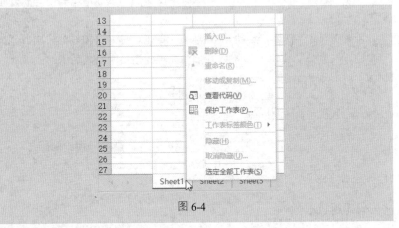

图 6-4

❸ 如果要取消对工作簿的密码保护，可以设置如下代码，运行代码后即可取消工作簿保护。

```
Public Sub 设置密码保护工作簿1()
    Dim wb As Workbook
    Set wb = ThisWorkbook
    wb.Unprotect Password:="123456"
    Set wb = Nothing
End Sub
```

4. 设置工作簿窗口大小

扫一扫，看视频

本例将使用 Width 和 Height 属性设置工作簿窗口的宽度和高度，即窗口的大小。

❶ 新建 Excel 工作簿，启动 VBE 环境，单击"插入→模块"菜单命令，创建"模块 1"，在打开的代码编辑窗口中输入如下代码，重新设置工作簿窗口大小。

```
Public Sub 设置工作簿窗口大小()
    Dim wd As Window
    Dim myWState As Long, myWidth As Double, myHeight As
Double
    Set wd = ActiveWindow
    With wd
```

```
      myWState = .WindowState
      .WindowState = xlNormal
      myWidth = .Width
      myHeight = .Height
      .Width = 800        '设定窗口的宽度
      .Height = 500       '设定窗口的高度
      If MsgBox("窗口大小已经被改变!" _
      & vbCrLf & "是否恢复至原来的大小?", _
      vbInformation + vbYesNo) = vbNo Then Exit Sub
      .Width = myWidth
      .Height = myHeight
      .WindowState = myWState
   End With
   Set wd = Nothing
End Sub
```

❷ 按 F5 键运行代码，结果如图 6-5 所示。

图 6-5

5. 设置工作簿窗口显示比例

在 Excel 工作簿中可以通过拖动滑块来调整窗口显示比例。在 VBA 中，可以使用 Zoom 属性来实现工作簿窗口显示比例的设置。

扫一扫，看视频

❶ 新建 Excel 工作簿，启动 VBE 环境，单击"插入→模块"菜单命令，创建"模块 1"，在打开的代码编辑窗口中输入如下代码，将当前活动工作簿窗口的显示比例设置为 80%。

```
Public Sub 设置工作簿窗口显示比例()
   Dim wd As Window
   Set wd = ActiveWindow
   With wd
      .Zoom = 80   '设定显示比例（为 80%）
```

```
        MsgBox "当前工作簿窗口显示比例为 80%! 确认后恢复为默认
比例!"
        .Zoom = 100
    End With
End Sub
```

📢 代码解析：

> **Zoom**
> 将图形放大和缩小，这里用来指定工作簿窗口的显示比例。

❷ 按 F5 键运行代码后，工作簿窗口即显示为所设置的比例并弹出对话框，如图 6-6 所示。

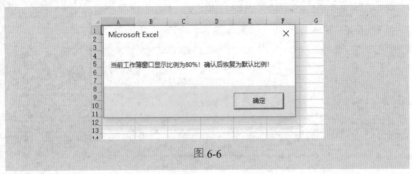

图 6-6

6. 隐藏工作簿窗口

扫一扫，看视频

本例将使用 Visible 属性来实现工作簿窗口的隐藏或显示。

❶ 新建 Excel 工作簿，启动 VBE 环境，单击"插入→模块"菜单命令，创建"模块 1"，在打开的代码编辑窗口中输入如下代码，将指定工作簿进行隐藏。

```
Public Sub 隐藏工作簿窗口()
    Dim wb As Workbook
    Dim wd As Window
    Set wb = Workbooks(1)          '指定工作簿
    Set wd = wb.Windows(1)         '指定工作簿的窗口
    With wd
        .Visible = False
        MsgBox "当前窗口已被隐藏! 请确认以重新显示!"
```

```
      .Visible = True
      .View = xlNormalView
   End With
   Set wd = Nothing
   Set wb = Nothing
End Sub
```

❷ 按 F5 键运行代码, 弹出提示窗口已被隐藏的对话框, 如图 6-7 所示。

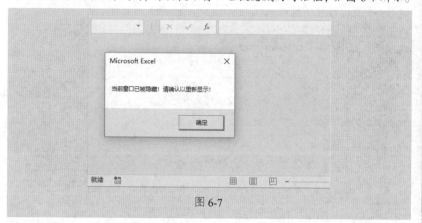

图 6-7

📢》代码解析:

❶ .Visible = False 代表隐藏工作簿窗口。

❷ .Visible = True 代表显示工作簿窗口。

7. 设置为加载宏工作簿

在工作簿中加载宏后,一般会将 IsAddin 属性值设置为 True 后保存,以便将其设置为加载宏工作簿。但是,此时的工作簿 会处于不显示的状态。在这种情况下,用户需要再将 IsAddin 属性值设置为 False,才能使其恢复为正常工作簿。

扫一扫, 看视频

❶ 新建 Excel 工作簿, 启动 VBE 环境, 单击 "插入→模块" 菜单命令, 创建 "模块 1", 在打开的代码编辑窗口中输入如下代码, 将当前工作簿设置 为加载宏工作簿, 然后将其恢复为正常工作簿。

```
Public Sub 设置为加载宏工作簿()
   Dim wb As Workbook
   Set wb = ThisWorkbook      '指定工作簿
```

```
    wb.IsAddin = True
    MsgBox "本工作簿已被设置为加载宏工作簿！下面将其恢复为正常工
作簿！"
    wb.IsAddin = False
    Set wb = Nothing
End Sub
```

❷ 按 F5 键运行代码，即可将当前工作簿设置为加载宏工作簿，并弹出如图 6-8 所示的对话框。

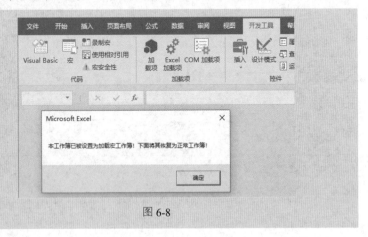

图 6-8

8. 控制工作簿只能通过代码关闭

扫一扫，看视频

通常情况下，关闭工作簿最常用的方法有两种：一是单击工作簿窗口右上角的"关闭"按钮；二是在任务栏中的工作簿图标上右击，在弹出的快捷菜单中选择"关闭窗口"命令。本例将通过设置 CloseFlag 变量为 True 来禁用上述关闭工作簿的功能，而只能通过代码关闭工作簿。

新建 Excel 工作簿，启动 VBE 环境，在 VB 编辑器中双击"工程"资源管理器中的 ThisWorkbook，并在打开的窗口中输入如下代码，禁止通过单击"关闭"按钮和快捷菜单中的"关闭窗口"命令关闭工作簿。

```
Dim CloseFlag As Boolean
Private Sub Workbook_BeforeClose(Cancel As Boolean)
    If CloseFlag = False Then
        Cancel = True
        MsgBox "此功能已被禁止．", vbExclamation, "提示"
```

```
        End If
End Sub
Public Sub 通过代码关闭窗口()
    CloseFlag = True
    Me.Close
End Sub
```

6.3　工作簿的引用

在日常工作中经常需要对各个工作簿进行切换引用，下面介绍一些常用的代码设置技巧。

1. 使用索引号指定工作簿

如果一次性打开多个工作簿，这些工作簿是按照从 1 开始的顺序进行编号的。关闭指定工作簿后，系统就会自动产生新的索引编号，并继续连续编号。下面介绍如何使用索引号指定工作簿。

扫一扫，看视频

❶ 新建 Excel 工作簿，启动 VBE 环境，单击"插入→模块"菜单命令，创建"模块 1"，在打开的代码编辑窗口中输入如下代码。

```
Public Sub 使用索引号指定工作簿()
    Dim wb  As Workbook
    Dim myIndex As Long
    myIndex = 1     '指定第 1 个被打开的工作簿
    Set wb = Workbooks(myIndex)
    MsgBox "第" & myIndex & "个被打开的工作簿名称为:" &
wb.Name
    Set wb = Nothing
End Sub
```

❷ 按 F5 键运行代码，即可弹出如图 6-9 所示的对话框。

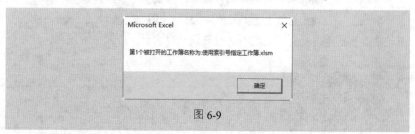

图 6-9

157

2. 使用名称指定工作簿

Excel 工作簿都有一个名称，它会显示在标题栏中。下面介绍如何使用代码，即用 Workbooks 集合引用方式指定工作簿。

❶ 新建 Excel 工作簿，启动 VBE 环境，单击"插入→模块"菜单命令，创建"模块 1"，在打开的代码编辑窗口中输入如下代码。

```
Public Sub 使用名称指定工作簿()
    Dim wb As Workbook
    Dim myName As String
    myName = "业绩销售表.xls"    '引用已经打开的工作簿名称
    Set wb = Workbooks(myName)
    MsgBox "工作簿" & myName & "的路径为: " & wb.Path
    Set wb = Nothing
End Sub
```

❷ 按 F5 键运行代码，即可看到指定打开工作簿的路径，如图 6-10 所示。

图 6-10

3. 引用新建工作簿

如果需要在 VBA 中引用新的工作簿，可以使用 Workbooks 集合的 Add 方法，通过将新建的工作簿赋值给对象变量，再配合 With 语句快速引用新建的工作簿。

❶ 新建 Excel 工作簿，启动 VBE 环境，单击"插入→模块"菜单命令，创建"模块 1"，在打开的代码编辑窗口中输入如下代码，引用新建工作簿。

```
Public Sub 引用新建工作簿()
    Set Newbook = Workbooks.Add
    With Newbook
```

```
        .Title = "JN工作簿"
        .Subject = "Sale"
        .SaveAs Filename:="JN工作簿.xls"
    End With
End Sub
```

❷ 按 F5 键运行代码后，即可新建工作簿"JN 工作簿"，如图 6-11 所示。

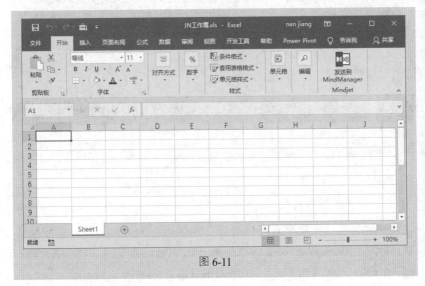

图 6-11

4. 引用当前工作簿

如果要引用当前活动工作簿，可以使用 ActiveWorkbook 属性返回一个 Workbook 对象，这个对象代表活动窗口工作簿，如果没有打开任何工作簿窗口，或者活动窗口为信息窗口或剪贴板窗口，即返回 Nothing。

扫一扫，看视频

❶ 新建 Excel 工作簿，启动 VBE 环境，单击"插入→模块"菜单命令，创建"模块 1"，在打开的代码编辑窗口中输入如下代码，引用当前工作簿。

```
Public Sub 引用当前工作簿()
    Dim wb As Workbook
    Set wb = ActiveWorkbook
    MsgBox "当前工作簿名称为: " & wb.Name
    Set wb = Nothing
End Sub
```

❷ 按 F5 键运行代码后，即可弹出如图 6-12 所示的对话框，显示当前引用工作簿的名称。

图 6-12

6.4 查看工作簿

使用 Workbook 对象属性可以查看工作簿所在路径、保护状态，以及判断工作簿的保存时间。

1. 查看工作簿路径

扫一扫，看视频

如果要查看打开的工作簿所在的具体路径，可以使用 ActiveWorkbook 属性返回一个 Workbook 对象，利用该对象的 Path 属性可以查看工作簿的具体路径。

❶ 新建 Excel 工作簿，启动 VBE 环境，单击"插入→模块"菜单命令，创建"模块 1"，在打开的代码编辑窗口中输入如下代码。

```
Public Sub 查看工作簿路径()
    MsgBox "当前活动工作簿的路径为: " & ActiveWorkbook.Path
End Sub
```

❷ 按 F5 键运行代码，即可看到指定打开工作簿的路径，如图 6-13 所示。

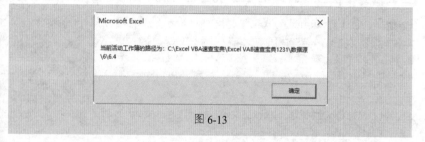

图 6-13

2. 查看工作簿保护状态

工作簿的保护操作有窗口保护和工作表结构保护两种，下面介绍如何使用代码查看当前工作簿的保护状态。

扫一扫，看视频

❶ 打开 Excel 工作簿，启动 VBE 环境，单击"插入→模块"菜单命令，创建"模块1"，在打开的代码编辑窗口中输入如下代码。

```
Public Sub 查看工作簿保护状态()
    Dim wb As Workbook
    Set wb = ThisWorkbook      '指定工作簿
    If wb.ProtectStructure = True Then
        MsgBox "该工作簿已设置了结构保护!"
    End If
    If wb.ProtectWindows = True Then
        MsgBox "该工作簿已设置了窗口保护!"
    End If
    If wb.ProtectStructure = False And wb.ProtectWindows
        = False Then
        MsgBox "该工作簿未设置任何保护!"
    End If
    Set wb = Nothing
End Sub
```

❷ 按 F5 键运行代码后，即可弹出对话框，显示该工作簿的保护状态信息，如图 6-14 所示。

图 6-14

3. 查看所有打开的工作簿路径及名称

如果当前打开了多个工作簿，可以使用 Workbook 对象的 Path 属性设置代码来获取工作簿的路径。

❶ 本例中打开了 3 个不同的 Excel 工作簿，启动 VBE 环

扫一扫，看视频

境，单击"插入→模块"菜单命令，创建"模块 1"，在打开的代码编辑窗口中输入如下代码。

```
Public Sub 查看所有打开的工作簿路径及名称()
    Dim wb As Workbook
    Columns("A:B").Clear
    Range("A1:B1") = Array("工作簿名称", "工作簿路径")
    For Each wb In Workbooks
        With Range("A65536").End(xlUp).Offset(1)
            .Value = wb.Name
            .Offset(, 1).Value = wb.Path
        End With
    Next
    Set wb = Nothing
End Sub
```

❷ 按 F5 键运行代码后，即可看到所有打开的工作簿名称和路径显示在表格的 A 列和 B 列，如图 6-15 所示。

	A	B	C	D	E	F	G
1	工作簿名称	工作簿路径					
2	3.查看所有打开的	C:\Excel VBA速查宝典\Excel VAB速查宝典0113\数据源\6\6.4					
3	2019年费用支出表.	C:\2019业绩汇总					
4	2019年库存表.xls:	C:\2019业绩汇总					
5							
6							
7							
8							
9							

图 6-15

4. 判断指定工作簿是否保存以及保存时间

扫一扫，看视频

如果想要查看指定工作簿"2019 年库存表"是否执行了保存，可以使用 Path 属性设置代码，或者通过 Save 属性值是否为 True 来判断。

❶ 打开 Excel 工作簿，启动 VBE 环境，单击"插入→模块"菜单命令，创建"模块 1"，在打开的代码编辑窗口中输入如下代码。

```
Public Sub 判断指定工作簿是否保存以及保存时间()
    Dim myWB As String
    Dim wb As Workbook
    myWB = InputBox("输入判断的工作簿名称:", _
        "输入工作簿名称", ThisWorkbook.Name)
```

```
    On Error Resume Next
    Set wb = Workbooks(myWB)
    On Error GoTo 0
    If wb Is Nothing Then
        MsgBox "找不到该工作簿!"
        Set ws = Nothing
        Exit Sub
    End If
    '启动判断工作簿是否保存的程序
    If wb.Path = "" Then
        MsgBox "工作簿 " & myWB & "未保存!", vbInformation
    Else
        MsgBox "工作簿 " & myWB & "已保存! 最近保存的时间
为: " _
            & wb.BuiltinDocumentProperties("Last Save
Time"), vbInformation
    End If
    Set wb = Nothing
End Sub
```

❷ 按 F5 键运行代码后, 即可弹出 "输入工作簿名称" 对话框, 在文本框内输入要查询的工作簿名称, 如图 6-16 所示。

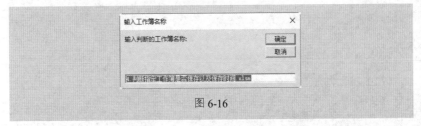

图 6-16

❸ 单击 "确定" 按钮后, 即可弹出对话框, 显示该工作簿的保存时间, 如图 6-17 所示。

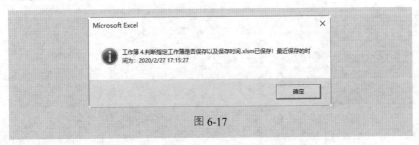

图 6-17

❹ 如果要判断的工作簿没有保存，即弹出如图 6-18 所示的对话框。

图 6-18

第7章 用户窗体概述

7.1 了解用户窗体

Excel 窗体为构建基于用户的交互式界面提供了很大的支持，使应用程序创建自定义对话框变得更加容易。Excel 窗体包含 3 种类型：输入对话框、消息对话框以及用户窗体，而自定义对话框是在用户窗体上创建的，用户是在 VBE 中访问用户窗体的。本章将介绍这几种窗体的常用操作技巧。

1. 调用用户窗体

用户窗体用于加载控件，利用用户窗体可以增强与用户的交互，使得用户体验更加直观。如果要插入新的用户窗体，需要在打开的代码窗口中操作。

扫一扫，看视频

❶ 首先新建 Excel 工作簿，按 Alt+F11 组合键，打开 VBE 编辑器。在编辑器中单击"插入→用户窗体"菜单命令（如图 7-1 所示），即可新建空白窗体。

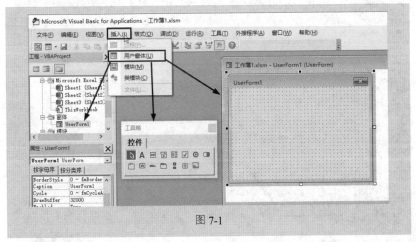

图 7-1

❷ 用户可以直接在"工具箱"中单击需要插入的控件按钮（命令控件按钮），并在窗体中拖动鼠标绘制一个合适大小的控件，释放鼠标即可完成

绘制, 如图 7-2 所示。

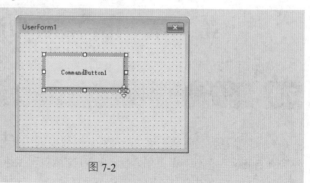

图 7-2

📢 注意:

一个工作簿可以有任意多的用户窗体, 每个用户窗体包含一个自定义对话框。此时可以看到一个 UserForm1 窗口和一个"工具箱"工具栏。"工具箱"工具栏中不同的按钮代表的意义已经在第 1 章中详细介绍。

2. 全屏显示用户窗体

扫一扫, 看视频

下面介绍全屏显示用户窗体的代码设置技巧。

❶ 创建 Excel 工作簿, 按 Alt+F11 组合键打开 VB 编辑器, 插入一个用户窗体, 双击用户窗体的空白处, 在打开的代码窗口中输入代码, 如图 7-3 所示。

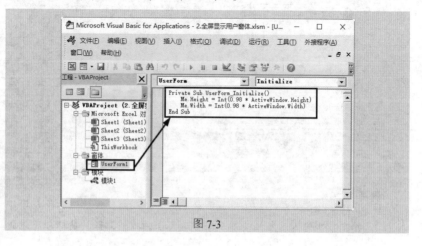

图 7-3

❷ 单击"插入→模块"菜单命令，创建"模块 1"，并在右侧的代码窗口中输入如下代码。

```
Public Sub 全屏显示用户窗体()
    UserForm1.Show
End Sub
```

❸ 按 F5 键运行代码后，即可看到用户窗体以全屏显示，如图 7-4 所示。

图 7-4

3. 调整用户窗体的控件

如果要对用户窗体中的控件进行大小、格式等的调整，可以直接拖动鼠标手动调整。如果要统一对多个绘制好的控件位置进行调整，可以按照下面介绍的办法操作，需要配合使用 Shift 键。

扫一扫，看视频

❶ 首先按住 Shift 键依次单击命令按钮控件，然后在 VBE 操作界面中单击"格式→对齐→左对齐"菜单命令，如图 7-5 所示。

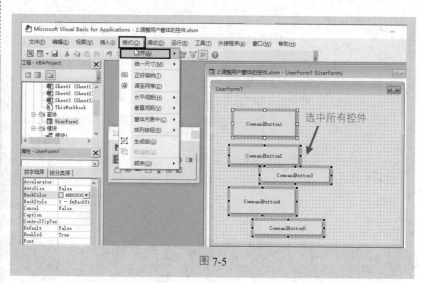

图 7-5

❷ 此时即可统一对齐所有控件按钮，如图 7-6 所示。

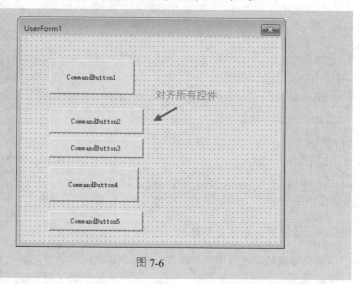

图 7-6

◀)) 注意：

　　如果要调整控件的大小，可以通过拖动边界的白色手柄调整宽度和高度。

4. 两种状态显示用户窗体

窗体的状态包括模式和无模式两种，在模式状态下，当窗体显示时不允许用户在 Excel 中进行其他操作；在无模式状态下，允许用户在 Excel 中进行其他操作，然后回到窗体中。

扫一扫，看视频

用户可以利用下面的操作方法将模式窗体更改为无模式窗体。

❶ 新建 Excel 工作簿，启动 VBE 环境，单击"插入→模块"菜单命令，创建"模块 1"，在打开的代码编辑窗口中输入如下代码。

```
Public Sub 两种状态显示用户窗体()
    '以"无模式"状态显示用户窗体，也可用数值 0 代替
    UserForm1.Show vbModeless
End Sub

Public Sub 两种状态显示用户窗体1()
    '以"模式"状态显示用户窗体
    UserForm1.Show vbModel
End Sub
```

❷ 运行第一段代码后，即可以无模式状态显示用户窗体，如图 7-7 所示。继续运行第二段代码，即可以模式状态显示用户窗体。

图 7-7

📢 注意：

> 这两种状态显示用户窗体的区别如下：无模式状态显示用户窗体，将鼠标移至对话框外，可以在工作表中输入数据进行编辑；如果是模式状态显示用户窗体，则无法对 Excel 工作表进行操作。

5. 在指定位置显示用户窗体

扫一扫，看视频

在默认情况下，用户窗体显示于 Excel 文件的中央位置。下面介绍如何设置其显示在屏幕左侧和顶部指定距离处。

❶ 新建 Excel 工作簿，启动 VBE 环境，单击"插入→模块"菜单命令，创建"模块 1"，在打开的代码编辑窗口中输入如下代码，设置显示用户窗体于屏幕左侧 100、顶部 300 处。

```
Public Sub 在指定位置显示用户窗体()
    Load UserForm1
    With UserForm1
        '将窗体的StartUpPosition属性设置为手动
        .StartUpPosition = 0
        .Left = 100
        .Top = 300
        .Show
    End With
End Sub
```

❷ 按 F5 键运行代码后，用户窗体即可显示在屏幕指定位置。

📢 代码解析：

Left 属性用来指定其与屏幕的左侧距离，Top 属性用来指定其与屏幕顶部的距离。

第四行代码中的 StartUpPosition 属性是返回或设置一个值，用于指定窗体第一次出现时的位置，这里的数值 0 代表手动设置，用于无初始设置指定。

6. 同时显示多个用户窗体

扫一扫，看视频

默认情况下的用户窗体是以模式状态显示的。下面介绍如何将多个窗体同时显示出来，需要将窗体设置为无模式状态显示。

❶ 新建 Excel 工作簿，启动 VBE 环境，单击"插入→模块"菜单命令，创建"模块 1"，在打开的代码编辑窗口中输入如下代码，在工作表中同时显示多个用户窗体。

```
Public Sub 同时显示多个用户窗体()
    UserForm1.Show 0
```

```
    UserForm2.Show 0
    UserForm3.Show 0
    UserForm4.Show 0
    UserForm5.Show 0
End Sub
```

❷ 按 F5 键运行代码后，即可同时显示多个用户窗体，如图 7-8 所示。

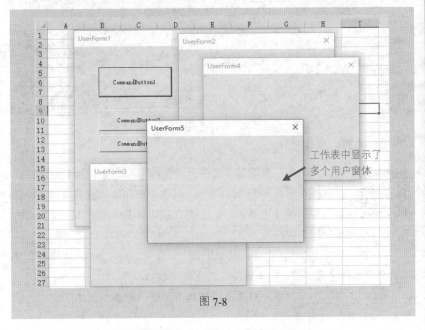

工作表中显示了
多个用户窗体

图 7-8

7. 自定义用户窗体名称

默认的用户窗体名称是 UserForm1，如果要重新定义用户窗体名称，可以直接在"属性"窗口中使用 Caption 属性来设置，也可以使用代码实现自定义。

扫一扫，看视频

❶ 新建 Excel 工作簿，启动 VBE 环境，单击"插入→模块"菜单命令，创建"模块 1"，在打开的代码编辑窗口中输入如下代码，自定义用户窗体名称。

```
Public Sub 自定义用户窗体名称()
    With UserForm1
        .Caption = "员工信息管理系统"
        .Show
```

```
    End With
End Sub
```

❷ 按 F5 键运行代码后，即可显示自定义名称的用户窗体，如图 7-9 所示。

图 7-9

8. 添加、删除控件

扫一扫，看视频

　　　　插入用户窗体时都会弹出"控件"工具箱（第 1 章已经详细介绍过工具箱）。除此之外，还可以根据实际需要添加某种特定类型的控件至窗体中。下面介绍如何在用户窗体中添加或者删除指定控件。

❶ 首先新建 Excel 工作簿，按 Alt+F11 组合键，打开 VBE 编辑器。插入用户窗体，使用"控件"工具绘制两个命令按钮控件。

❷ 在"属性"窗口中分别重新命名两个控件为"添加控件"和"删除控件"，如图 7-10 所示。

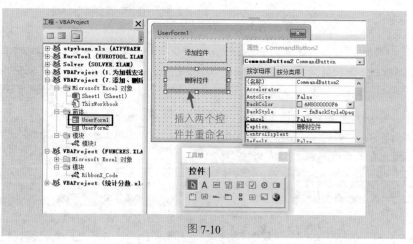

图 7-10

❸ 双击用户窗体，在右侧的窗口中输入如下代码。

```
Private Sub CommandButton1_Click()  '添加控件
    Dim myName As String
    Dim myControl As Control
    Dim i As Integer, k As Integer
    k = 10
    For i = 1 To 6     '指定添加控件的数量
        myName = "Combobox" & i     '指定添加的控件类型
        Set myControl = Me.Controls.Add( _
        bstrprogid:="Forms.Combobox.1", Name:=myName,
Visible:=True)
        With myControl       '指定添加控件位置、大小及间隔
            .Left = 150
            .Top = k
            .Height = 15
            .Width = 80
            k = .Top + .Height + 10
        End With
    Next i
    Set myControl = Nothing
End Sub

Private Sub CommandButton2_Click()     '删除控件
    Dim i As Integer
    For i = 1 To 6
        Me.Controls.Remove "Combobox" & i
    Next i
End Sub
```

❹ 双击左侧的"工程"资源管理器中的 Sheet1，在右侧的窗口中输入如下代码。

```
Public Sub 添加删除控件()
    UserForm1.Show
End Sub
```

❺ 按 F5 键运行代码后，即可弹出如图 7-11 所示的用户窗体，显示了两个控件按钮。

❻ 单击"添加控件"按钮，即可在用户窗体中添加指定大小的几个组

合框，如图 7-12 所示。

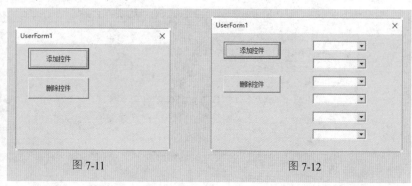

图 7-11   图 7-12

❼ 单击"删除控件"按钮，即可将右侧的控件全部删除。

7.2 用户窗体事件

Workbook 对象代表 Microsoft Excel 工作簿，处于 Application 对象的下一层。一个 Workbook 对象就是一个 Excel 文件，多个 Workbook 对象则组成 Workbooks 集合。在对工作簿进行操作时，必须指定工作簿。在 VBA 中声明一个 Workbook 对象，通常采用 3 种方式，分别是声明 Workbook 对象、声明 ActiveWorkbook 对象和声明 ThisWorkbook 对象。

1. 了解什么是事件

扫一扫，看视频

将每个用户窗体控件设计成对某些类型的事件作出响应，即可由用户或者 Excel 触发这类事件。下面介绍如何查看某个控件支持哪些事件。

❶ 进入 VBE 编辑器，插入用户窗体，在左侧双击 UserForm1，即可激活用户窗体的代码模块。

❷ 在代码窗口中单击右上角的下拉列表，会看到该控件完整的事件列表，如图 7-13 所示。

❸ 从事件列表中选择一个事件，VBE 就会自动创建一个空的事件处理程序。

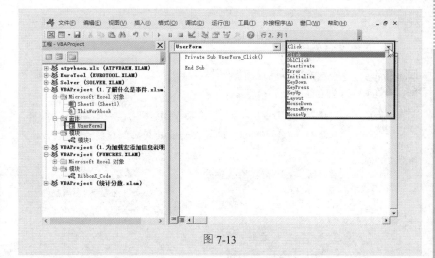

图 7-13

📢 **注意：**

事件处理程序把对象的名称合并到过程的名称中，所以，要更改某个控件的名称，还需要修改该控件的事件处理程序名称。

2. 显示和卸载用户窗体事件

我们知道用户窗体有很多事件，下面给出一些与卸载用户窗体有关的事件解释。

扫一扫，看视频

- Initialize：是指发生在加载或显示用户窗体之前，如果之前隐藏了用户窗体，则不会发生该事件。
- Activate：在显示用户窗体时发生该事件。
- Deactivate：当用户窗体处于非活动状态时发生该事件，如果隐藏该窗体，则不会发生该事件。
- QueryClose：在卸载用户窗体之前发生该事件。
- Terminate：在卸载用户窗体之后发生该事件。

7.3 应用对话框窗体

用户可以使用 InputBox 函数返回程序继续执行前请求用户进行输入的

对话框，主要包括"确定"和"取消"两个按钮。

1. 使用对话框输入数据

扫一扫，看视频

用户可以通过编制代码显示一个输入对话框，然后在其中的文本框中输入数据。

❶ 新建 Excel 工作簿，启动 VBE 环境，单击"插入→模块"菜单命令，创建"模块 1"，在打开的代码编辑窗口中输入如下代码。

```
Public Sub 使用对话框输入数据()
    Dim sInput As String
    sInput = InputBox("请输入当前值班人员姓名: ", "值班人员")
    If Len(Trim(sInput)) > 0 Then
    '判断输入的字符长度是否大于 0
        Cells(5, 2) = sInput
        '指定数据的目标单元格行号和列号
    Else
        MsgBox "已取消输入!"
    End If
End Sub
```

❷ 按 F5 键运行代码后，弹出如图 7-14 所示的对话框，在文本框内输入名称即可。

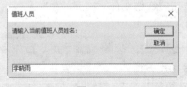

图 7-14

❸ 单击"确定"按钮，即可在指定位置输入指定值班人员姓名，如图 7-15 所示。如果取消输入姓名，则会弹出如图 7-16 所示的对话框。

图 7-15

图 7-16

2. 提示用户防止输入错误信息

如果用户在对话框中输入了类型不匹配的字符，可以通过使用 InputBox 方法弹出提示对话框，防止输入错误的内容。

扫一扫，看视频

❶ 新建 Excel 工作簿，启动 VBE 环境，单击"插入→模块"菜单命令，创建"模块 1"，在打开的代码编辑窗口中输入如下代码。

```
Public Sub 提示用户防止输入错误信息()
'输入不匹配值时会产生错误
    Dim iInput As Integer
    iInput = InputBox("请输入数值：")
    If Len(iInput) > 0 Then
        '指定放置数据的单元格行号和列号
        Cells(3, 2).Value = iInput
    End If
End Sub

Public Sub 提示用户防止输入错误信息1()   '防止输入错误信息
    Dim dInput As Double
    dInput = Application.InputBox(Prompt:="请输入数值：",
Type:=1)
    If dInput <> False Then
        '指定放置数据的单元格行号和列号
        Cells(3, 2).Value = dInput
    Else
        MsgBox "已取消输入!"
    End If
End Sub
```

❷ 按 F5 键运行代码后，在弹出的对话框中输入数值即可，如图 7-17 所示。

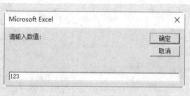

图 7-17

❸ 单击"确定"按钮，即可在指定位置输入数值，如图 7-18 所示。

第 7 章 用户窗体概述

177

④ 单击"取消"按钮，则会弹出如图 7-19 所示的对话框。

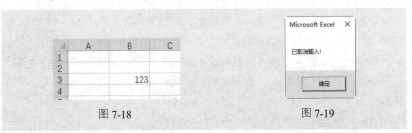

图 7-18　　　　　　　　　　　　图 7-19

⑤ 如果输入的内容不是数值，如文本数据，则会弹出如图 7-20 所示的对话框。

图 7-20

3. 显示指定提示信息

扫一扫，看视频

使用 MsgBox 函数可以设置代码显示一个简单的提示语。

① 新建 Excel 工作簿，启动 VBE 环境，单击"插入→模块"菜单命令，创建"模块 1"，在打开的代码编辑窗口中输入如下代码。

```
Public Sub 显示指定提示信息()
    MsgBox "请重新核对数据!"
End Sub
```

② 按 F5 键运行代码后，即可弹出指定文字的对话框，如图 7-21 所示。

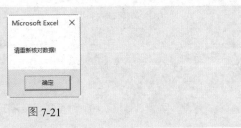

图 7-21

注意:

> 各种数据类型的表示符号如下。
>
> %: 表示整型; &: 表示长整型; !: 表示单精度型; #: 表示双精度型; $: 表示字符型; @: 表示货币型。

4. 显示特定按钮和图标

本例将介绍如何使用 MsgBox 函数的 Buttons 参数和 Title 参数显示一个包含特定按钮、图标的对话框。

扫一扫,看视频

① 新建 Excel 工作簿,启动 VBE 环境,单击"插入→模块"菜单命令,创建"模块 1",在打开的代码编辑窗口中输入如下代码,显示特定按钮、图标对话框。

```
Public Sub 显示特定按钮和图标()
    MsgBox Prompt:="是否重新核算数据? ", _
    Buttons:=vbYesNo + vbQuestion, _
    Title:="再次确认"
End Sub
```

② 按 F5 键运行代码后,即可弹出如图 7-22 所示的对话框。

图 7-22

代码解析:

❶ 代码中的 Prompt 参数代表在对话框中作为信息显示的字符或者字符串。

❷ 代码中的 vbYesNo 代表显示"是"和"否"按钮。MsgBox 函数中使用的其他常量如表 7-1 所示。

表 7-1

常 量	数 值	说 明
vbOKOlny	0	显示"确定"按钮
vbOKCancel	1	显示"确定"和"取消"按钮
vbAbortRetryIgnore	2	显示"放弃""重试"和"忽略"按钮
vbYesNoCancel	3	显示"是""否"和"取消"按钮
vbYesNo	4	显示"是"和"否"按钮
vbRetryCancel	5	显示"重试"和"取消"按钮
vbCritical	16	显示危险消息图标
vbQuestion	32	显示警告询问图标
vbExclamation	48	显示警告信息图标
vbInformation	64	显示信息消息图标
vbDefaultButton1	0	第 1 个按钮作为默认按钮
vbDefaultButton2	256	第 2 个按钮作为默认按钮
vbDefaultButton3	512	第 3 个按钮作为默认按钮
vbDefaultButton4	768	第 4 个按钮作为默认按钮

5. 获取单元格地址更改数字格式

扫一扫，看视频

本例中需要快速批量获取单元格中的指定区域，并将该区域内的数值格式更改为百分比数值。

❶ 图 7-23 所示为各地区的销售占比数据（小数值），下面要求将 B2:C6 区域的数值统一更改为百分比格式。

▲	A	B	C
1	销售地区	上半年占比	下半年占比
2	上海	0.56	0.43
3	山东	0.33	0.34
4	杭州	0.54	0.28
5	芜湖	0.34	0.33
6	北京	0.55	0.54
7			

图 7-23

❷ 启动 VBE 环境，单击"插入→模块"菜单命令，创建"模块 1"，在

打开的代码编辑窗口中输入如下代码。这里使用了 InPutBox 方法来显示出获取单元格区域地址的对话框。

```
Public Sub 获取单元格地址更改数字格式()
    Dim rng As Range
    Dim myPrompt As String
    Dim myTitle As String
    On Error GoTo Line
    myPrompt = "使用鼠标选取单元格区域: "  '对话框提示信息
    myTitle = "获取区域"   '对话框标题
    Set rng = Application.InputBox(Prompt:=myPrompt, _
        Title:=myTitle, _
        Type:=8)
    rng.NumberFormat = "0.00%"      '重新设置单元格区域格式
Line:
End Sub
```

③ 按 F5 键运行代码后，即可弹出如图 7-24 所示的对话框，拖动鼠标选取表格中的 B2:C6 区域即可。

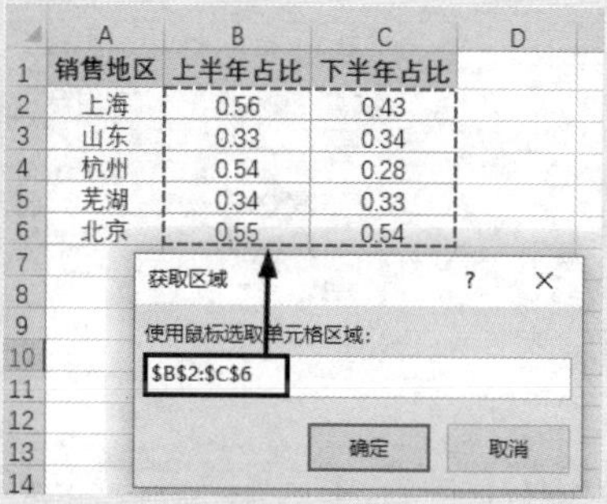

图 7-24

④ 单击“确定”按钮完成设置，此时可以看到指定单元格区域显示为保留两位小数的百分比格式，如图 7-25 所示。

	A	B	C
1	销售地区	上半年占比	下半年占比
2	上海	56.00%	43.00%
3	山东	33.00%	34.00%
4	杭州	54.00%	28.00%
5	芜湖	34.00%	33.00%
6	北京	55.00%	54.00%
7			

图 7-25

6. 自动关闭消息对话框

使用 WshShell.popup 属性方法可以设置指定内容的自动关闭消息对话框。

❶ 新建 Excel 工作簿，启动 VBE 环境，单击"插入→模块"菜单命令，创建"模块 1"，在打开的代码编辑窗口中输入如下代码，显示特定按钮、图标对话框。

```
Public Sub 自动关闭消息对话框()
    Dim WshShell As Object
    Set WshShell = CreateObject("Wscript.Shell")
    WshShell.popup "对话框将于 1 秒后自动关闭!", 1, "注意", 48
    Set WshShell = Nothing
End Sub
```

❷ 按 F5 键运行代码后，即可弹出如图 7-26 所示的对话框。

图 7-26

📢 代码解析:

WshShell.popup "对话框将于 1 秒后自动关闭!", 1, "注意", 48

此处代码中的数字 1 和 48 是表示对话框自动关闭的时间在 1 秒之后，以及对话框中显示的是"注意"警告消息提示。

7.4　用户窗体中的 ActiveX 控件

在用户窗体中的 ActiveX 控件是显示在 VBE 编辑器中的，对于该控件的操作是通过在"工程"资源管理器中插入的 UserForm 窗体中编制代码实现的。

1. 选择控件时显示相关信息

本例将介绍如何使用 ActiveControl 属性设置选中控件时显示相关信息，如名称、大小及位置等。

❶ 图 7-27 所示的用户窗体中插入了多个不同类型的 ActiveX 控件。

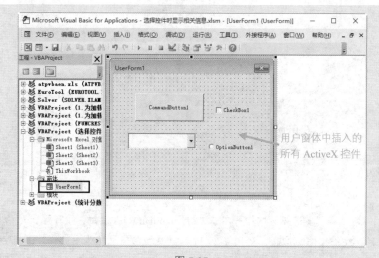

图 7-27

❷ 双击用户窗体后，在代码编辑窗口中输入如下代码。

```
Private Sub UserForm_Initialize()
    '将 CommandButton1 控件设置为单击后显示选定控件信息的按钮
    Me.CommandButton1.TakeFocusOnClick = False
End Sub

Private Sub CommandButton1_Click()
    '设置选定控件时显示的相关信息
    MsgBox "该控件的名称为: " & Me.ActiveControl.Name &
vbCrLf _
        & "控件的高度: " & Me.ActiveControl.Height & vbCrLf _
        & "控件的宽度: " & Me.ActiveControl.Width & vbCrLf _
        & "控件与窗体左侧的距离: " & Me.ActiveControl.Left &
vbCrLf _
        & "控件与窗体顶部的距离: " & Me.ActiveControl.Top
End Sub
```

③ 在 VBE 环境中单击"插入→模块"菜单命令，创建"模块 1"，在打开的代码编辑窗口中输入如下代码。

```
Public Sub 选择控件时显示相关信息()
    UserForm1.Show
End Sub
```

④ 按 F5 键运行模块 1 代码，即可显示出用户窗体，如图 7-28 所示。

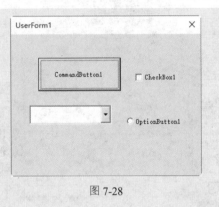

图 7-28

⑤ 选择"复选框"控件并单击 CommandButton1 按钮，即可弹出对话框显示该按钮控件的信息，如图 7-29 所示。继续在用户窗体中选择"复选框"控件并单击 CommandButton1 按钮，即可弹出如图 7-30 所示的对话框，显示该控件按钮的相关信息。

图 7-29   图 7-30

2. 限制控件的操作

如果想要将指定类型的控件显示为灰色不可用状态，可以使用 Enabled 属性设置代码。

❶ 已知工作表中的用户窗体中插入了命令按钮，双击用户窗体后，在代码编辑窗口中输入如下代码。

```
Private Sub UserForm_Initialize()
    Dim mycnt As Control
    For Each mycnt In Me.Controls
        If TypeName(mycnt) = "OptionButton" Then
        '指定控件类型
            mycnt.Object.Enabled = False    '限制控件的操作
        End If
    Next
End Sub
```

❷ 在 VBE 环境中单击"插入→模块"菜单命令，创建"模块 1"，在打开的代码编辑窗口中输入如下代码。

```
Public Sub 限制控件的操作()
    UserForm1.Show
End Sub
```

❸ 按 F5 键运行模块 1 代码，即可看到控件 OptionButton1 呈灰色不可用状态，如图 7-31 所示。

图 7-31

3. 隐藏和显示控件按钮

如果在用户窗体中绘制了多个控件按钮，则可以设置代码显示或者隐藏指定类型的控件。这里使用 Visible 属性来设置代码。

扫一扫，看视频

❶ 已知 VB 编辑器中的用户窗体中插入了多个控件按钮，

双击用户窗体后，在代码编辑窗口中输入如图 7-32 所示的代码。

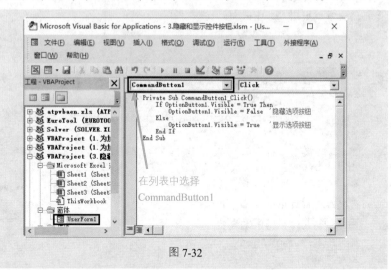

图 7-32

❷ 在 VBE 环境中单击"插入→模块"菜单命令，创建"模块 1"，在打开的代码编辑窗口中输入如下代码。

```
Public Sub 隐藏和显示控件按钮()
    UserForm1.Show
End Sub
```

❸ 按 F5 键运行模块 1 代码，即可看到显示在表格中的用户窗体，如图 7-33 所示。

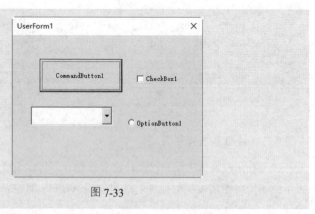

图 7-33

❹ 单击用户窗体中的 CommandButton1 按钮，即可看到 OptionButton1

按钮被隐藏起来了，如图 7-34 所示。

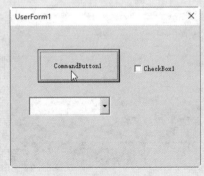

图 7-34

4. 限制文本框内输入的字符长度

在用户窗体中插入文本框控件按钮后，可以使用相关属性设置代码限制输入的字符长度。例如，本例想要设置只能在文本框中输入 8 个字符长度以下的文本。

扫一扫，看视频

❶ 已知用户窗体中插入了文本框控件按钮，双击用户窗体后，在代码编辑窗口中输入如下代码。

```
Private Sub UserForm_Initialize()
    TextBox1.MaxLength = 8    '设置文本框内输入字符的最大长度
End Sub
```

❷ 在 VBE 环境中单击"插入→模块"菜单命令，创建"模块 1"，在打开的代码编辑窗口中输入如下代码。

```
Public Sub 限制文本框内输入的字符长度()
    UserForm1.Show
End Sub
```

❸ 按 F5 键运行模块 1 代码，即可在显示的用户窗体文本框中输入 8 个字符长度以下的文本，如图 7-35 所示。

◀)) 代码解析：

设置文本框字符长度限制可以使用 MaxLength 属性。

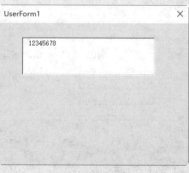

图 7-35

5. 设置文本框内输入数据的格式

扫一扫，看视频

下面介绍如何设置代码使得文本框内输入的数据为保留两位小数位数。

❶ 已知用户窗体中插入了文本框控件按钮，双击用户窗体后，在代码编辑窗口中输入如下代码。

```
Private Sub TextBox1_Exit(ByVal Cancel As MSForms
.ReturnBoolean)
    '设置文本框内的数据格式
    TextBox1 = Format(TextBox1, "0.00")
End Sub
```

❷ 在 VBE 环境中单击"插入→模块"菜单命令，创建"模块 1"，在打开的代码编辑窗口中输入如下代码。

```
Public Sub 设置文本框内输入数据的格式()
    UserForm1.Show
End Sub
```

❸ 按 F5 键运行模块 1 代码，在显示的用户窗体中输入数值 569，再单击用户窗体中的 CommandButton1 按钮，即可自动显示为两位小数的数字，如图 7-36 所示。

📢 代码解析：

设置数字格式可以使用 Format 属性。

图 7-36

6. 设置数据对齐方式为居中

输入数据后，默认的对齐方式为左对齐，用户可以设置代码让文本框内输入的数据自动居中对齐。

扫一扫，看视频

① 已知用户窗体中插入了文本框控件按钮，双击用户窗体后，在代码编辑窗口中输入如下代码。

```
Private Sub UserForm_Initialize()
    TextBox1.TextAlign = fmTextAlignCenter
    '设置文本框数据居中对齐
End Sub
```

② 在 VBE 环境中单击"插入→模块"菜单命令，创建"模块 1"，在打开的代码编辑窗口中输入如下代码。

```
Public Sub 设置数据对齐方式为居中()
    UserForm1.Show
End Sub
```

③ 按 F5 键运行模块 1 代码，即可显示用户窗体。在文本框中输入数字即可显示为居中对齐方式，如图 7-37 所示。

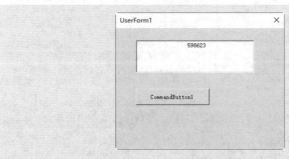

图 7-37

📣 **代码解析：**

> 设置数字居中对齐方式可以使用 TextAlign 属性。

7. 设置列表框选项

下面介绍如何在用户窗体中设置列表框内的选项，可以事先在表格中设置好数据源。

扫一扫，看视频

❶ 图 7-38 所示为表格中已经录好的数据，需要将这些数据通过设置代码显示在用户窗体中的列表框中。

	A	B	C
1	设计部	4668	
2	财务部	15900	
3	研发部	4950	
4			
5			

图 7-38

❷ 已知用户窗体中插入了列表框控件按钮，双击用户窗体后，在代码编辑窗口中输入如下代码。

```
Private Sub UserForm_Initialize()
    Dim myArray As Variant
    Dim ws As Worksheet
    '指定数据源所在工作表
    Set ws = ThisWorkbook.Worksheets(1)
    '指定列表框选项的数据源
    myArray = ws.Range("A1:B3").Value
    With ListBox1
        .List = myArray
        .ColumnCount = 2    '设置列表框分为 2 列
    End With
End Sub
```

📣 **代码解析：**

❶ 第 8 行代码中的 ListBox1 列表框名称也可以根据需要换成其他的控件名称。

❷ 使用 List 函数可以设置已知数据源为列表框中的选项。

❸ 在 VBE 环境中单击"插入→模块"菜单命令，创建"模块 1"，在打开的代码编辑窗口中输入如下代码。

```
Public Sub 设置列表框选项()
    UserForm1.Show
End Sub
```

❹ 按 F5 键运行模块 1 代码，即可看到显示的用户窗体中的列表框控件，内部显示的是引用的数据源，如图 7-39 所示。

图 7-39

8. 删除列表框指定选项

如果要删除列表框中指定的某个选项，可以按照下面的方法设置代码。

❶ 已知用户窗体中插入了列表框控件，双击用户窗体后，在代码编辑窗口中输入如下代码。

```
Private Sub UserForm_Initialize()
    Dim myArray As Variant
    Dim ws As Worksheet
    '指定数据源所在工作表
    Set ws = ThisWorkbook.Worksheets(1)
    '指定列表框选项的数据源
    myArray = ws.Range("A1:B3").Value
    With ListBox1
        .List = myArray
        .ColumnCount = 2    '设置列表框分为 2 列
```

```
        End With
End Sub

Private Sub CommandButton1_Click()
    With ListBox1
        If .ListIndex = -1 Then    '取消选中列表框选项
            MsgBox "未选中任何选项！"
        Else
            .RemoveItem .ListIndex    '删除选中列表框选项
        End If
    End With
End Sub
```

❷ 在 VBE 环境中单击"插入→模块"菜单命令，创建"模块 1"，在打开的代码编辑窗口中输入如下代码。

```
Public Sub 删除列表框指定选项()
    UserForm1.Show
End Sub
```

❸ 按 F5 键运行模块 1 代码，即可显示用户窗体。列表框中显示了所有数据。选中其中的一条数据记录，如第三条，然后单击用户窗体中的 CommandButton1 按钮，如图 7-40 所示。

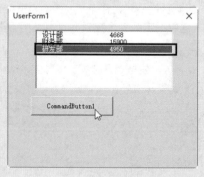

图 7-40

❹ 此时可以看到选中的第三条记录被删除，如图 7-41 所示。

❺ 如果没有在列表框中选择任何一条记录，则单击 CommandButton1 按钮，结果如图 7-42 所示。

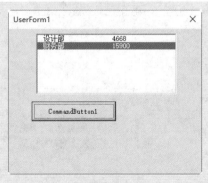

图 7-41

图 7-42

📢 代码解析：

使用 RemoveItem 方法可以删除指定的选项。

9. 一次性删除列表框中的所有选项

如果要一次性快速删除列表框中的所有数据记录，可以使用 Clear 方法执行代码。

❶ 已知用户窗体中插入了列表框控件，双击用户窗体后，在代码编辑窗口中输入如下代码。

扫一扫，看视频

```
Private Sub UserForm_Initialize()
    Dim myArray As Variant
    Dim ws As Worksheet
```

```
    Set ws = ThisWorkbook.Worksheets(1)
    '指定数据源所在工作表
    myArray = ws.Range("A1:B3").Value
    '指定列表框选项的数据源
    With ListBox1
        .List = myArray
        .ColumnCount = 2    '设置列表框分为 2 列
    End With
End Sub

Private Sub CommandButton1_Click()
    With ListBox1
        .Clear  '删除列表框中所有选项
    End With
End Sub
```

❷ 在 VBE 环境中单击"插入→模块"菜单命令，创建"模块 1"，在打开的代码编辑窗口中输入如下代码。

```
Public Sub 一次性删除列表框中的所有选项()
    UserForm1.Show
End Sub
```

❸ 按 F5 键运行模块 1 代码，即可显示用户窗体。列表框中显示了所有数据。单击用户窗体中的 CommandButton1 按钮，如图 7-43 所示。

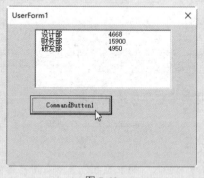

图 7-43

❹ 单击该按钮后，即可一次性删除列表框中的所有数据记录，如图 7-44 所示。

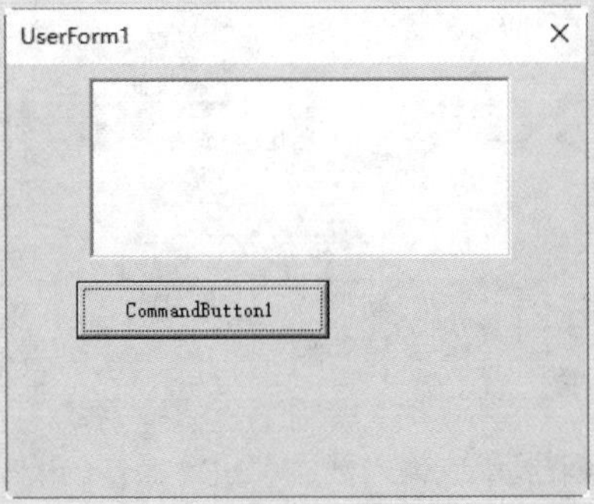

图 7-44

第8章 控件的应用

表单控件

Excel 控件是用来显示或输入数据、执行操作的一些图形对象，主要的控件按钮有命令、文本框、列表框、组合框及其他对象按钮，本书在第 1 章的基础概述中已经介绍过这些按钮的属性。

本节介绍的表单控件只能够在 Excel 工作表中添加和使用，插入控件之后，可以选择控件并设置控件的格式及指定宏。

1. 插入标签控件

扫一扫，看视频

本例将介绍如何使用 Add 方法在工作表的指定位置插入指定类型及大小的标签控件。

❶ 新建 Excel 工作簿，启动 VBE 环境，单击"插入→模块"菜单命令，创建"模块 1"，在打开的代码编辑窗口中输入如下代码。

```
Public Sub 插入标签控件()
    Dim myShape As Variant
    Dim ws As Worksheet
    '指定放置表单控件的工作表
    Set ws = ThisWorkbook.Worksheets(1)
    '在指定位置插入指定大小的标签
    Set myShape = ws.Labels.Add(60, 20, 40, 10)
    Set myShape = Nothing
    Set ws = Nothing
End Sub
```

❷ 按 F5 键运行代码后，即可在指定工作表中插入指定大小的标签控件，如图 8-1 所示。

图 8-1

◀》代码解析:

Set myShape = ws.Labels.Add(60, 20, 40, 10)
添加的标签控件的大小。

2. 插入列表框控件

本例将介绍如何使用 Shape 集合的 AddControl 方法在工作表指定位置插入指定类型、大小的表单控件。

❶ 新建 Excel 工作簿,启动 VBE 环境,单击"插入→模块"菜单命令,创建"模块 1",在打开的代码编辑窗口中输入如下代码。

扫一扫,看视频

```
Public Sub 插入列表框控件()
    Dim ws As Worksheet
    Dim myShape As Shape
    Set ws = Worksheets(1)      '指定放置表单控件的工作表
    '在指定位置插入指定大小的列表框
    Set myShape = ws.Shapes.AddFormControl(xlListBox, 60,
100, 80, 20)
    Set myShape = Nothing
    Set ws = Nothing
End Sub
```

❷ 按 F5 键运行代码后,即可插入指定大小的列表框控件,如图 8-2 所示。

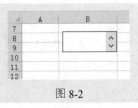

图 8-2

📣 **注意：**

如果要调整控件的大小，可以通过拖动边界的白色手柄调整宽度和高度。

3. 插入按钮并添加文字

扫一扫，看视频

本例将介绍如何使用 AddFormControl 方式、Characters 属性和 Text 属性在工作表的指定位置插入表单控件按钮，同时添加文字并设置字体格式。

❶ 新建 Excel 工作簿，启动 VBE 环境，单击"插入→模块"菜单命令，创建"模块 1"，在打开的代码编辑窗口中输入如下代码。

```
Public Sub 插入按钮并添加文字()
    Dim myShape As Shape
    Dim ws As Worksheet
    '指定放置表单控件的工作表
    Set ws = ThisWorkbook.Worksheets(1)
    '在指定位置插入指定大小的按钮
    Set myShape = ws.Shapes.AddFormControl
(xlButtonControl, 60, 100, 150, 30)
    '为插入的按钮添加文字
    With myShape
        .TextFrame.Characters.Text = "单击查看总业绩"
        '设置文字的字体格式
        With .TextFrame.Characters.Font
            .Size = 18
            .Name = "等线"
            .ColorIndex = 9
        End With
    End With
    Set myShape = Nothing
    Set ws = Nothing
End Sub
```

❷ 按 F5 键运行代码后，即可在工作表中插入指定大小的按钮控件，并在控件中添加指定格式的文字，效果如图 8-3 所示。

	A	B	C	D
1	各区销售业绩统计			
2	区域	业绩（万元）	负责人	
3	华东	19.8	刘倩	
4	华南	250.6	李东南	
5	沿海	330	张强	
6				
7				
8	单击查看总业绩			
9				
10				

图 8-3

◀))) 代码解析：

ws.Shapes.AddFormControl(xlButtonControl, 60, 100, 150, 30)
指定插入的按钮控件的大小及与顶端、底端的距离。

4. 为插入的控件指定宏

本例会介绍如何使用 AddFormControl 方法在工作表的指定位置插入指定类型、大小的表单控件，并利用 OnAction 属性为控件指定宏。

扫一扫，看视频

❶ 新建 Excel 工作簿，启动 VBE 环境，单击"插入→模块"菜单命令，创建"模块 1"，在打开的代码编辑窗口中输入如下代码。

```
Public Sub 为插入的控件指定宏()
    Dim ws As Worksheet
    Dim myShape As Shape
    Dim i As Integer
    Set ws = ActiveSheet
    On Error Resume Next
    For Each myShape In ws.Shapes
        myShape.Delete
    Next
    On Error GoTo 0
    For i = 1 To 3
    '插入选项按钮并依次指定与 Excel 文件左侧的距离、按钮间距，与
Excel 文件顶部的距离、宽度、高度
        Set myShape = ws.Shapes.AddFormControl( _
            xlOptionButton, 50, 30 * i + 60, 100, 20)
        With myShape
            '为插入的按钮添加文字
            With .TextFrame.Characters
```

```
                .Text = "为插入的控件指定宏之" & Cstr(i)
            End With
            '为插入的按钮指定宏
            .OnAction = "为插入的控件指定宏_" & Cstr(i)
        End With
    Next
    Set myShape = Nothing
    Set ws = Nothing
End Sub
Public Sub 为插入的控件指定宏_1()
    MsgBox "这是第 1 个选项按钮"
End Sub
Public Sub 为插入的控件指定宏_2()
    MsgBox "这是第 2 个选项按钮"
End Sub
Public Sub 为插入的控件指定宏_3()
    MsgBox "这是第 3 个选项按钮"
End Sub
```

❷ 运行第一段代码后，即可在工作表中插入指定大小的按钮控件，并在控件中添加文字，效果如图 8-4 所示。

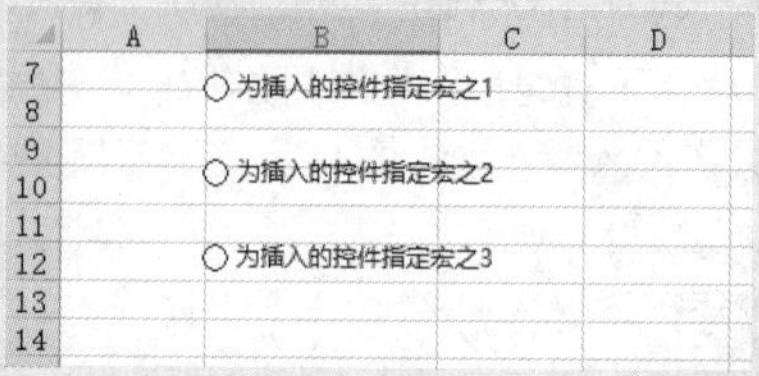

图 8-4

❸ 单击选项按钮 2，弹出对话框提示"这是第 2 个选项按钮"（如图 8-5 所示），单击选项按钮 3，弹出对话框提示"这是第 3 个选项按钮"，如图 8-6 所示。

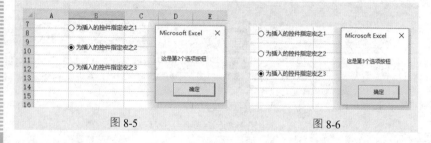

图 8-5   图 8-6

5. 插入列表框并设置选项

如果想要在 Excel 中设置包含多个选项的表单控件，可以使用列表框和组合框。下面将介绍如何使用 ControlFormat 属性和 ListFillRang 属性设置指定单元格区域中的数据为插入的列表框的选项。

扫一扫，看视频

❶ 新建 Excel 工作簿，启动 VBE 环境，单击"插入→模块"菜单命令，创建"模块 1"，在打开的代码编辑窗口中输入如下代码。

```
Public Sub 插入列表框并设置选项()
    Dim myShape As Shape
    Dim ws As Worksheet
    '指定放置列表框的工作表
    Set ws = ThisWorkbook.Worksheets(1)
    On Error Resume Next
    '删除已存在的名为 nanjiang 的列表框
    ws.Shapes("nanjiang").Delete
    On Error GoTo 0
    '插入一个名为 nanjiang 的列表框
    ws.Shapes.AddFormControl(xlListBox, 100, 50, 100,
50).Name = "nanjiang"
    Set myShape = ws.Shapes("nanjiang")
    myShape.ControlFormat.ListFillRange = ws.Name &
"!A2:A10"      '为列表框设置选项
    Set myShape = Nothing
    Set ws = Nothing
End Sub
```

❷ 按 F5 键运行代码后，即可通过拖动右侧的滚动条查看列表中的所有选项，效果如图 8-7 所示。

	A	B	C	D
1	地区	业绩（万元）	业务员	
2	上海	19.8	刘倩	
3	广东	250.6	李东南	
4	芜湖	330	张强	
5	北京			
6	长沙			
7	上饶			
8	深圳			
9	成都			
10	重庆			
11				

图 8-7

201

📢》代码解析：

> ws.Shapes.AddFormControl(xlListBox, 100, 50, 100, 50).Name = "nanjiang"
> 代码表示在距离 Excel 文件左侧 100、顶部 50 的位置插入宽 100、高 50 的名为 nanjiang 的列表框控件，列表框中的选项是表格中 A2:A10 单元格区域中的地区名称。

6. 设置分组框的位置

扫一扫，看视频

已知工作表中插入了名称为"分组框"的分组框控件，下面需要重新指定该分组框的显示位置，需要使用 Top 属性和 Left 属性设置与 Excel 文件顶端和左侧的距离。

❶ 新建 Excel 工作簿，启动 VBE 环境，单击"插入→模块"菜单命令，创建"模块 1"，在打开的代码编辑窗口中输入如下代码。

```
Public Sub 设置分组框的位置()
    Dim myShape As Shape
    Dim ws As Worksheet
    Dim myTop As Single, myLeft As Single
    '指定分组框所在的工作表
    Set ws = ThisWorkbook.Worksheets(1)
    Set myShape = ws.Shapes("分组框")      '指定分组框的名称
    myTop = myShape.Width
    myLeft = myShape.Height
    With myShape   '依次指定分组框与 Excel 文件左侧和顶部的距离
        .Left = 300
        .Top = 200
        DoEvents
    End With
    Set myShape = Nothing
    Set ws = Nothing
End Sub
```

❷ 按 F5 键运行代码后，即可更改分组框的显示位置，效果如图 8-8 所示。

	A	B	C	D	E	F	G	H
1	各区销售业绩统计							
2	区域	业绩（万元）	负责人					
3	华东	19.8	刘倩					
4	华南	250.6	李东南					
5	沿海	330	张强					
6								
7								
8								
9								
10								
11								
12								
13								
14								
15						分组框1		
16								
17								
18								
19								
20								
21								
22								
23								

图 8-8

8.2 ActiveX 控件

ActiveX 控件可以在工作表以及 VBE 编辑器的用户窗体中使用。ActiveX 控件的事件只能放在控件所在的类模块或窗体模块中。本节将介绍该控件在工作表中的应用技巧。

1. 快速查看控件信息

本例工作表中插入了多个 ActiveX 控件，下面需要一次性将这些控件的具体名称显示出来。

扫一扫，看视频

❶ 新建 Excel 工作簿，启动 VBE 环境，单击"插入→模块"菜单命令，创建"模块 1"，在打开的代码编辑窗口中输入如下代码。

```
Public Sub 快速查看控件信息()
    Dim ws As Worksheet
    Dim myOLEShape As Shape
    Dim myOLEObj As OLEObject
    Dim myString As String
    Set ws = Worksheets(1)    '指定工作表
    ws.Activate
```

第 8 章 控件的应用

203

```
For Each myOLEShape In ws.Shapes
    With myOLEShape
        '判断图像对象是否为 ActiveX 控件
        If .Type = msoOLEControlObject Then
            Set myOLEObj = .OLEFormat.Object
            '获取 ActiveX 控件的名称及对应的 OLE 程序标识符
            myString = myString & myOLEObj.Name & _
            " : " & myOLEObj.progID & vbCrLf
        End If
    End With
Next
MsgBox "当前工作表中的 ActiveX 控件: " & vbCrLf &
vbCrLf _
    & "控件名称    对应的 OLE 程序标识符"
    & vbCrLf & myString
Set ws = Nothing
End Sub
```

❷ 按 F5 键运行代码后，即可弹出包含当前工作表中所有 Active 控件名称的对话框，如图 8-9 所示。

图 8-9

2. 插入命令按钮控件

扫一扫，看视频

本例中需要使用 OLEObjects 属性和 Add 方法，在工作表的相应位置插入指定大小的命令按钮控件。

❶ 新建 Excel 工作簿，启动 VBE 环境，单击"插入→模块"

菜单命令，创建"模块 1"，在打开的代码编辑窗口中输入如下代码。

```
Public Sub 插入命令按钮控件()
    Dim myShape As OLEObject
    Dim ws As Worksheet
    '指定放置表单控件的工作表
    Set ws = ThisWorkbook.Worksheets(1)
    '在指定位置插入指定大小的命令按钮
    Set myShape = ws.OLEObjects.Add(ClassType:=
"Forms.CommandButton.1", _
        Left:=100, Top:=100, Width:=120, Height:=30)
    Set myShape = Nothing
    Set ws = Nothing
End Sub
```

❷ 按 F5 键运行代码后，即可在工作表中指定位置插入指定大小的命令
按钮控件，如图 8-10 所示。

	A	B	C	D
1	各区销售业绩统计			
2	区域	业绩（万元）	负责人	
3	华东	19.8	刘倩	
4	华南	250.6	李东南	
5	沿海	330	张强	
6				
7				
8			CommandButton1	
9				

图 8-10

3. 设置命令按钮文字格式

在工作表中插入命令按钮控件后，可以使用 Caption 属性和
Font 属性指定按钮中的文字和文字格式。

扫一扫，看视频

❶ 新建 Excel 工作簿，启动 VBE 环境，单击"插入→模块"
菜单命令，创建"模块 1"，在打开的代码编辑窗口中输入如下
代码。

```
Public Sub 设置命令按钮文字格式()
    '指定ActiveX 控件所在的工作表和名称
    With Worksheets("Sheet1").CommandButton1
        .Caption = "确定"          '重新设置控件的文字
        With .Font              '设置文字的字体格式
            .Size = 12
```

```
        .Name = "等线"
        .Bold = True
        .Italic = True
      End With
   End With
End Sub
```

❷ 按 F5 键运行代码后，即可看到命令按钮中的文字以及自定义字体格式，如图 8-11 所示。

图 8-11

🔊 代码解析：

代码中的 Size 代表字号；Name 代表字体格式；Bold 代表是否设置粗体；Italic 代表是否设置为斜体格式。

4. 插入复选框并命名

扫一扫，看视频

本例使用 OLEObjects 属性和 Add 方法在工作表的指定位置插入指定类型、大小的复选框控件，并使用 Name 属性为其重新命名。

❶ 新建 Excel 工作簿，启动 VBE 环境，单击"插入→模块"菜单命令，创建"模块 1"，在打开的代码编辑窗口中输入如下代码。

```
Public Sub 插入复选框并命名()
   Dim myOLEObj As OLEObject
   Dim ws As Worksheet
   Dim myName As String
   myName = "是否已审阅"           '指定插入的 ActiveX 控件名称
   '指定放置 ActiveX 控件的工作表
   Set ws = ThisWorkbook.Worksheets(1)
   With ws.OLEObjects
      On Error Resume Next
      Set myOLEObj = .Item(myName)
      On Error GoTo 0
```

```
        If myOLEObj Is Nothing Then
            .Add(ClassType:="Forms.CheckBox.1", _
                Left:=80, Top:=100, Width:=100,
Height:=30).Name = myName
            MsgBox "新插入的复选框名称为: "
& .Ttem(myName).Name
        Else
            MsgBox "名为"" & myName & ""的复选框已存在!"
        End If
    End With
    Set myOLEObj = Nothing
    Set ws = Nothing
End Sub
```

❷ 按 F5 键运行代码后，即可插入复选框并同时弹出对话框，如图 8-12
所示。

	A	B	C	D	E	F	C
1	地区	业绩（万元）	业务员				
2	上海	19.8	刘倩				
3	广东	250.6	李东南				
4	芜湖	330	张强				
5	北京	59	李晓				
6	长沙	112	王辉				
7	上饶	98.6	王婷婷				
8							
9		☐ CheckBox1					
10							

Microsoft Excel
名为"是否已审阅"的复选框已存在！
确定

图 8-12

5. 单选按钮和复选框的应用

在工作表中插入单选按钮和复选框控件之后，可以使用
Value 属性和 Object 属性选中或者取消选中这两个控件按钮。

❶ 新建 Excel 工作簿，启动 VBE 环境，单击"插入→模块"
菜单命令，创建"模块 1"，在打开的代码编辑窗口中输入如下
代码，可以分别选中单选按钮和复选框。

```
Public Sub 单选按钮和复选框的应用1()
    Dim ws As Worksheet
    '指定单选按钮和复选框所在的工作表
    Set ws = ThisWorkbook.Worksheets(1)
    '选中 OptionButton1 单选按钮
    ws.OLEObjects("OptionButton1").Object.Value = True
```

```
    DoEvents
    '选中 CheckBox1 复选框
    ws.OLEObjects("CheckBox1").Object.Value = True
    DoEvents
    Set ws = Nothing
End Sub
```

❷ 在代码窗口中继续输入第二段代码，可以分别取消选中单选按钮和复选框。

```
Public Sub 单选按钮和复选框的应用 2()
    Dim ws As Worksheet
    '指定单选按钮和复选框所在的工作表
    Set ws = ThisWorkbook.Worksheets(1)
    '取消选中 OptionButton1 单选按钮
    ws.OLEObjects("OptionButton1").Object.Value = False
    DoEvents
    '取消选中 CheckBox1 复选框
    ws.OLEObjects("CheckBox1").Object.Value = False
    DoEvents
    Set ws = Nothing
End Sub
```

❸ 按 F5 键运行第一段代码后，即可看到两个控件都是选中状态，如图 8-13 所示。再次运行第二段代码后，可以看到两个控件都被取消选中，如图 8-14 所示。

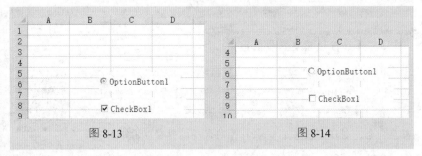

图 8-13　　　　　　　　　　　图 8-14

6. 设置控件的大小

扫一扫，看视频

如果想要设置工作表中控件的大小，可以使用 Width 属性和 Height 属性重新指定控件的宽度和高度。

❶ 新建 Excel 工作簿，启动 VBE 环境，单击"插入→模块"

菜单命令，创建“模块1”，在打开的代码编辑窗口中输入如下代码。

```
Public Sub 设置控件的大小()
    '指定ActiveX控件所在的工作表和名称
    With Worksheets("Sheet1").LBK
        .Width = Int(180 * Rnd)
        .Height = Int(100 * Rnd)
    End With
End Sub
```

❷ 按F5键运行代码后，即可看到调整大小后的控件效果，如图8-15所示。

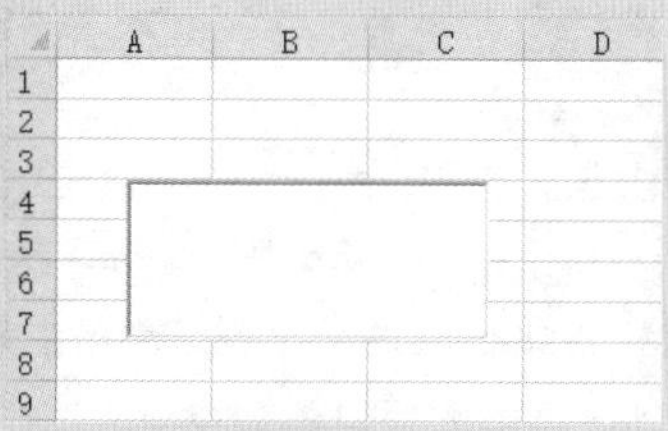

图8-15

代码解析：

代码中的Width代表宽度；Height代表高度。

7. 设置滚动条的位置

在工作表中插入滚动条控件之后，可以使用Left属性和Top属性重新指定ActiveX控件与Excel文件左侧和顶部的距离。

扫一扫，看视频

❶ 新建Excel工作簿，启动VBE环境，单击“插入→模块”菜单命令，创建“模块1”，在打开的代码编辑窗口中输入如下代码。

```
Public Sub 设置滚动条的位置()
    '指定ActiveX控件所在的工作表和名称
    With Worksheets("Sheet1").ScrollBar1
        .Left = Int(200 * Rnd)
        .Top = Int(80 * Rnd)
    End With
End Sub
```

❷ 按 F5 键运行代码后，即可看到滚动条显示在指定位置，如图 8-16 所示。

	A	B	C	D
1				
2			▲	
3				
4				
5				
6				
7			▼	
8				

图 8-16

8. 获取滚动条的项目值

扫一扫，看视频

在工作表中插入滚动条控件之后，可以使用 Object 属性、Max 属性和 Value 属性来设置滚动条的最小至最大的项目值，并获取滚动条当前的项目值。

❶ 新建 Excel 工作簿，启动 VBE 环境，单击"插入→模块"菜单命令，创建"模块 1"，在打开的代码编辑窗口中输入如下代码。

```
Public Sub 获取滚动条的项目值()
    Dim ws As Worksheet
    '指定滚动条所在的工作表
    Set ws = ThisWorkbook.Worksheets(1)
    With ws.OLEObjects("ScrollBar1")        '指定滚动条的名称
        .LinkedCell = "A1"
        With .Object        '指定滚动条最小至最大的项目值
            .Min = 0
            .Max = 100
        End With
    End With
    MsgBox "滚动条的当前值为： " &
ws.OLEObjects("ScrollBar1").Object.Value
    Set ws = Nothing
End Sub
```

❷ 按 F5 键运行代码后，可以看到滚动条当前的值为 10，如图 8-17 所示。

图 8-17

❸ 向下拖动右侧滚动条，可以看到对话框中的项目值发生了变化，如图 8-18 所示。

图 8-18

9. 应用列表框实例

下面通过一个简单的例子介绍如何使用 ListFillRange 属性设置指定单元格区域中的数据为指定列表框的项目。

❶ 图 8-19 所示为数据源和绘制好的列表框。

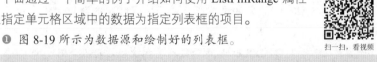

扫一扫，看视频

图 8-19

❷ 启动 VBE 环境，单击"插入→模块"菜单命令，创建"模块 1"，在打开的代码编辑窗口中输入如下代码。

```
Public Sub 应用列表框实例()
    Dim ws As Worksheet
    '指定列表框所在的工作表
    Set ws = ThisWorkbook.Worksheets(1)
    '为 JN 列表框设置选项
    ws.OLEObjects("JN").ListFillRange = ws.Name &
"!A1:A9"
    Set ws = Nothing
End Sub
```

❸ 按 F5 键运行代码后，可以看到列表框内显示 A 列的所有部门名称，可以拖动右侧的滚动条查看所有部门名称，如图 8-20 所示。

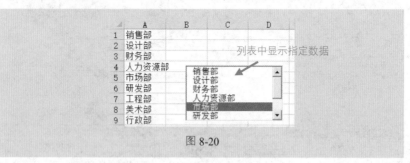

图 8-20

10. 应用组合框实例

扫一扫，看视频

下面通过一个简单的例子介绍如何使用 Object 属性和 AddItem 方法设置指定单元格区域中的数据为指定组合框的项目。

❶ 图 8-21 所示为数据源和绘制好的组合框。

图 8-21

❷ 启动 VBE 环境，单击"插入→模块"菜单命令，创建"模块 1"，在打开的代码编辑窗口中输入如下代码。

```
Public Sub 应用组合框实例()
    Dim myArray(1 To 10) As Variant
    Dim i As Integer
    Dim ws As Worksheet
    '指定组合框所在的工作表
    Set ws = ThisWorkbook.Worksheets(1)
    For i = 1 To 10
        '指定单元格区域的数据为组合框选项
        myArray(i) = ws.Range("A" & i).Value
    Next i
    '为 ComboBox1 组合框设置选项
    With ws.OLEObjects("ComboBox1").Object
        For i = 1 To 10
            .AddItem myArray(i)
        Next i
    End With
    Set ws = Nothing
End Sub
```

❸ 按 F5 键运行代码，即可通过拖动右侧的滚动条在列表中查看部门名称，如图 8-22 所示。

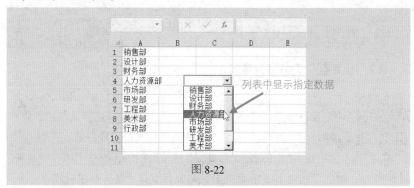

图 8-22

11. 在文本框内输入文本

在工作表中插入文本框控件之后，可以使用 Value 属性为指定的文本框添加数据，如果要为其设置字体格式，可以使用 Font 属性。

扫一扫，看视频

❶ 新建 Excel 工作簿，启动 VBE 环境，单击"插入→模块"

菜单命令，创建"模块1"，在打开的代码编辑窗口中输入如下代码。

```
Public Sub 在文本框内输入文本()
    With Worksheets("Sheet1").TextBox1
        .Value = "计算总销售业绩"
        With .Font    '设置文字的字体格式
            .Size = 15
            .Name = "等线"
            .Bold = True
            .Italic = True
        End With
    End With
End Sub
```

❷ 按 F5 键运行代码后，即可看到文本框内添加的文字以及文字格式，
如图 8-23 所示。

图 8-23

12. 获取数值调节钮的项目值

扫一扫，看视频

在工作表中插入数值调节钮控件之后，可以使用 Object 属
性、Min 属性、Max 属性和 Value 属性来设置数值调节钮的最小
至最大的项目值，并获取数值调节钮当前的项目值。

❶ 新建 Excel 工作簿，启动 VBE 环境，单击"插入→模块"
菜单命令，创建"模块1"，在打开的代码编辑窗口中输入如下代码。

```
Public Sub 获取数值调节钮的项目值()
    Dim ws As Worksheet
    '指定数值调节钮所在的工作表
    Set ws = ThisWorkbook.Worksheets(1)
    '指定数值调节钮的名称
    With ws.OLEObjects("SpinButton1")
        .LinkedCell = "A1"
```

```
    With .Object        '指定数值调节钮最小至最大的项目值
        .Min = 0
        .Max = 100
    End With
  End With
  MsgBox "数值调节钮的当前值为： " &
ws.OLEObjects("SpinButton1").Object.Value
    Set ws = Nothing
End Sub
```

❷ 按 F5 键运行代码后，即可看到数值调节钮的当前值为 10，如图 8-24 所示。

图 8-24

❸ 使用鼠标单击左侧和右侧的三角形按钮，可以看到更新的值，如图 8-25 所示。

图 8-25

🔊 代码解析：

A1 单元格中已经输入好的数值 10 是当前指定的初始值，取值范围在 0~100 之间。

13. 设置标签文字格式

在工作表中插入标签控件之后，可以使用 Caption 属性设置标签文字，再使用 Font 属性设置字体格式。

❶ 新建 Excel 工作簿，启动 VBE 环境，单击"插入→模块"菜单命令，创建"模块 1"，在打开的代码编辑窗口中输入如下代码。

```
Public Sub 设置标签文字格式()
    Dim ws As Worksheet
    '指定标签所在的工作表
    Set ws = ThisWorkbook.Worksheets(1)
    With ws.OLEObjects("Label1").Object    '指定标签的名称
        DoEvents
        .Caption = "19年业绩分析"    '为标签添加指定的标题文字
        .TextAlign = fmTextAlignCenter
        With .Font    '设置标签的字体格式
            .Size = 14
            .Name = "等线"
            .Bold = True
            .Italic = False
        DoEvents
        End With
    End With
    Set ws = Nothing
End Sub
```

❷ 按 F5 键运行代码后，即可看到标签内插入的文字以及设置好的文字格式，如图 8-26 所示。

图 8-26

14. 使用控件添加图片

在工作表中插入图片控件之后，可以使用 Picture 属性在工作表中添加图片文件。

❶ 首先在表格中插入一个名称为 Image1 的图片控件，如图 8-27 所示。

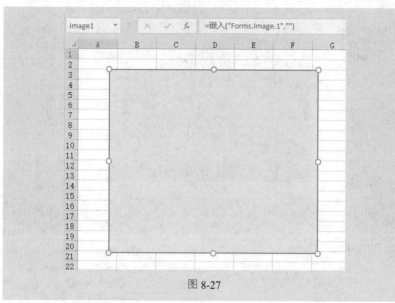

图 8-27

❷ 启动 VBE 环境，单击"插入→模块"菜单命令，创建"模块 1"，在打开的代码编辑窗口中输入如下代码。

```
Public Sub 使用控件添加图片()
    Dim ws As Worksheet
    '指定图像控件所在的工作表
    Set ws = ThisWorkbook.Worksheets(1)
    '指定图像控件的名称
    With ws.OLEObjects("Image1").Object
        DoEvents
        .Picture = LoadPicture(ThisWorkbook.Path & "\写
字楼.JPG")
        DoEvents
    End With
End Sub
```

❸ 按 F5 键运行代码后，即可看到控件内插入的图片效果，如图 8-28 所示。

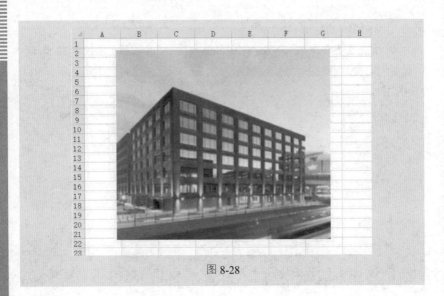

图 8-28

第9章　VBA 实用操作技巧

9.1　数据的查询操作

在 Excel VBA 中可以通过多种方法、函数或者属性来查询符合一个或多个条件的数据，本节将通过几个例子介绍如何进行数据查询。

1. 从活动工作表中查询数据

如果用户想要从有大量数据的表格中查找出某一个特定的数据，如在各地业绩报表中查看"芜湖"地区的数据，可以使用 Find 方式查询，并激活其所在单元格。

❶ 打开 Excel 工作簿，启动 VBE 环境，单击"插入→模块"菜单命令，创建"模块 1"，在打开的代码编辑窗口中输入如下代码。

```
Public Sub 从活动工作表中查询数据()
    Dim myRange As Range
    Set myRange = Cells.Find(what:="芜湖", _
        After:=ActiveCell, LookIn:=xlValues, _
        LookAt:=xlPart, SearchOrder:=xlByRows, _
        SearchDirection:=xlNext, MatchCase:=False)
    '设置查询的条件
    If myRange Is Nothing Then
        MsgBox "未找到符合条件的单元格"
    Else
        MsgBox "符合条件的单元格为: " & myRange.Address
(False,False)
        myRange.Activate          '激活单元格
    End If
    Set myRange = Nothing
End Sub
```

❷ 按 F5 键运行代码后，即可弹出结果信息对话框，如图 9-1 所示。

❸ 单击"确定"按钮，即可激活要查询内容所在的单元格，如图 9-2 所示。

图 9-1

	A	B	C
1	地区	业绩（万元）	业务员
2	上海	19.8	刘倩
3	广东	250.6	李东南
4	芜湖	330	张强
5	北京	59	李晓
6	长沙	112	王辉
7	上饶	98.6	王婷婷

图 9-2

📢 注意:

这里设置单数 lookIn 为 xlValue，是为了只查询数据或公式的计算结果。如果要查询的表格中包含多条相同的记录，可以继续运行代码直到找到所有查询内容所在的单元格。

2. 从多个工作表中查询数据

扫一扫，看视频

本例将介绍如何在多个工作表中查询指定数据，如想要查询出销售地区都是"芜湖"的记录。

❶ 图 9-3 所示的工作簿中包含两个工作表。

	A	B	C	D
1	地区	业绩（万元）	业务员	
2	长沙	112	王辉	
3	上海	19.8	刘倩	
4	上饶	98.6	王婷婷	
5	广东	250.6	李东南	
6	芜湖	330	张强	
7	北京	59	李晓	
8				

2018年业绩　2019年业绩　　⊕

图 9-3

❷ 在任意工作簿中启动 VBE 环境，单击"插入→模块"菜单命令，创建"模块 1"，在打开的代码编辑窗口中输入如下代码。

```
Public Sub 从多个工作表中查询数据()
    Dim wb  As Workbook
    Dim ws As Worksheet
    Dim myRange As Range
    Dim myFind As Boolean
    myFind = False
```

```
    For Each wb In Workbooks
        For Each ws In wb.Worksheets
            Set myRange = ws.Cells.Find(what:="芜湖")
                '设定查询条件
            If Not myRange Is Nothing Then
                myFind = True
                MsgBox "指定的数据在" & wb.Name & "工作簿的" _
                    & ws.Name & "工作表中" & myRange.Address
            End If
        Next
    Next
    If myFind = False Then
        MsgBox "未找到符合条件的单元格"
    End If
    Set wb = Nothing
    Set ws = Nothing
    Set myRange = Nothing
End Sub
```

❸ 按 F5 键运行代码后，即可依次弹出查询结果对话框，如图 9-4 和图 9-5 所示。

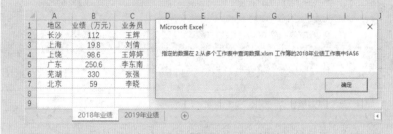

图 9-4

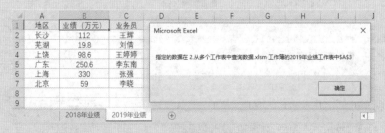

图 9-5

3. 通过指定多个条件查询数据（一）

扫一扫，看视频

使用 VLookup 函数可以在指定的多个条件中查询数据，比如想要查询"王辉"的"数学"成绩是多少分。

❶ 打开 Excel 工作簿，启动 VBE 环境，单击"插入→模块"菜单命令，创建"模块 1"，在打开的代码编辑窗口中输入如下代码。

```
Public Sub 通过指定多个条件查询数据一()
    Dim myRange As Range
    Dim myScore As Single
    Dim myKey As String
    Dim myErrNum As Long
    Set myRange = Columns("A:E")    '设定查询的范围
    myKey = "王辉"    '设定查询的第一个条件
    On Error Resume Next
    '设定查询的另一个条件所在的列
    myScore = WorksheetFunction.VLookup(myKey, myRange,
4, False)
    myErrNum = Err.Number
    On Error GoTo 0
    If myErrNum = 0 Then
        MsgBox myKey & "的数学成绩为： " & myScore
    Else
        MsgBox "未找到符合条件的单元格"
    End If
    Set myRange = Nothing
End Sub
```

❷ 按 F5 键运行代码后，即可弹出对话框显示王辉的数学成绩，效果如图 9-6 所示。

	A	B	C	D	E	F	G	H
1	姓名	班级	语文	数学	英语			
2	刘倩	高三 (1)	88	78	91			
3	李东南	高三 (2)	68	88	90			
4	张强	高三 (1)	90	91	85			
5	李晓	高三 (1)	84	85	91			
6	王辉	高三 (2)	77	90	97			
7	王婷婷	高三 (2)	76	69	84			
8								
9								
10								

Microsoft Excel

王辉的数学成绩为：90

确定

图 9-6

4. 通过指定多个条件查询数据（二）

除使用 VLookup 函数之外，还可以使用 Find 方法查询出包含指定数据的单元格，然后利用 Oddset 属性获取该单元格所在行中指定单元格的内容。比如本例中需要查询"王辉"的总分是多少。

扫一扫，看视频

❶ 打开 Excel 工作簿，启动 VBE 环境，单击"插入→模块"菜单命令，创建"模块 1"，在打开的代码编辑窗口中输入如下代码。

```
Public Sub 通过指定多个条件查询数据二()
    Dim myRange1 As Range
    Dim myRange2 As Range
    Dim myScore  As Long
    Dim myKey  As String
    Set myRange1 = Columns("A")     '设定查询的范围
    myKey = "王辉"     '设定查询的条件
    Set myRange2 = myRange1.Find(what:=myKey)
    If Not myRange2 Is Nothing Then
        myScore = myRange2.Offset(, 5)    '获取总分所在的列
        MsgBox myKey & "的总分为：  " & myScore
    Else
        MsgBox "未找到符合条件的单元格"
    End If
    Set myRange1 = Nothing
    Set myRange2 = Nothing
End Sub
```

❷ 按 F5 键运行代码后，即可弹出对话框显示王辉的总分，效果如图 9-7 所示。

	A	B	C	D	E	F	G	H
1	姓名	班级	语文	数学	英语	总分		
2	刘倩	高三（1）	88	78	91	257		
3	李东南	高三（2）	68	88	90	246		
4	张强	高三（1）	90	91	85	266		
5	李晓	高三（1）	84	85	91	260		
6	王辉	高三（2）	77	90	97	264		
7	王婷婷	高三（2）	76	69	84	229		

Microsoft Excel ×

王辉的总分为：264

确定

图 9-7

5. 查询包含指定字符的单元格数目

本例表格中记录了仓库各种商品的基本信息，下面需要查询"羽绒服"类商品的总记录数。可以使用 CountIf 函数来查看包含某个字符的单元格总数。

❶ 打开 Excel 工作簿，启动 VBE 环境，单击"插入→模块"菜单命令，创建"模块 1"，在打开的代码编辑窗口中输入如下代码。

```
Public Sub 查询包含指定字符的单元格数目()
    Dim myRange As Range
    Dim myNum As Long
    Set myRange = Columns("A")    '设定查询的范围
    myNum = WorksheetFunction.CountIf(myRange, "=*羽绒
服*")    '设定查询的条件
    MsgBox "品名中包含 "羽绒服" 字符的记录共有 " & myNum &
"条"
    Set myRange = Nothing
End Sub
```

❷ 按 F5 键运行代码后，即可查询出羽绒服的总记录数，效果如图 9-8 所示。

	A	B	C	D	E	F	G	H
1	品名	尺码	库存	单价				
2	英伦纯棉风衣	M	88	278				
3	COS风长款过膝羽绒服	S	68	288				
4	长款羊毛打底	M	90	391				
5	慵懒宽松马海毛毛衣	L	150	585				
6	宝蓝色羽绒服加厚	M	77	690				
7	抹茶绿短款羽绒服	M	19	1169				
8								
9								

Microsoft Excel ×

品名中包含"羽绒服"字符的记录共有 3条

确定

图 9-8

🔊 代码解析：

myNum = WorksheetFunction.CountIf(myRange, "=*羽绒服*")
这里的*代表任意字符，也就是查询商品名称为"羽绒服"。

6. 查询数据及公式

如果想要查询表格中某一个单元格的数据结果和具体公

式，可以使用 Find 方法进行数据查询。

❶ 打开 Excel 工作簿，启动 VBE 环境，单击"插入→模块"菜单命令，创建"模块 1"，在打开的代码编辑窗口中输入如下代码。

```
Public Sub 查询数据及公式()
    Dim myRange As Range
    Dim i As Long
    For i = 1 To Range("A65536").End(xlUp).Row
    Set myRange = Cells.Find(what:="SUM", _
        After:=ActiveCell, LookIn:=xlFormulas, _
        LookAt:=xlPart, SearchOrder:=xlByRows, _
        SearchDirection:=xlNext, MatchCase:=False)
    '设定查询的条件
    If myRange Is Nothing Then
        MsgBox "未找到符合条件的单元格"
    Else
        myRange.Activate
        MsgBox "符合条件的单元格为: " & myRange.Address
(False, False) _
            & vbCrLf & "该单元格值为: " & myRange.Value _
            & vbCrLf & "该单元格公式为: " & myRange.Formula
    End If
    Next i
    Set myRange = Nothing
End Sub
```

❷ 按 F5 键运行代码后，即可弹出结果信息对话框，显示了指定单元格的结果和公式，如图 9-9 所示。

图 9-9

❸ 继续单击"确定"按钮，可以看到弹出的对话框中显示指定单元格的结果及公式，如图 9-10 所示。

	A	B	C	D	E	F	G	H
1	地区	上半年	下半年	总业绩	业务员			
2	上海	19.8	12.7	32.5	刘倩			
3	广东	250.6	36	286.6	李东南			
4	芜湖	330	12.65	342.65	张强			
5	北京	59	85.5	144.5	李晓			
6	长沙	112	40.6	152.6	王辉			
7	上饶	98.6	19.85	118.45	王婷婷			
8								
9								
10								
11								

Microsoft Excel ×

符合条件的单元格为：D6
该单元格值为：152.6
该单元格公式为：=SUM(B6:C6)

确定

图 9-10

7. 查询数据所在行

本例将介绍如何使用 Match 函数查询并选中指定数据所在的行。例如，要快速查找"北京"销售数据所在行，可以设置参数 LookIn 为 xlFormulas。

扫一扫，看视频

❶ 打开 Excel 工作簿，启动 VBE 环境，单击"插入→模块"菜单命令，创建"模块 1"，在打开的代码编辑窗口中输入如下代码。

```
Public Sub 查询数据所在行()
    Dim myRange1 As Range
    Dim myRange2 As Range
    Dim myRow As Long
    Set myRange1 = Columns("A")    '设定查询的范围
    On Error Resume Next
    '设定查询条件
    myRow = WorksheetFunction.Match("北京", myRange1, 0)
    On Error GoTo 0
    If myRow = 0 Then
        MsgBox "未找到符合条件的单元格"
    Else
        Set myRange2 = myRange1.Cells(myRow)
        myRange2.EntireRow.Select
    End If
    Set myRange1 = Nothing
    Set myRange2 = Nothing
End Sub
```

❷ 按 F5 键运行代码后，即可看到指定数据所在的第 5 行被选中，如图 9-11 所示。

Excel VBA 编程速查宝典（视频案例版）

226

	A	B	C	D	E	F
1	地区	上半年	下半年	总业绩	业务员	
2	上海	19.8	12.7	32.5	刘倩	
3	广东	250.6	36	286.6	李东南	
4	芜湖	330	12.65	342.65	张强	
5	北京	59	85.5	144.5	李晓	
6	长沙	112	40.6	152.6	王辉	
7	上饶	98.6	19.85	118.45	王婷婷	
8						

图 9-11

9.2 数据的排序操作

本节将通过一些例子介绍如何使用 VBA 代码对表格数据进行排序，比如升序、降序、自定义排序等。

1. 对指定区域数据进行排序

本例表格统计了商品库存，下面使用 Sort 方法对指定单元格区域数据进行升序排列。

❶ 打开 Excel 工作簿，启动 VBE 环境，单击"插入→模块"菜单命令，创建"模块 1"，在打开的代码编辑窗口中输入如下代码。

扫一扫，看视频

```
Public Sub 对指定区域数据进行排序()
    Dim ws As Worksheet
    Dim myRange As Range
    Set ws = Worksheets(1)              '指定工作表
    Set myRange = ws.UsedRange          '设定数据区域
    MsgBox "下面对 C 列库存进行升序排序"
    myRange.Sort Key1:="库存", Order1:=xlAscending,
Header:=xlYes
    Set myRange = Nothing
End Sub
    MsgBox "当前工作表中的 ActiveX 控件:  " & vbCrLf & vbCrLf _
        & "控件名称对应的 OLE 程序标识符" & vbCrLf & myString
    Set ws = Nothing
End Sub
```

❷ 按 F5 键运行代码后，即可弹出对话框提示将对 C 列商品库存执行排序，如图 9-12 所示。

图 9-12

❸ 单击"确定"按钮，即可将库存数据从低到高进行升序排序，如图 9-13 所示。

图 9-13

2. 使用多个关键字进行排序

如果需要将表格中的数据按照多个条件执行排序，可以使用 Sort 方法实现，本例中需要将学生的各科成绩执行升序排序。例如，按照指定关键字"语文""数学""英语""总分"进行排序操作。

❶ 图 9-14 所示为原始学生成绩表。

图 9-14

❷ 启动 VBE 环境，单击"插入→模块"菜单命令，创建"模块1"，在打开的代码编辑窗口中输入如下代码。

```vba
Public Sub 使用多个关键字进行排序()
    Dim ws As Worksheet
    Dim myRange As Range
    Dim myArray As Variant
    Dim i As Integer
    Set ws = Worksheets(1)              '指定工作表
    Set myRange = ws.Range("A1")        '指定数据区域
    '指定关键字的优先顺序
    myArray = Array("语文", "数学", "英语", "总分")
    With myRange
        For i = 0 To UBound(myArray)
            .Sort Key1:=myArray(i), Order1:=xlAscending, Header:=xlYes
        Next i
    End With
    Set myRange = Nothing
    Set ws = Nothing
End Sub
```

❸ 按 F5 键运行代码后，即可按指定条件对多个关键字进行升序排序，如图 9-15 所示。

	A	B	C	D	E	F
1	姓名	班级	语文	数学	英语	总分
2	王婷婷	高三（2）	76	69	84	229
3	李东南	高三（2）	68	88	90	246
4	刘倩	高三（1）	88	78	91	257
5	李晓	高三（1）	84	85	91	260
6	王辉	高三（2）	77	90	97	264
7	张强	高三（1）	90	91	85	266

图 9-15

3. 按自定义序列进行排序

本例表格统计了值班人员的基本信息，下面要使用 Sort 方法对星期按自定义序列排序。

❶ 图 9-16 所示为原始值班星期表格。

扫一扫，看视频

	A	B
1	值班人员	值班星期
2	刘倩	星期三
3	张强	星期六
4	李东南	星期二
5	王辉	星期五
6	李云娜	星期日
7	李晓	星期四
8	王婷婷	星期一

图 9-16

❷ 启动 VBE 环境，单击"插入→模块"菜单命令，创建"模块 1"，在打开的代码编辑窗口中输入如下代码。

```
Public Sub 按自定义序列进行排序()
    Dim ws1 As Worksheet
    Dim ws2 As Worksheet
    Dim myRange1 As Range
    Dim myRange2 As Range
    Set ws1 = Worksheets(1)               '指定工作表
    Set ws2 = Worksheets(2)               '指定工作表
    ws2.Cells.Delete shift:=xlUp
    '指定要复制的单元格区域
    Set myRange1 = ws1.UsedRange
    Set myRange2 = ws2.Range("A1")        '指定要复制的位置
    myRange1.Copy
    myRange2.PasteSpecial Paste:=xlPasteValues
    Application.CutCopyMode = False
    Set myRange2 = ws2.UsedRange          '指定数据区域
    MsgBox "以第 7 个自定义序列（即星期日、星期一、...）进行降序
排序"
    myRange2.Sort Key1:=ws2.Range("B1"),
Order1:=xlDescending, _
        Header:=xlYes, OrderCustom:=7
    Set myRange1 = Nothing
    Set myRange2 = Nothing
    Set ws1 = Nothing
    Set ws2 = Nothing
End Sub
```

❸ 按 F5 键运行代码后，即可看到进行自定义排序后的效果，如图 9-17 所示。

图 9-17

4. 按字符长度进行排序

本例表格统计了各种不同长度的字符，要求按照字符长度进行排序。

扫一扫，看视频

❶ 图 9-18 所示为不同长度字符的原始表格。

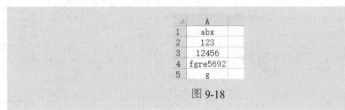

图 9-18

❷ 启动 VBE 环境，单击"插入→模块"菜单命令，创建"模块 1"，在打开的代码编辑窗口中输入如下代码。

```
Public Sub 按字符长度进行排序()
    Dim ws As Worksheet
    Dim myRange As Range
    Dim myRow As Long
    Dim myColumn As Long
    Dim i As Long
    Set ws = Worksheets(1)      '指定工作表
    With ws
        '获取数据区域的列数和行数
        With .Range("A1").CurrentRegion
```

```
        myColumn = .Columns.Count
        myRow = .Rows.Count
    End With
    '在数据区域的最右侧插入 1 列
    .Columns(myColumn + 1).Insert
    '将各个单元格的字符串长度输入新插入的列
    For i = 2 To myRow
        .Cells(i, myColumn + 1).Value = Len(.Cells(i,
1).Value)
    Next i
    '开始按字符串从长到短进行降序排序
    '获取包括新插入列在内的所有数据区域
    Set myRange = .Range("A1").CurrentRegion
    With myRange
        .Sort Key1:=.Cells(1, myColumn + 1),
Order1:=xlDescending, Header:=xlYes
    End With
    .Columns(myColumn + 1).Delete        '删除新插入的列
  End With
  Set myRange = Nothing
  Set ws = Nothing
End Sub
```

❸ 按 F5 键运行代码后，即可看到排序后的效果，如图 9-19 所示。

	A	B	C
1	fgre5692		
2	12456		
3	abx		
4	123		
5	g		
6			
7			

图 9-19

5. 按单元格颜色进行排序

扫一扫，看视频

　　在本例中将按照单元格的颜色对当前工作表（Sheet1）中的 A 列进行降序排序，其方法与按字符长度排序相同，也是通过添加辅助列来实现的。

❶ 图 9-20 所示为原始表格。

	A	B	C
1	姓名	班级	
2	刘倩	高三（1）	
3	李东南	高三（2）	
4	张强	高三（1）	
5	李晓	高三（1）	
6	王辉	高三（2）	
7	王婷婷	高三（2）	
8			

图 9-20

❷ 启动 VBE 环境，单击“插入→模块”菜单命令，创建“模块 1”，在打开的代码编辑窗口中输入如下代码。

```
Public Sub 按单元格颜色进行排序()
   Dim ws As Worksheet
   Dim myRange As Range
   Dim myRow As Long
   Dim myColumn As Long
   Dim i As Long
   Set ws = Worksheets(1)    '指定工作表
   With ws
      '获取数据区域的列数和行数
      With .Range("A1").CurrentRegion
         myColumn = .Columns.Count
         myRow = .Rows.Count
      End With
      '在数据区域的最右侧插入 1 列
      .Columns(myColumn + 1).Insert
      '将各单元格的颜色编号输入新插入的列
      For i = 2 To myRow
         .Cells(i, myColumn + 1).Value = .Cells(i,
1).Interior.ColorIndex
      Next i
      '开始按颜色进行降序排序
      '获取包括新插入列在内的数据区域
      Set myRange = .Range("A1").CurrentRegion
      With myRange
         .Sort Key1:=.Cells(1, myColumn + 1),
Order1:=xlDescending, Header:=xlYes
      End With
```

```
        .Columns(myColumn + 1).Delete        '删除新插入的列
    End With
    Set myRange = Nothing
    Set ws = Nothing
End Sub
```

❸ 按 F5 键运行代码后，即可看到按照单元格颜色进行排序后的效果，如图 9-21 所示。

	A	B	C
1	姓名	班级	
2	李晓	高三 (1)	
3	张强	高三 (1)	
4	刘倩	高三 (1)	
5	王辉	高三 (2)	
6	李东南	高三 (2)	
7	王婷婷	高三 (2)	
8			
9			

图 9-21

6. 恢复排序后的数据

本例统计了各个店铺的全年业绩数据，下面需要使用代码将总业绩排序，再设置代码将表格数据恢复到排序之前的原始状态。

❶ 打开 Excel 工作簿，启动 VBE 环境，单击"插入→模块"菜单命令，创建"模块 1"，在打开的代码编辑窗口中输入如下代码。

```
Public Sub 恢复排序后的数据()
    Dim ws As Worksheet
    Dim myRange As Range
    Dim myColumn As Long
    Dim myRow As Long
    Set ws = Worksheets(1)    ' 指定工作表
    With ws
        .Select
        '获取数据区域的列数和行数
        With .Range("A1").CurrentRegion
            myColumn = .Columns.Count
            myRow = .Rows.Count
        End With
        '在数据区域的最右侧插入 1 列
```

```
        .Columns(myColumn + 1).Insert
        '在新插入的列中输入从 1 开始的连续编号
    With .Cells(1, myColumn + 1)
            .Value = 1
            .AutoFill Destination:=.Resize(myRow),
Type:=xlFillSeries
    End With
        '获取包括新插入列在内的数据区域
        Set myRange = .Range("A1").CurrentRegion
        With myRange
            MsgBox "下面以总业绩进行升序排序"
            .Sort Key1:="总业绩", Order1:=xlAscending,
Header:=xlYes
            MsgBox "下面恢复数据原始状态"
            .Sort Key1:=.Cells(2, .Columns.Count),
Order1:=xlAscending, Header:=xlYes
        End With
        .Columns(myColumn + 1).Delete   '删除新插入的列
    End With
    Set myRange = Nothing
    Set ws = Nothing
End Sub
```

❷ 按 F5 键运行代码后，即可在最右侧添加新列并自动输入辅助数字，同时弹出对话框提示对总业绩进行升序排序，如图 9-22 所示。

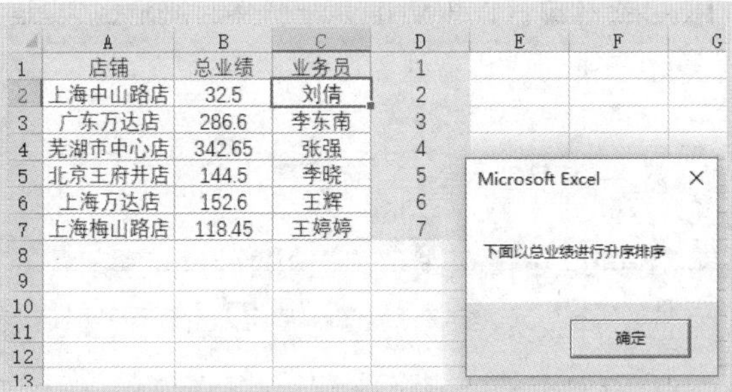

图 9-22

❸ 单击"确定"按钮即可实现排序，如图 9-23 所示。同时弹出对话框提示下面恢复数据原始状态。

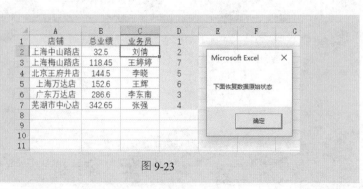

图 9-23

④ 单击"确定"按钮即可返回表格的原始状态。

9.3 数据的筛选操作

本节将通过几个例子介绍如何使用代码实现表格数据的筛选，包括高级筛选。

1. 自动筛选数据

扫一扫，看视频

在 VBA 中，使用 AutoFilter 方法可以执行自动筛选，也可以撤销自动筛选。

本例将在当前工作表（Sheet1）中筛选和撤销筛选"桃园一中"总分大于等于 250 分的所有记录。

❶ 打开 Excel 工作簿，启动 VBE 环境，单击"插入→模块"菜单命令，创建"模块 1"，在打开的代码编辑窗口中输入如下代码。

```
Public Sub 自动筛选数据()
    Dim myRange As Range
    '指定数据区域
    Set myRange = Range("A1").CurrentRegion
    With myRange
        '设定第一个条件
        .AutoFilter Field:=2, Criteria1:="=桃园一中"
        '设定另一条件
        .AutoFilter Field:=6, Criteria1:=">=250"
    End With
    Set myRange = Nothing
```

```
End Sub

Public Sub 撤销自动筛选()
    Dim ws  As Worksheet
    Dim myAutoFilter As AutoFilter
    Dim myRange  As Range
    Set ws = ActiveSheet
    Set myAutoFilter = ws.AutoFilter
    If Not myAutoFilter Is Nothing Then
        myAutoFilter.Range.AutoFilter
    Else
        MsgBox "无自动筛选!"
    End If
    Set myRange = Nothing
    Set myAutoFilter = Nothing
    Set ws = Nothing
End Sub
```

❷ 按 F5 键运行代码后，即可筛选出桃园一中总分大于等于 250 分的记录，如图 9-24 所示。

	A	B	C	D	E	F
1	姓名	学校	语文	数学	英语	总分
5	李晓	桃园一中	84	90	91	265
7	张强	桃园一中	90	91	85	266
8						
9						
10						

图 9-24

❸ 继续执行第二段代码，即可取消自动筛选后的结果，恢复表格原始状态，如图 9-25 所示。

	A	B	C	D	E	F	G
1	姓名	学校	语文	数学	英语	总分	
2	王婷婷	桃园一中	76	69	84	229	
3	李东南	芜湖路二中	68	88	90	246	
4	刘倩	合肥四中	88	78	91	257	
5	李晓	桃园一中	84	90	91	265	
6	王辉	南淮和一中	77	90	97	264	
7	张强	桃园一中	90	91	85	266	
8							
9							
10							
11							

图 9-25

2. "与"条件下的高级筛选

Excel 高级筛选功能可以通过设置"与""或"条件实现复杂的筛选，在 VBA 中也可以使用 AdvancedFilter 方法实现高级筛选。

本例要筛选出学生语文成绩大于等于 80 分且总分大于等于 250 分的所有记录，也就是实现"与"条件数据筛选。

❶ 打开 Excel 工作簿，启动 VBE 环境，单击"插入→模块"菜单命令，创建"模块 1"，在打开的代码编辑窗口中输入如下代码。

```
Public Sub "与"条件下的高级筛选()
    Dim myRange1 As Range
    Dim myRange2 As Range
    Dim myCell As Range
    '指定数据区域
    Set myRange1 = Range("A1").CurrentRegion
    Set myRange2 = Range("A9:B10")          '条件区域
    '在条件区域内设置筛选条件
    myRange2.Cells(1, 1) = "语文"            '第一个条件名称
    myRange2.Cells(1, 2) = "总分"            '第二个条件名称
    myRange2.Cells(2, 1) = ">=80"           '第一个条件值
    myRange2.Cells(2, 2) = ">=250"          '第二个条件值
    MsgBox "下面根据设置的条件进行高级筛选!"
    myRange1.AdvancedFilter Action:=xlFilterInPlace,
CriteriaRange:=myRange2
    For Each myCell In myRange2.Cells
        myCell.Clear    '删除设置的条件区域
    Next
    Set myRange1 = Nothing
    Set myRange2 = Nothing
End Sub
```

❷ 按 F5 键运行代码后，即可看到弹出的高级筛选对话框，如图 9-26 所示。

❸ 单击"确定"按钮后，即可实现"与"条件下的高级筛选操作，筛选出语文成绩大于等于 80 分且总分大于等于 250 分的记录，筛选结果如图 9-27 所示。

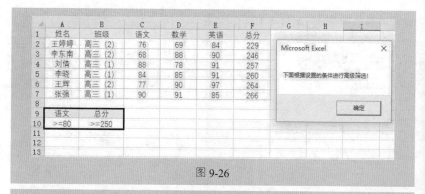

图 9-26

	A	B	C	D	E	F
1	姓名	班级	语文	数学	英语	总分
4	刘倩	高三 (1)	88	78	91	257
5	李晓	高三 (1)	84	85	91	260
6	王辉	高三 (2)	77	90	97	264
7	张强	高三 (1)	90	91	85	266
8						
9						

图 9-27

3. "或"条件下的高级筛选

下面介绍如何实现"或"条件下的高级筛选。例如，本例要筛选出销售部中基本工资大于等于 1200 元或者实发工资大于等于 4000 元的所有记录。

扫一扫，看视频

❶ 图 9-28 所示是原始表格数据。

	A	B	C	D	E	F	G	H	I	J	K
1	姓名	部门	基本工资	岗位工资	业绩奖金	满勤奖金	实发工资		基本工资	部门	实发工资
2	王婷婷	行政部	1500	800	500	100	2900		>=1200	销售部	
3	李东南	销售部	1200	1000	1800	300	4300			销售部	>=4000
4	刘倩	财务部	1800	1200	200	200	3400				
5	李晓	销售部	1200	1000	1500	100	3800				
6	王辉	企划部	2500	1500	1600	200	5800				
7	张强	销售部	1600	800	2000	150	4550				
8	刘云	行政部	2000	1000	1800	300	5100				
9	韩平	网络安全部	3000	2500	600	150	6250				
10	王媛媛	销售部	2800	600	800	400	4600				
11	孙丽	行政部	2500	800	200	250	3750				
12											
13											
14											
15											

图 9-28

❷ 启动 VBE 环境，单击"插入→模块"菜单命令，创建"模块 1"，在

打开的代码编辑窗口中输入如下代码。

```
Public Sub "或"条件下的高级筛选()
    Dim myRange1 As Range
    Dim myRange2 As Range
    Dim myCell As Range
    '指定数据区域
    Set myRange1 = Range("A1").CurrentRegion
    Set myRange2 = Range("I1:K3")            '条件区域
    '在条件区域内设置筛选条件
    myRange2.Cells(1, 1) = "基本工资"        '第一个条件名称
    myRange2.Cells(1, 2) = "部门"            '第二个条件名称
    myRange2.Cells(1, 3) = "实发工资"        '第三个条件名称
    myRange2.Cells(2, 1) = ">=1500"          '第一个条件值
    myRange2.Cells(2, 2) = "销售部"          '第二个条件值
    myRange2.Cells(3, 2) = "销售部"          '第二个条件值
    myRange2.Cells(3, 3) = ">=4000"          '第三个条件值
    MsgBox "下面根据设置的条件进行高级筛选!"
    myRange1.AdvancedFilter Action:=xlFilterInPlace,
CriteriaRange:=myRange2
    For Each myCell In myRange2.Cells
        myCell.Clear      '删除设置的条件区域
    Next
    Set myRange1 = Nothing
    Set myRange2 = Nothing
End Sub
```

❸ 按 F5 键运行代码后,即可看到弹出的高级筛选对话框,如图 9-29 所示。

图 9-29

❹ 单击"确定"按钮,即可筛选出销售部基本工资大于等于 1500 元或者实发工资大于等于 4000 元的所有记录,结果如图 9-30 所示。

	A	B	C	D	E	F	G	H
1	姓名	部门	基本工资	岗位工资	业绩奖金	满勤奖金	实发工资	
3	李东南	销售部	1200	1000	1800	300	4300	
7	张强	销售部	1600	800	2000	150	4550	
10	王媛媛	销售部	2800	600	800	400	4600	
12								
13								
14								
15								

图 9-30

4. 筛选并删除数据区域中的空行与空列

如果数据表格中存在多余的空行或者空列，可以使用 CountA 函数筛选出当前数据区域中的空行或者空列，再使用 Delete 方式将其删除，只保留非空白部分。

扫一扫，看视频

❶ 图 9-31 所示为包含空行和空列的表格。

	A	B	C	D	E	F	G
1	姓名	班级	语文		数学	英语	总分
2	王婷婷	高三 (2)	76		69	84	229
3							
4							
5	李东南	高三 (2)	68		88	90	246
6	刘倩	高三 (1)	88		78	91	257
7	李晓	高三 (1)	84		85	91	260
8	王辉	高三 (2)	77		90	97	264
9							
10	张强	高三 (1)	90		91	85	266
11							

图 9-31

❷ 启动 VBE 环境，单击"插入→模块"菜单命令，创建"模块 1"，在打开的代码编辑窗口中输入如下代码。

```
Public Sub 筛选并删除数据区域中的空行()
    Dim LastRow As Long
    Dim r As Long
    LastRow = ActiveSheet.UsedRange.Row - 1 +
ActiveSheet.UsedRange.Rows.Count
    Application.ScreenUpdating = False
    For r = LastRow To 1 Step -1
        If Application.WorksheetFunction.CountA
(Rows(r)) = 0 Then Rows(r).Delete       '筛选并删除空行
    Next r
    Application.ScreenUpdating = True
End Sub
```

❸ 按 F5 键运行代码后，即可删除表格中的所有空行，如图 9-32 所示。

	A	B	C	D	E	F	G
1	姓名	班级	语文		数学	英语	总分
2	王婷婷	高三 (2)	76		69	84	229
3	李东南	高三 (2)	68		88	90	246
4	刘倩	高三 (1)	88		78	91	257
5	李晓	高三 (1)	84		85	91	260
6	王辉	高三 (2)	77		90	97	264
7	张强	高三 (1)	90		91	85	266
8							

图 9-32

❹ 在代码编辑窗口中继续输入如下代码。

```
Public Sub 筛选并删除数据区域中的空列()
    Dim LastColumn As Long
    Dim r As Long
    LastColumn = ActiveSheet.UsedRange.Column - 1 +
ActiveSheet.UsedRange.Columns.Count
    Application.ScreenUpdating = False
    For r = LastColumn To 1 Step -1
        If Application.WorksheetFunction.CountA
(Columns(r)) = 0 Then Columns(r).Delete    '筛选并删除空列
    Next r
    Application.ScreenUpdating = True
End Sub
```

❺ 按 F5 键运行代码后，即可删除表格中的所有空列，最终效果如图 9-33 所示。

	A	B	C	D	E	F
1	姓名	班级	语文	数学	英语	总分
2	王婷婷	高三 (2)	76	69	84	229
3	李东南	高三 (2)	68	88	90	246
4	刘倩	高三 (1)	88	78	91	257
5	李晓	高三 (1)	84	85	91	260
6	王辉	高三 (2)	77	90	97	264
7	张强	高三 (1)	90	91	85	266

图 9-33

5. 清除高级筛选

扫一扫，看视频

如果要将例 3 中的高级筛选结果快速清除，使用 ShowAllData 方法设置代码即可。

❶ 图 9-34 所示为执行高级筛选后的结果。

	A	B	C	D	E	F	G
1	姓名	部门	基本工资	岗位工资	业绩奖金	满勤奖金	实发工资
3	李东南	销售部	1200	1000	1800	300	4300
7	张强	销售部	1600	800	2000	150	4550
10	王媛媛	销售部	2800	600	800	400	4600
12							
13							

图 9-34

❷ 启动 VBE 环境，单击"插入→模块"菜单命令，创建"模块 1"，在打开的代码编辑窗口中输入如下代码。

```
Public Sub 清除高级筛选()
    Dim ws As Worksheet
    Set ws = ThisWorkbook.ActiveSheet
    With ws
        If .FilterMode Then
            .ShowAllData
    Else
        MsgBox "无高级筛选!"
        End If
    End With
    Set ws = Nothing
End Sub
```

❸ 按 F5 键运行代码后，即可清除高级筛选的结果，并恢复至表格的原始状态，如图 9-35 所示。

	A	B	C	D	E	F	G
1	姓名	部门	基本工资	岗位工资	业绩奖金	满勤奖金	实发工资
2	王婷婷	行政部	1500	800	500	100	2900
3	李东南	销售部	1200	1000	1800	300	4300
4	刘倩	财务部	1800	1200	200	200	3400
5	李晓	销售部	1200	1000	1500	100	3800
6	王辉	企划部	2500	1500	1600	200	5800
7	张强	销售部	1600	800	2000	150	4550
8	刘云	行政部	2000	1000	1800	300	5100
9	韩平	网络安全部	3000	2500	600	150	6250
10	王媛媛	销售部	2800	600	800	400	4600
11	孙丽	行政部	2500	800	200	250	3750
12							

图 9-35

9.4 数据的条件格式操作

Excel 中有一个条件格式功能，在 VBA 中同样也可以使用数据条、图标集、色阶等功能来突出显示表格中的某些数据。本节将介绍如何通过代码突出显示指定条件的数据，以及使用数据条、色阶和图标集来突出显示数据。

1. 突出显示数据区域中的前 N 项

扫一扫，看视频

表格中统计了各学生的各科成绩和总分，要求设置特殊格式突出显示总分的前三项。

❶ 打开 Excel 工作簿，启动 VBE 环境，单击"插入→模块"菜单命令，创建"模块 1"，在打开的代码编辑窗口中输入如下代码。

```
Public Sub 突出显示数据区域中的前N项()
    Dim myRange As Range
    '指定数据区域
    Set myRange = ActiveSheet.Range("A1:F7")
    With myRange
        .ClearFormats                        '清除已有的条件格式
        '添加一个前10项的条件格式
        .FormatConditions.AddTop10
        With .FormatConditions(1)
            '仅突出显示最大的几个数据
            .TopBottom = xlTop10Top
            .Rank = 3                        '突出显示前三项最大的数据
        End With
        With .FormatConditions(1).Font
            .Bold = True              '设置字体为加粗
            .Color = vbRed            '设置字体为红色
        End With
    End With
    Set myRange = Nothing
End Sub
```

❷ 按 F5 键运行代码，即可以红色加粗字体标记出前三名的分数，如图 9-36 所示。

	A	B	C	D	E	F
1	姓名	班级	语文	数学	英语	总分
2	王婷婷	高三（2）	76	69	84	229
3	张强	高三（1）	90	91	85	266
4	李东南	高三（2）	68	88	90	246
5	刘倩	高三（1）	88	78	91	257
6	李晓	高三（1）	84	85	91	260
7	王辉	高三（2）	77	90	97	264

图 9-36

📢 注意：

如果要显示最后几项，可以将代码中的 xlTop10Top 更改为 xlTop10Bottom。

2. 突出显示重复的数据

如果表格中的数据存在重复，可以使用 AddUniqueValues 方法和 DupeUnique 属性突出显示重复的数据。

扫一扫，看视频

❶ 打开 Excel 工作簿，启动 VBE 环境，单击"插入→模块"菜单命令，创建"模块1"，在打开的代码编辑窗口中输入如下代码。

```
Public Sub 突出显示重复的数据()
    Dim myRange As Range
    '指定数据区域
    Set myRange = ActiveSheet.Range("A1:B7")
    With myRange
        .ClearFormats                      '清除已有的条件格式
        '添加一个重复数据的条件格式
        .FormatConditions.AddUniqueValues
        '仅突出显示重复的数据
        .FormatConditions(1).DupeUnique = xlDuplicate
        With .FormatConditions(1).Font
            .Bold = True                   '设置字体为加粗
            .Color = vbRed                 '设置字体为红色
        End With
    End With
    Set myRange = Nothing
End Sub
```

❷ 按 F5 键运行代码后，即可突出显示重复的员工姓名，如图 9-37 所示。

图 9-37

3. 突出显示小于或大于平均值的数据

扫一扫，看视频

在 VBA 中，可以使用 AddAboveAverage 方法和 AboveBelow 属性突出显示小于或大于平均值的数据。

本例将在当前工作表（Sheet1）的 F2:F7 单元格区域中以红色加粗字体突出显示小于平均值的数据和大于平均值的数据。

❶ 打开 Excel 工作簿，启动 VBE 环境，单击"插入→模块"菜单命令，创建"模块 1"，在打开的代码编辑窗口中输入如下代码。

```
Public Sub 突出显示小于平均值的数据()
    Dim myRange As Range
    '指定数据区域
    Set myRange = ActiveSheet.Range("F2:F7")
    With myRange
        .ClearFormats                '清除已有的条件格式
        '添加一个高于平均值的条件格式
        .FormatConditions.AddAboveAverage
        '仅突出显示小于平均值的数据
        .FormatConditions(1).AboveBelow = xlBelowAverage
        With .FormatConditions(1).Font
            .Bold = True             '设置字体为加粗字体
            .Color = vbRed           '设置字体颜色为红色
        End With
    End With
    Set myRange = Nothing
End Sub
```

❷ 按 F5 键运行代码，即可标记出小于平均值的数据，如图 9-38 所示。

	A	B	C	D	E	F
1	姓名	班级	语文	数学	英语	总分
2	王婷婷	高三 (2)	76	69	84	229
3	张强	高三 (1)	90	91	85	266
4	李东南	高三 (2)	68	88	90	246
5	刘倩	高三 (1)	88	78	91	257
6	李晓	高三 (1)	84	85	91	260
7	王辉	高三 (2)	77	90	97	264
8						
9						

图 9-38

❸ 继续在代码编辑窗口中输入如下代码。

```vb
Public Sub 突出显示大于平均值的数据()
    Dim myRange As Range
    '指定数据区域
    Set myRange = ActiveSheet.Range("F2:F7")
    With myRange
        .ClearFormats                '清除已有的条件格式
        '添加一个高于平均值的条件格式
        .FormatConditions.AddAboveAverage
        '仅突出显示大于平均值的数据
        .FormatConditions(1).AboveBelow = xlAboveAverage
        With .FormatConditions(1).Font
            .Bold = True             '设置字体为加粗字体
            .Color = vbRed           '设置字体颜色为红色
        End With
    End With
    Set myRange = Nothing
End Sub
```

❹ 按 F5 键运行代码，即可标记出大于平均值的数据，如图 9-39 所示。

	A	B	C	D	E	F	G
1	姓名	班级	语文	数学	英语	总分	
2	王婷婷	高三 (2)	76	69	84	229	
3	张强	高三 (1)	90	91	85	266	
4	李东南	高三 (2)	68	88	90	246	
5	刘倩	高三 (1)	88	78	91	257	
6	李晓	高三 (1)	84	85	91	260	
7	王辉	高三 (2)	77	90	97	264	
8							
9							
10							

图 9-39

4. 利用数据条突出显示数据

扫一扫，看视频

在 Excel 中利用系统内置的数据条格式功能，可以在单元格内用颜色渐变、长短不一的数据条来突出显示不同的数据。

本例将使用 FormatConditions 属性返回一个 FormatConditions 集合，然后使用该集合的 AddDatabar 方法以黄色数据条突出显示当前工作表（Sheet3）中 B2:B11 单元格区域中的业绩。

❶ 打开 Excel 工作簿，启动 VBE 环境，单击"插入→模块"菜单命令，创建"模块 1"，在打开的代码编辑窗口中输入如下代码。

```
Public Sub 利用数据条突出显示数据()
    Dim myRange As Range
    '指定数据区域
    Set myRange = ActiveSheet.Range("B2:B11")
    With myRange
        .FormatConditions.Delete          '清除已有的条件格式
        '添加数据条的条件格式
        .FormatConditions.AddDatabar
        With .FormatConditions(1)
            .ShowValue = True             '显示数据
            '最短数据条根据最小值确定
            .MinPoint.Modify
newtype:=xlConditionValueLowestValue
            '最长数据条根据最大值确定
            .MaxPoint.Modify
newtype:=xlConditionValueHighestValue
        End With
        '数据条颜色为黄色
        .FormatConditions(1).BarColor.Color = vbYellow
    End With
    Set myRange = Nothing
End Sub
```

❷ 按 F5 键运行代码后，即可根据业绩数据大小绘制黄色数据条，如图 9-40 所示。

	A	B	C
1	业务员	业绩	
2	王婷婷	9000	
3	张强	13000	
4	李东南	8900	
5	刘倩	9580	
6	李晓	6580	
7	王辉	9400	
8	李菲	5900	
9	王端	10200	
10	李晓彤	8760	
11	万茜	10360	

图 9-40

5. 利用图标集突出显示数据

在 Excel 中还可以利用系统内置的图标集功能，在单元格内用箭头、交通灯等符号来突出显示数据。

本例将使用 FormatConditions 属性返回一个 FormatConditions 集合，然后使用该集合的 AddIconSetCondition 方法以三色交通灯图标集突出显示当前工作表(Sheet3)中 B2:B11 单元格区域中的业绩数据。

扫一扫，看视频

❶ 打开 Excel 工作簿，启动 VBE 环境，单击"插入→模块"菜单命令，创建"模块 1"，在打开的代码编辑窗口中输入如下代码。

```
Public Sub 利用图标集突出显示数据()
    Dim myRange As Range
    '指定数据区域
    Set myRange = ActiveSheet.Range("B2:B11")
    With myRange
        .FormatConditions.Delete        '清除已有的条件格式
        '添加一个图标集的条件格式
        .FormatConditions.AddIconSetCondition
        With .FormatConditions(1)        '设置图标集类型
            .ReverseOrder = False        '不保留图标集的图标次序
            .ShowIconOnly = False        '同时显示图标集和数据
            .IconSet = ActiveWorkbook.IconSets
(xl3TrafficLights2)        '设置三色交通灯图标集
            '设置显示图标集的规则，根据不同的值显示不同的图标
            With .IconCriteria(2)
                '按百分比设置规则
```

```
            .Type = xlConditionValuePercent
            .Value = 33                      '百分比是33％
            .Operator = xlGreaterEqual
        End With
        With .IconCriteria(3)
            .Type = xlConditionValuePercent
            .Value = 67
            .Operator = xlGreaterEqual
        End With
    End With
  End With
End Sub
```

❷ 按F5键运行代码，即可根据业绩大小的范围添加不同颜色的交通灯，如图 9-41 所示。

	A	B	C	D
1	业务员	业绩		
2	王婷婷	9000		
3	张强	13000		
4	李东南	8900		
5	刘倩	9580		
6	李晓	6580		
7	王辉	9400		
8	李菲	5900		
9	王端	10200		
10	李晓彤	8760		
11	万茜	10360		
12				

图 9-41

6. 利用色阶突出显示数据

扫一扫，看视频

在 Excel 中除了数据条和图标集，还提供了色阶功能。利用色阶可以根据数据的大小，用不同的颜色填充单元格，从而突出显示数据。

本例将使用 FormatConditions 属性返回一个 FormatConditions 集合，然后使用该集合的 AddColorScale 方法以色阶突出显示当前工作表（Sheet3）中 B2:B11 单元格区域中的业绩数据。

❶ 打开 Excel 工作簿，启动 VBE 环境，单击"插入→模块"菜单命令，

创建"模块1"，在打开的代码编辑窗口中输入如下代码。

```
Public Sub 利用色阶突出显示数据()
    Dim myRange As Range
    '指定数据区域
    Set myRange = ActiveSheet.Range("B2:B11")
    With myRange
        .FormatConditions.Delete         '清除已有的条件格式
        .FormatConditions.AddColorScale
ColorScaleType:=2     '添加一个双色刻度的色阶条件格式
        With .FormatConditions(1)
            '设置色阶条件格式的类型的第一个条件
            .ColorScaleCriteria(1).Type =
xlConditionValueLowestValue
            .ColorScaleCriteria(1).FormatColor.Color =
vbGreen            '设置双色刻度色阶的第一个颜色
            '设置色阶条件格式的类型的第二个条件
            .ColorScaleCriteria(2).Type =
xlConditionValueHighestValue
            .ColorScaleCriteria(2).FormatColor.Color =
vbRed            '设置双色刻度色阶的第二个颜色
        End With
    End With
    Set myRange = Nothing
End Sub
```

❷ 按 F5 键运行代码后，即可使用不同颜色的单元格填充效果突出显示不同范围的业绩数据，如图 9-42 所示。

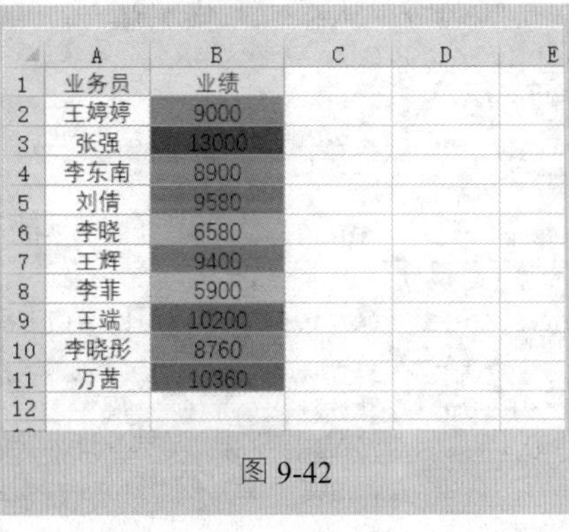

	A	B	C	D	E
1	业务员	业绩			
2	王婷婷	9000			
3	张强	13000			
4	李东南	8900			
5	刘倩	9580			
6	李晓	6580			
7	王辉	9400			
8	李菲	5900			
9	王端	10200			
10	李晓彤	8760			
11	万茜	10360			
12					

图 9-42

7. 突出显示昨日、今日、明日数据

扫一扫，看视频

本例表格统计了各部门值班人员的值班日期，下面需要分别以指定特殊格式突出显示昨日、今日、明日的值班数据。

本例将使用 FormatConditions 属性返回一个 FormatConditions 集合，然后使用该集合的 Add 方法为指定的数据区域添加一个日期条件格式，最后根据此条件格式找出并以指定格式突出显示这些数据。

❶ 打开 Excel 工作簿，启动 VBE 环境，单击"插入→模块"菜单命令，创建"模块 1"，在打开的代码编辑窗口中输入如下代码。

```vba
Public Sub 突出显示昨日数据()
    Dim myRange As Range
    '指定数据区域
    Set myRange = ActiveSheet.Range("A1:C14")
    With myRange
        .FormatConditions.Delete      '清除已有条件格式
        '已添加昨日日期的条件格式
        .FormatConditions.Add Type:=xlTimePeriod, _
DateOperator:=xlYesterday
        With .FormatConditions(1).Font
            .Bold = True              '设置字体为加粗
            .Color = vbRed            '设置字体为红色
        End With
    End With
    Set myRange = Nothing
End Sub

Public Sub 突出显示今日数据()
    Dim myRange As Range
    '指定数据区域
    Set myRange = ActiveSheet.Range("A1:C14")
    With myRange
        .FormatConditions.Delete      '清除已有条件格式
        '已添加今日日期的条件格式
        .FormatConditions.Add Type:=xlTimePeriod, _
DateOperator:=xlToday
        With .FormatConditions(1).Font
            .Bold = True              '设置字体为加粗
            .Color = vbRed            '设置字体为红色
```

```
      End With
   End With
   Set myRange = Nothing
End Sub

Public Sub 突出显示明日数据()
   Dim myRange As Range
   '指定数据区域
   Set myRange = ActiveSheet.Range("A1:C14")
   With myRange
      .FormatConditions.Delete        '清除已有条件格式
      '已添加明日日期的条件格式
      .FormatConditions.Add Type:=xlTimePeriod,
DateOperator:=xlTomorrow
      With .FormatConditions(1).Font
         .Bold = True                 '设置字体为加粗
         .Color = vbRed               '设置字体为红色
      End With
   End With
   Set myRange = Nothing
End Sub
```

❷ 按 F5 键运行第一段代码后，即可将昨日的日期以特殊格式标记，如图 9-43 所示。

	A	B	C	D
1	日期	值班人	部门	
2	2020/1/19	王婷婷	财务部	
3	2020/1/20	张强	财务部	
4	2020/2/21	李东南	财务部	
5	2020/2/22	刘倩	行政部	
6	**2020/2/23**	李晓	行政部	
7	2020/2/24	王辉	设计部	
8	2020/2/25	李晓楠	设计部	
9	2020/2/26	王慧	财务部	
10	2020/2/27	李芸芸	行政部	
11	2020/2/28	周楠	财务部	
12	2020/2/29	缪云	设计部	
13	2020/3/1	王婷婷	财务部	
14	2020/3/2	李红	财务部	

图 9-43

❸ 运行第二段代码后，即可将今日的日期以特殊格式标记，如图 9-44 所示。

图 9-44

❹ 运行第三段代码后，即可将明日的日期以特殊格式标记，如图 9-45 所示。

	A	B	C	D
1	日期	值班人	部门	
2	2020/1/19	王婷婷	财务部	
3	2020/1/20	张强	财务部	
4	2020/2/21	李东南	财务部	
5	2020/2/22	刘倩	行政部	
6	2020/2/23	李晓	行政部	
7	2020/2/24	王辉	设计部	
8	2020/2/25	李晓楠	设计部	
9	2020/2/26	王慧	财务部	
10	2020/2/27	李芸芸	行政部	
11	2020/2/28	周楠	财务部	
12	2020/2/29	缪云	设计部	
13	2020/3/1	王婷婷	财务部	
14	2020/3/2	李红	财务部	

图 9-45

8. 突出显示上周、本周、下周数据

扫一扫，看视频

本例表格统计了各部门值班人员的值班日期，下面需要分别以指定特殊格式突出显示上周、本周、下周的值班数据。

❶ 打开 Excel 工作簿，启动 VBE 环境，单击"插入→模块"菜单命令，创建"模块 1"，在打开的代码编辑窗口中输入如下代码。

```
Public Sub 突出显示上周数据()
    Dim myRange As Range
    '指定数据区域
```

```
    Set myRange = ActiveSheet.Range("A2:C14")
    With myRange
        .FormatConditions.Delete        '清除已有条件格式
        '已添加上周日期的条件格式
        .FormatConditions.Add Type:=xlTimePeriod,
DateOperator:=xlLastWeek
        With .FormatConditions(1).Font
            .Bold = True                '设置字体为加粗
            .Color = vbRed              '设置字体为红色
        End With
    End With
    Set myRange = Nothing
End Sub

Public Sub 突出显示本周数据()
    Dim myRange As Range
    '指定数据区域
    Set myRange = ActiveSheet.Range("A2:C14")
    With myRange
        .FormatConditions.Delete        '清除已有条件格式
        '已添加本周日期的条件格式
        .FormatConditions.Add Type:=xlTimePeriod,
DateOperator:=xlThisWeek
        With .FormatConditions(1).Font
            .Bold = True                '设置字体为加粗
            .Color = vbRed              '设置字体为红色
        End With
    End With
    Set myRange = Nothing
End Sub

Public Sub 突出显示下周数据()
    Dim myRange As Range
    '指定数据区域
    Set myRange = ActiveSheet.Range("A2:C14")
    With myRange
        .FormatConditions.Delete        '清除已有条件格式
        '已添加下周日期的条件格式
        .FormatConditions.Add Type:=xlTimePeriod,
```

```
DateOperator:=xlNextWeek
      With .FormatConditions(1).Font
         .Bold = True                    '设置字体为加粗
         .Color = vbRed                  '设置字体为红色
      End With
   End With
   Set myRange = Nothing
End Sub
```

❷ 按 F5 键运行第一段代码后，即可将上周的日期以特殊格式标记，如图 9-46 所示。

	A	B	C	D
1	日期	值班人	部门	
2	2020/1/19	王婷婷	财务部	
3	2020/1/20	张强	财务部	
4	**2020/2/21**	李东南	财务部	
5	**2020/2/22**	刘倩	行政部	
6	2020/2/23	李晓	行政部	
7	2020/2/24	王辉	设计部	
8	2020/2/25	李晓楠	设计部	
9	2020/2/26	王慧	财务部	
10	2020/2/27	李芸芸	行政部	
11	2020/2/28	周楠	财务部	
12	2020/2/29	擎云	设计部	
13	2020/3/1	王婷婷	财务部	
14	2020/3/2	李红	财务部	
15				

图 9-46

❸ 运行第二段代码后，即可将本周的日期以特殊格式标记，如图 9-47 所示。

	A	B	C	D
1	日期	值班人	部门	
2	2020/1/19	王婷婷	财务部	
3	2020/1/20	张强	财务部	
4	2020/2/21	李东南	财务部	
5	2020/2/22	刘倩	行政部	
6	**2020/2/23**	李晓	行政部	
7	**2020/2/24**	王辉	设计部	
8	**2020/2/25**	李晓楠	设计部	
9	**2020/2/26**	王慧	财务部	
10	**2020/2/27**	李芸芸	行政部	
11	**2020/2/28**	周楠	财务部	
12	**2020/2/29**	擎云	设计部	
13	2020/3/1	王婷婷	财务部	
14	2020/3/2	李红	财务部	
15				

图 9-47

❹ 运行第三段代码后，即可将下周的日期以特殊格式标记，如图 9-48 所示。

▲	A	B	C	D
1	日期	值班人	部门	
2	2020/1/19	王婷婷	财务部	
3	2020/1/20	张强	财务部	
4	2020/2/21	李东南	财务部	
5	2020/2/22	刘倩	行政部	
6	2020/2/23	李晓	行政部	
7	2020/2/24	王辉	设计部	
8	2020/2/25	李晓楠	设计部	
9	2020/2/26	王慧	财务部	
10	2020/2/27	李芸芸	行政部	
11	2020/2/28	周楠	财务部	
12	2020/2/29	缪云	设计部	
13	2020/3/1	王婷婷	财务部	
14	2020/3/2	李红	财务部	
15				

图 9-48

9. 突出显示上月、本月、下月数据

本例表格统计了各部门值班人员的值班日期，下面需要分别以指定特殊格式突出显示上月、本月、下月的值班数据。

扫一扫，看视频

❶ 打开 Excel 工作簿，启动 VBE 环境，单击"插入→模块"菜单命令，创建"模块 1"，在打开的代码编辑窗口中输入如下代码。

```
Public Sub 突出显示上月数据()
    Dim myRange As Range
    '指定数据区域
    Set myRange = ActiveSheet.Range("A2:C14")
    With myRange
        .FormatConditions.Delete        '清除已有条件格式
        '已添加上月日期的条件格式
        .FormatConditions.Add Type:=xlTimePeriod,
DateOperator:=xlLastMonth
        With .FormatConditions(1).Font
            .Bold = True                '设置字体为加粗
            .Color = vbRed              '设置字体为红色
        End With
    End With
```

```
      Set myRange = Nothing
End Sub

Public Sub 突出显示本月数据()
   Dim myRange As Range
   '指定数据区域
   Set myRange = ActiveSheet.Range("A2:C14")
   With myRange
      .FormatConditions.Delete       '清除已有条件格式
      '已添加本月日期的条件格式
      .FormatConditions.Add Type:=xlTimePeriod,
DateOperator:=xlThisMonth
      With .FormatConditions(1).Font
         .Bold = True                '设置字体为加粗
         .Color = vbRed              '设置字体为红色
      End With
   End With
   Set myRange = Nothing
End Sub

Public Sub 突出显示下月数据()
   Dim myRange As Range
   '指定数据区域
   Set myRange = ActiveSheet.Range("A2:C14")
   With myRange
      .FormatConditions.Delete       '清除已有条件格式
      '已添加下月日期的条件格式
      .FormatConditions.Add Type:=xlTimePeriod,
DateOperator:=xlNextMonth
      With .FormatConditions(1).Font
         .Bold = True                '设置字体为加粗
         .Color = vbRed              '设置字体为红色
      End With
   End With
   Set myRange = Nothing
End Sub
```

❷ 按 F5 键运行第一段代码后，即可将上月的日期以特殊格式标记，如

图 9-49 所示。

❸ 运行第二段代码后，即可将本月的日期以特殊格式标记，如图 9-50 所示。

图 9-49   图 9-50

❹ 运行第三段代码后，即可将下月的日期以特殊格式标记，如图 9-51 所示。

图 9-51

第 10 章   函数与公式的应用

10.1   自定义函数

熟悉 Excel 函数功能的用户都知道一些常用的函数，如 SUM、IF、LOOKUP 等函数。如果日常工作使用这些函数还不够，就可以通过使用 VBA 来创建自定义函数。除此之外，VBA 函数还可以解决公式过长的问题。

Excel VBA 函数是执行计算并返回一个值的过程，用户可以在 VBA 代码或工作表公式中使用这些函数。就像 Excel 的工作表函数和 VBA 内置的函数一样，函数过程也是可以使用参数的。但是在数据验证中无法使用 VBA 函数。

对于使用 VBA 编写的自定义函数，需要牢记的是在执行结束时，至少给函数赋值一次。

1. 创建自定义函数参数

函数的参数要注意以下几点。

- 参数可以是变量、常量、自变量或表达式。
- 某些函数是没有参数的。
- 某些函数有固定数量的、必需的参数。
- 某些函数既有必需的参数，又有可选的参数。

在 VBA 中可以使用 ParamArray 关键字自定义参数个数不确定的函数。

扫一扫，看视频

❶ 新建工作簿，启动 VBE 环境，单击"插入→模块"菜单命令，在打开的代码编辑窗口中输入如下代码。

```
Function 累计求和(ParamArray arglist() As Variant) As Double
    For Each arg In arglist
        累计求和 = 累计求和 + arg
    Next
End Function
```

❷ 返回工作表后，打开"插入函数"对话框，选择"或选择类别"为"用户定义"，即可在列表中看到自定义的函数"累计求和"，如图 10-1 所示。

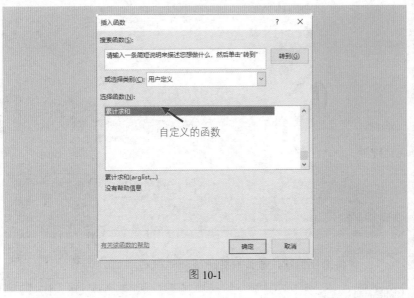

图 10-1

❸ 单击"确定"按钮，打开"函数参数"对话框。分别输入指定参数即可，如图 10-2 所示。

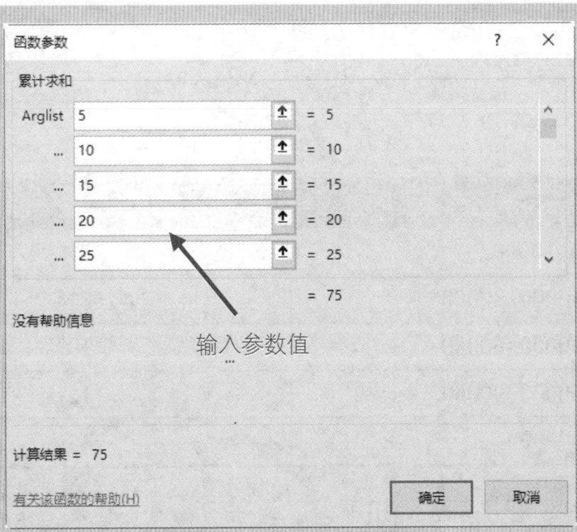

图 10-2

❹ 再次单击"确定"按钮，即可在单元格内计算出指定多个参数的累计和，如图 10-3 所示。

A1		✕ ✓ ƒ𝑥	=累计求和(5,10,15,20,25)			
	A	B	C	D	E	F
1	75					
2						
3						
4						
5						

图 10-3

🔊 注意：

要创建自定义函数，首先要插入模块，然后输入关键字 Function 和函数名称，在函数过程的主体中，确保至少一次把适当的值赋给函数。最后使用 End Function 语句结束函数。

2. 根据条件创建自定义函数

扫一扫，看视频

表 10-1 是某公司不同销售额对应的奖金提成率，我们可以创建自定义函数计算每位销售员的业绩奖金额。除此之外，业务员的奖金还与工龄挂钩，参与计算的奖金率等于标准奖金率加上工龄减一半的百分数，如某人工龄为 5 年，标准奖金率为 10%时，则其奖金率计算方式为 10%+（5/2）%。

表 10-1

销 售 额	奖 金 率
0~10000	5%
10000~30000	8%
30000~60000	10%
60000~90000	12%
90000 以上	15%

❶ 打开工作簿，启动 VBE 环境，单击"插入→模块"菜单命令，在打开的代码编辑窗口中输入如下代码。

```
Function 计算奖金(Sales, years) As Double
```

```
Const r1 As Double = 0.05
Const r2 As Double = 0.08
Const r3 As Double = 0.1
Const r4 As Double = 0.12
Const r5 As Double = 0.15
Select Case Sales
Case Is <= 10000
计算奖金 = Sales * (r1 + years / 200)
Case Is <= 30000
计算奖金 = Sales * (r2 + years / 200)
Case Is <= 60000
计算奖金 = Sales * (r3 + years / 200)
Case Is <= 90000
计算奖金 = Sales * (r4 + years / 200)
Case Is > 90000
计算奖金 = Sales * (r5 + years / 200)
End Select
End Function
```

❷ 保存该段代码，然后在表格的 D2 单元格输入公式 "=计算奖金(B2,C2)"，按 Enter 键后，即可得到第一位员工的业绩奖金，如图 10-4 所示。

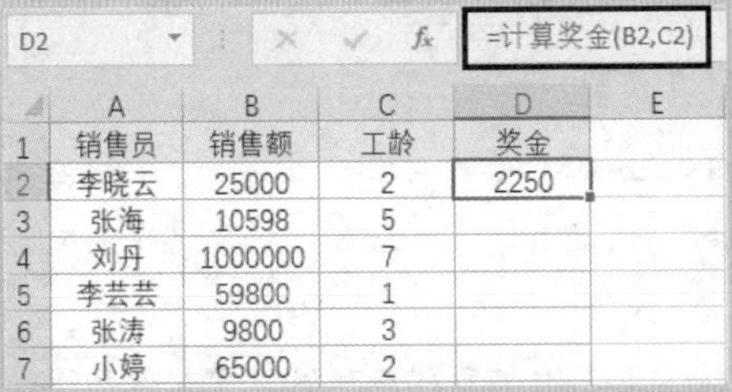

图 10-4

❸ 向下复制公式，即可得到每位销售员的业绩奖金，如图 10-5 所示。

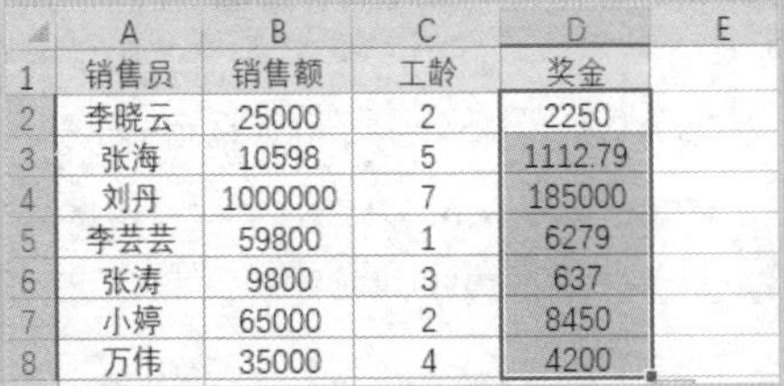

图 10-5

3. 自定义返回数组函数

如果要在表格中返回多个值，可以使用 Array 函数自定义返回数组的函数。

❶ 打开工作簿，启动 VBE 环境，单击"插入→模块"菜单命令，在打开的代码编辑窗口中输入如下代码。

```
Function 费用类别()
    费用类别 = Array("差旅费", "办公费", "餐饮费", "研发费",
"福利费")
End Function
```

❷ 保存之后返回工作表，选中 A1:E1 单元格区域，输入公式：{=费用类别()}，按 Ctrl+Shift+Enter 组合键，即可返回费用类别名称，如图 10-6 所示。

图 10-6

4. 分类自定义函数

用户可以在设置自定义函数之后为其设置分类，实现在"插入函数"对话框中快速找到自定义的函数名称。

❶ 打开工作簿，启动 VBE 环境，单击"插入→模块"菜单命令，在打开的代码编辑窗口中输入如下代码。

```
Function 费用类别()
    费用类别 = Array("差旅费", "办公费", "餐饮费", "研发费",
"福利费")
End Function
```

❷ 打开"立即窗口"，输入如下内容：为自定义函数添加信息说明并归类为"用户定义"类函数，输入完毕按 Enter 键即可。

```
Application.MacroOptions Macro:="费用类别",
Description:="返回各费用类别",
Category:= 4
```

❸ 保存代码并返回工作表，打开"插入函数"对话框，设置"或选择类别"为"用户定义"，可以在"选择函数"列表框中看到自定义函数"费

用类别",如图 10-7 所示。

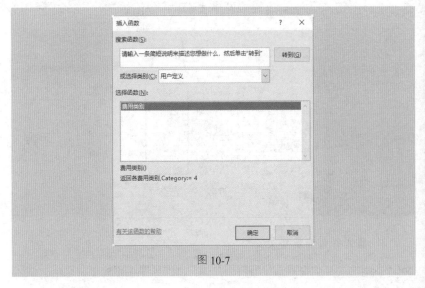

图 10-7

10.2 应用公式

在 Excel 中输入公式都是以 "=" 开始的,再输入函数、运算符以及参数等元素,最后按 Enter 键得到计算结果结束。

1. 输入并填充普通公式

本例中的表格统计了每一位业务员上半年和下半年的业绩,要求使用代码快速填充公式计算出每位业务员的全年总业绩,可以使用字符串方法。

扫一扫,看视频

❶ 打开工作簿,启动 VBE 环境,单击"插入→模块"菜单命令,在打开的代码编辑窗口中输入如下代码。

```
Public Sub 输入并填充普通公式()
    Dim i As Long
    For i = 2 To 9
        Range("D" & i) = "=sum(B" & i & ":C" & i & ")"
    Next i
End Sub
```

❷ 按 F5 键运行代码后，即可使用公式=SUM(B2:C2)计算出每位业务员的业绩总和，效果如图 10-8 所示。

	A	B	C	D	E
1	姓名	上半年	下半年	全年业绩	
2	李霞云	95000	11200	106200	
3	张涛	26580	80000	106580	
4	李婷	95000	25890	120890	
5	江蕙	90000	36580	126580	
6	刘云	25600	95820	121420	
7	李德南	59820	55692	115512	
8	张宇	95200	12930	108130	
9	张甜	78952	99580	178532	
10					

图 10-8

2. 输入并填充数组公式

本例表格中有两列数据，下面需要使用数组公式一次性计算出每一行的总和。

扫一扫，看视频

❶ 打开工作簿，启动 VBE 环境，单击"插入→模块"菜单命令，在打开的代码编辑窗口中输入如下代码。

```
Public Sub 输入并填充数组公式()
    '指定单元格区域或公式
    Range("C1:C10").FormulaArray = "=A1:A10+B1:B10"
End Sub
```

❷ 按 F5 键运行代码后，即可使用公式{= A1:A10+B1:B10}计算出每一行数据之和，效果如图 10-9 所示。

	A	B	C	D	E
1	1	10	11		
2	2	20	22		
3	3	30	33		
4	4	40	44		
5	5	50	55		
6	6	60	66		
7	7	70	77		
8	8	80	88		
9	9	90	99		
10	10	100	110		

图 10-9

3. 一次性查看所有公式

如果要快速显示出当前工作表设置的所有公式，可以按照下面的方法设置代码将所有公式显示在指定区域。

扫一扫，看视频

❶ 打开工作簿，启动 VBE 环境，单击"插入→模块"菜单命令，在打开的代码编辑窗口中输入如下代码。

```
Public Sub 一次性查看所有公式()
    Dim ws1 As Worksheet
    Dim ws2 As Worksheet
    Dim myRange As Range
    Dim myCell As Range
    Dim i As Long
    Set ws1 = Worksheets.Add    '添加一个用于存放公式的工作表
    ws1.Range("A1:B1") = Array("单元格地址", "公式")
    i = 1
    For Each ws2 In Worksheets
        If ws2.Name <> ws1.Name Then
            Set myRange = Nothing
            On Error Resume Next
            Set myRange = ws2.Cells.SpecialCells
(xlCellTypeFormulas)
            On Error GoTo 0
            If Not myRange Is Nothing Then
                '在新建工作表的 A 列和 B 列分别列出单元格地址和公式
                For Each myCell In myRange.Cells
                    i = i + 1
                    ws1.Cells(i, 1).Resize(, 2).Value = _
                        Array(myCell.Address, "'" &
myCell.Formula)
                Next
            End If
        End If
    Next
    Set myRange = Nothing
    Set ws1 = Nothing
    Set ws2 = Nothing
End Sub
```

❷ 按 F5 键运行代码后，即可新建工作表，并分别将单元格地址和对应的公式显示在 A 列和 B 列，效果如图 10-10 所示。

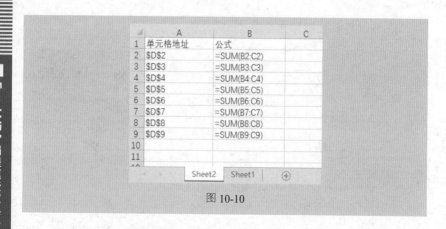

图 10-10

10.3 了解函数过程

函数过程包含如下元素。

- Public（可选）：表明所有活动的 Excel VBA 工程中的所有其他模块的所有其他过程都可以访问函数过程。

- Private（可选）：表明只有同一个模块中的其他过程才能访问函数过程。

- Static（可选）：在两次调用之间，保留在函数过程中声明的变量值。

- Function（必需）：表明返回一个值或其他数据的过程的开头。

- name（必需）：代表任何有效的函数过程的名称，它必须遵循与变量名称一样的规则。

- arglist（可选）：代表一个或多个变量的列表，这些变量是传递给函数过程的参数。这些参数用括号括起来，并用逗号隔开每对参数。

- type（可选）：是参数过程返回的数据类型。

- instructions（可选）：任意数量的有效 VBA 指令。

- Exit Function（可选）：强制在结束之前从函数过程中立即退出的语句。

- End Function（可选）：表明函数过程结束的关键字。

1. 函数的作用域

函数的作用域决定了在其他模块或工作表中是否可以调用该函数。

- 如果不声明函数的作用域，那么默认作用域为 Public。
- 声明为 As Private 的函数不会出现在 Excel 的"插入函数"对话框中，所以在创建只用在某个 VBA 过程中的函数时，应将其声明为 Private，这样用户就不能在公式中使用它了。
- 如果 VBA 代码需要调用在另一个工作簿中定义的某个函数，可以设置对其他工作簿的引用，方法是在 VBE 中单击"工具→引用"菜单命令。
- 如果函数在"加载项"对话框中定义，则不必建立引用。这样的函数可以用在所有工作簿中。

2. 执行函数过程

虽然用户可以采用多种方式执行子过程，但是只能通过以下 4 种方式执行函数过程。

- 从另一个过程调用。
- 在工作表公式中使用。
- 在用来指定条件格式的公式中使用。
- 从 VBE 的"立即窗口"中调用。

10.4 工作表函数和 VBA 函数的使用

在 VBA 中调用工作表函数的方法是利用"WorksheetFunction.工作表函数名称"这一语法结构。但是并非所有的工作表函数都可以在 VBA 中被使用，这时可以使用 VBA 函数，其中有些函数的名称与工作表函数的名称相同，但是两者的性质是不同的。下面将介绍如何在 VBA 中调用工作表函数以及 VBA 函数的使用技巧。

1. 日期与时间函数

Excel 为用户提供了大量的工作表日期与时间函数，以及

VBA 日期与时间函数，它们的性质不同，可以满足用户不同的需求。

❶ 打开工作簿，启动 VBE 环境，单击"插入→模块"菜单命令，在打开的代码编辑窗口中输入如下代码。

```
Public Sub 日期与时间函数()
    MsgBox "2020 年 1 月 1 日与 2020 年 5 月 1 日相隔的天数（按实际
天数计算）为："  _
        & DateDiff("d", #1/1/2020#, #5/1/2020#) & "天"
End Sub
```

❷ 按 F5 键运行代码后，即可调用工作表函数 DateDiff 按实际天数计算出两段日期间的相隔天数，如图 10-11 所示。

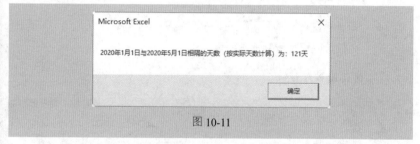

图 10-11

❸ 继续在打开的代码编辑窗口中输入第二段代码。

```
Public Sub 日期与时间函数1()
    MsgBox "2020 年 1 月 1 日与 2020 年 5 月 1 日相隔的天数（按
"30 天/月"计算）为："  _
        & WorksheetFunction.Days360("2020-1-1",
"2020-5-1") & "天"
End Sub
```

❹ 按 F5 键运行代码后，即可调用工作表函数 Days360 按月计算出两段日期间的相隔天数，如图 10-12 所示。

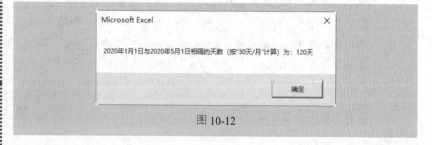

图 10-12

2. 财务函数

在 Excel 中工作表的部分财务函数与 VBA 的财务函数是相同的，本例将介绍 Pmt 函数的使用技巧。

❶ 打开工作簿，启动 VBE 环境，单击"插入→模块"菜单命令，在打开的代码编辑窗口中输入如下代码。

```
Public Sub 财务函数()
    '下面是调用工作表函数 Pmt 进行计算
    MsgBox "月支付额为(工作表函数): " &
WorksheetFunction.Pmt(0.48 / 12, 35 * 12, -50000000)
End Sub
```

❷ 按 F5 键运行代码后，即可调用工作表函数 Pmt 计算出月支付额，如图 10-13 所示。

❸ 继续在打开的代码编辑窗口中输入第二段代码。

```
Public Sub 财务函数1()
    '下面是直接使用VBA 函数 Pmt 进行计算
    MsgBox "月支付额为(VBA 函数): " & Pmt(0.48 / 12, 35 * 12,
-50000000)
End Sub
```

❹ 按 F5 键运行代码后，即可使用 VBA 函数 Pmt 计算出月支付额，如图 10-14 所示。

图 10-13   图 10-14

3. 数组处理函数

数组是由数据元素（数值、文本、日期、逻辑、错误值等）组成的集合。数据元素以行和列的形式组织，构成一个数据矩阵，即数组。

❶ 打开工作簿，启动 VBE 环境，单击"插入→模块"菜单命令，在打开的代码编辑窗口中输入如下代码。

```
Public Sub 数组处理函数()
    Dim myArray As Variant
    Dim i As Integer
    myArray = Array("招聘职位", "姓名", "性别", "学历",
"工作年限")
    For i = LBound(myArray) To UBound(myArray)
        Cells(2, i + 3) = myArray(i)   '指定数组开始的行和列
    Next i
End Sub
```

❷ 按 F5 键运行代码后，结果如图 10-15 所示。

	B	C	D	E	F	G
		招聘职位	姓名	性别	学历	工作年限

图 10-15

📢 代码解析：

　　这里的代码是使用 Array、LBound、UBound 3 个 VBA 数组处理函数在工作表中添加一个指定数据元素的数组。

4. 类型转换函数

扫一扫，看视频

　　将指定的表达式转换成某种特定类型的表达式的函数就是类型转换函数，下面将介绍 CInt、CStr、CDate 3 个常用 VBA 类型转换函数的使用技巧。

　　❶ 打开工作簿，启动 VBE 环境，单击"插入→模块"菜单命令，在打开的代码编辑窗口中输入如下代码。

```
Public Sub 类型转换函数()
    Dim A As Single
    MsgBox "将 265.559 更改为整数: " & CInt(265.459) & vbCrLf _
        & "将 ab569.000 更改为字符串: " & CStr(569#) & vbCrLf _
        & "将 5/11/2019 转换为 Date 型日期: " & CDate("5/11/2019")
End Sub
```

❷ 按 F5 键运行代码后，即可弹出显示结果的对话框，如图 10-16 所示。

图 10-16

10.5 数组的应用

数组是在程序设计中为了处理方便，把具有相同类型的若干变量按有序的形式组织起来的一种形式。应用数组可以提高日常工作中对数据计算和处理的效率。

1. 创建行标题和列标题

本例中介绍如何使用 Array 函数创建一维数组，再使用 Transpose 转置函数将行标题转为列标题。

扫一扫，看视频

❶ 打开工作簿，启动 VBE 环境，单击"插入→模块"菜单命令，在打开的代码编辑窗口中输入如下代码。

```
Public Sub 创建行标题和列标题()
    Dim myArray As Variant
    myArray = Array("学号", "班级", "姓名", "分数")
    Range("A1:D1") = myArray    '创建行标题
    '创建列标题
    Range("A1:A4") = WorksheetFunction.Transpose(myArray)
End Sub
```

❷ 按 F5 键运行代码后，即可得到如图 10-17 所示的结果。

	A	B	C	D
1	学号	班级	姓名	分数
2	班级			
3	姓名			
4	分数			
5				
6				

图 10-17

2. 查看指定单元格区域的数据

下面介绍如何利用二维数组快速查看指定单元格区域中的数据。

❶ 打开工作簿，启动 VBE 环境，单击"插入→模块"菜单命令，在打开的代码编辑窗口中输入如下代码。

```
Public Sub 查看指定单元格区域的数据()
    Dim myArray As Variant
    '将单元格区域的数据保存到数组中
    myArray = Range("A1:C5").Value
    MsgBox "单元格区域第3行第2列的数据为: " & myArray(3, 2) _
        & vbCrLf & "单元格区域的最大值为: " & WorksheetFunction.Max(myArray) _
        & vbCrLf & "单元格区域的最小值为: " & WorksheetFunction.Min(myArray) _
        & vbCrLf & "单元格区域的平均值为: " & WorksheetFunction.Average(myArray)
End Sub
```

❷ 按 F5 键运行代码后，即可获取指定单元格的数据，效果如图 10-18 所示。

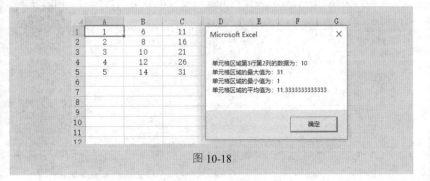

图 10-18

第 11 章　创建和使用加载宏

11.1　Excel 加载宏的加载和卸载

加载宏是一种使用 VBA 编写的程序。通过加载设置，可以随 Office 程序启动而自动加载运行，它是制作 Excel 自定义函数、添加 Office 菜单和功能区按钮、添加常用辅助功能的常用载体。

1. 加载宏隐藏工作簿

用户在隐藏或关闭工作簿中所有的工作表时，Excel 都会弹出一个提示框。这时用户可以通过将工作簿设置为加载宏工作簿来隐藏所有工作表，设置技巧是将工作簿的 IsAddin 属性设置为 True 即可。

扫一扫，看视频

❶ 在 Excel 工作簿中单击"文件"选项卡，再单击"选项"标签，打开"Excel 选项"对话框。单击左侧的"信任中心"标签，并单击右侧面板中的"信任中心设置"按钮（如图 11-1 所示），打开"信任中心"对话框。

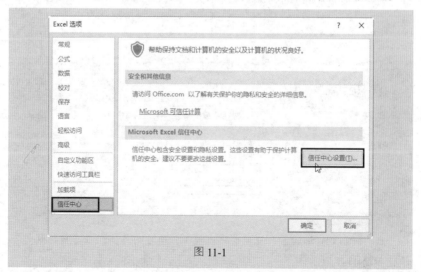

图 11-1

❷ 单击左侧的"隐私选项"标签，然后勾选右侧的"保存时从文件属性中删除个人信息"复选框，如图 11-2 所示。

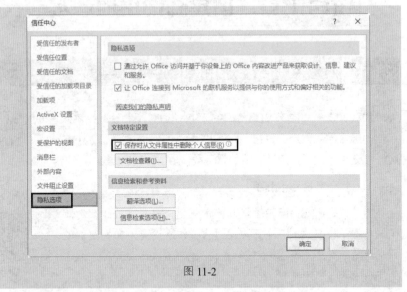

图 11-2

❸ 单击"确定"按钮即可完成设置。按 Alt+F11 组合键打开 VB 编辑器，在左侧的"工程"资源管理器中单击 ThisWorkbook 选项，并在其下方的"属性"窗口中将 IsAddin 属性值设置为 True，如图 11-3 所示。

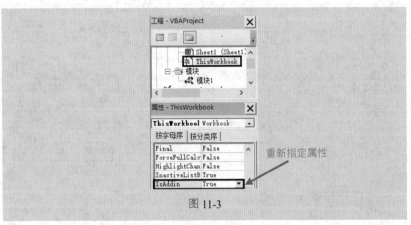

图 11-3

❹ 关闭 VB 编辑器，可以看到当前工作簿中的所有工作表被隐藏起来了，如图 11-4 所示。

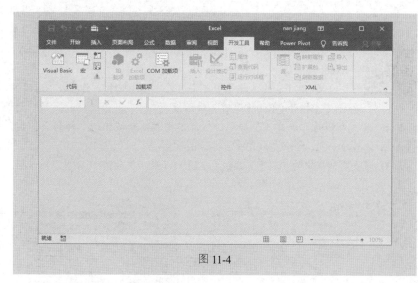

图 11-4

2. 自动加载 Excel 加载宏

用户可以将指定的加载宏工作簿保存至指定位置，从而使得 Excel 在启动时能自动加载运行。

扫一扫，看视频

❶ 在 Excel 工作簿中单击"文件"选项卡，再单击"选项"标签，打开"Excel 选项"对话框。

❷ 单击左侧的"高级"标签，然后在"启动时打开此目录中的所有文件"文本框中输入指定的加载宏工作簿所在的路径，如图 11-5 所示。

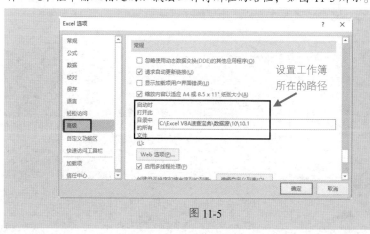

图 11-5

❸ 单击"确定"按钮即可。再次打开 Excel 文件时即可运行指定的宏。

3. 手动加载 Excel 加载宏

上面介绍了自动加载宏的办法，下面介绍如何手动加载 Excel 加载宏。

❶ 在 Excel 工作簿中单击"文件"选项卡，再单击"选项"标签，打开"Excel 选项"对话框。

❷ 单击左侧的"加载项"标签，然后单击右侧面板中的"转到"按钮（如图 11-6 所示），打开"加载项"对话框。

❸ 单击对话框中的"浏览"按钮（如图 11-7 所示），打开"浏览"对话框。

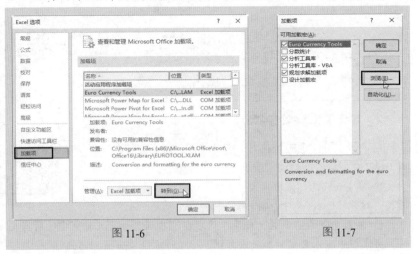

图 11-6   图 11-7

❹ 单击已经设置加载宏的文件"统计分数.xlam"，如图 11-8 所示。

图 11-8

❺ 单击"确定"按钮，即可看到添加的加载宏，如图 11-9 所示。

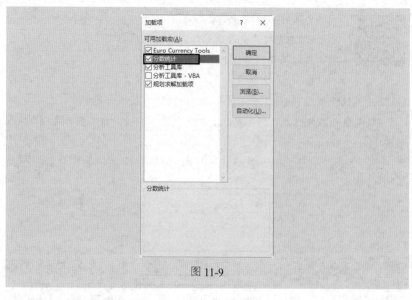

图 11-9

4. 卸载加载宏

如果要卸载加载宏，用户可以在"加载宏"对话框中进行卸载，下面介绍如何彻底删除指定的加载宏。

扫一扫，看视频

❶ 如果已经确定要卸载的加载宏工作簿的具体位置，可以将其直接移动至其他位置即可。

❷ 如果不能确定加载宏工作簿的具体位置，可以通过在 VB 编辑器的"立即窗口"中输入如图 11-10 所示的代码，卸载加载宏。

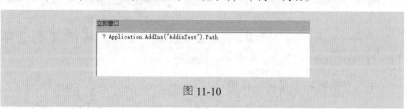

图 11-10

🔊 注意：

将语句中的 Path 属性换成 FullName，即可同时返回加载宏工作簿的路径和文件名。

5. 修改加载宏

扫一扫，看视频

下面介绍修改加载宏的方法。

❶ 首先打开要修改的加载项，然后在"工程"资源管理器中双击该工程的名称并做出相应的修改。

❷ 如果要创建一个加载项，可以在"属性"窗口中将其 IsAddin 属性设置为 False，才能在表格中继续浏览该工作簿。

❸ 做出相应修改后，将 IsAddin 属性设置为 True，然后保存文件即可，如图 11-11 所示。

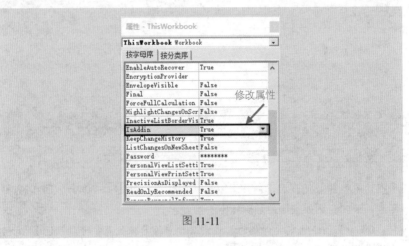

图 11-11

11.2 定制 Excel 加载宏信息

用户在 Excel 中可以为加载宏添加相应的名称、备注等信息说明，也可以设置启动 Excel 的页面、菜单和工具栏等。

1. 为加载宏添加信息说明

扫一扫，看视频

在 Excel 加载宏安装后，默认情况下是没有信息说明的。为了方便区分众多加载宏，可以为指定的加载宏添加相应的说明。

❶ 在 Excel 工作簿中单击"文件"选项卡，再单击"信息"标签，在右侧的面板中单击"属性"按钮，在打开的列表中单

击"高级属性"选项（如图 11-12 所示），打开"属性"对话框。

❷ 单击"摘要"标签，在"标题"和"备注"文本框中分别输入加载宏的名称和说明信息即可，如图 11-13 所示。

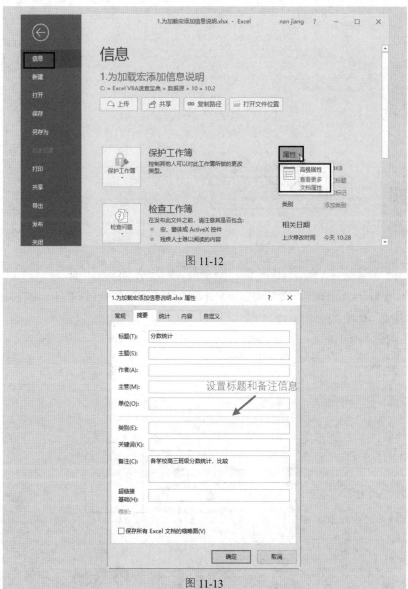

图 11-12

图 11-13

❸ 单击"确定"按钮即可，打开"另存为"对话框，设置保存类型为"Excel 97-2003 加载宏（*.xla）"选项，设置目标路径以及文件名，如图 11-14 所示。

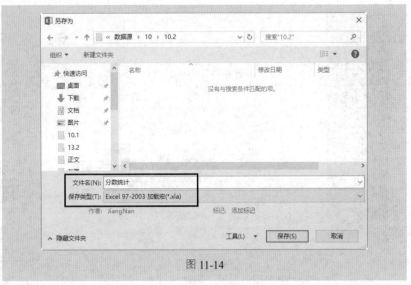

图 11-14

❹ 单击"保存"按钮即可。打开保存路径文件夹，可以看到新建的加载宏工作簿，如图 11-15 所示。

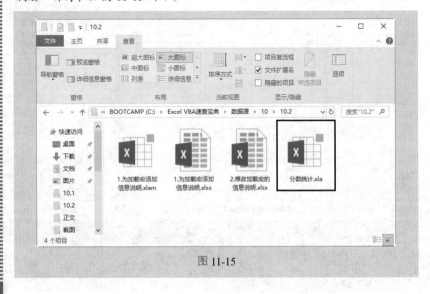

图 11-15

⑤ 按照上一节中技巧 3 介绍的办法安装加载宏之后，在"加载项"对话框的"可用加载宏"列表框中勾选该加载宏，即可看到添加的信息说明，如图 11-16 所示。

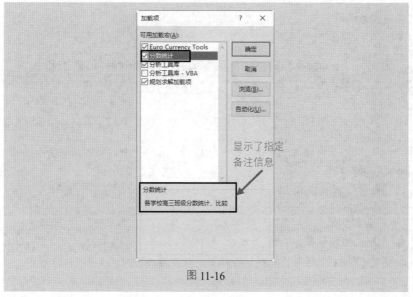

图 11-16

2. 设置打开 Excel 文件时的启动页面

在打开 Excel 文件时默认情况下是没有任何提示的，如果希望在打开文件时给用户提供一些必要的信息提示，可以利用加载宏来设置启动页面。

扫一扫，看视频

❶ 启动 VBE 环境，然后在"工程"资源管理器中双击 ThisWorkbook 选项，如图 11-17 所示。

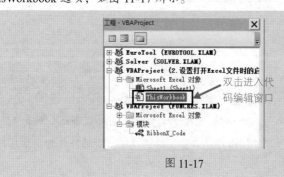

图 11-17

❷ 在打开的代码编辑窗口中输入如下代码。

```
Public WithEvents app As Application
Private Sub app_NewWorkbook(ByVal Wb As Workbook)
    MsgBox "当前打开的文件为新工作簿!"
End Sub
Private Sub app_WorkbookOpen(ByVal Wb As Workbook)
    With Wb
        MsgBox "当前打开的文件为: " & .Name & vbCr & vbCr & _
               "所在目录: " & .Path & vbCr & vbCr & _
               "上次修改时间: " & FileDateTime(FullName)
    End With
End Sub
```

❸ 依次在编辑器中单击"插入→模块"菜单命令，插入"模块 1"，并输入如下代码。

```
Sub Auto_Open()
    Set ThisWorkbook.app = Application
End Sub
```

❹ 关闭编辑器，打开"另存为"对话框，设置保存类型为"Excel 97-2003 加载宏（*.xla）"选项，选择保存路径并设置名称即可，如图 11-18 所示。

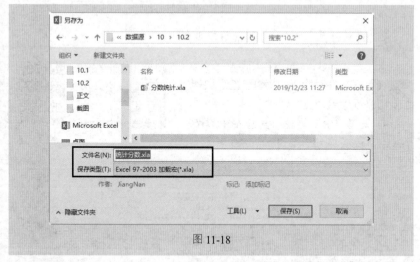

图 11-18

❺ 单击"保存"按钮即可完成设置。继续在工作簿中安装加载宏，再次重新打开工作簿，即可弹出指定名称、路径以及上次的修改时间信息，如图 11-19 所示。

⑥ 新建工作簿时，会弹出如图 11-20 所示的对话框。

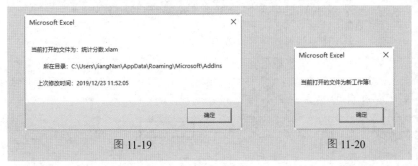

图 11-19   图 11-20

11.3 加载宏工作表的应用

运行加载宏工作簿时，它的窗口是不可见的，其中所有的工作表都是被隐藏的。下面将介绍在设计加载宏的过程中，如何使用工作表来完成一些特定的功能。

1. 保存表格数据

本节将介绍如何利用加载宏保存表格中的大区域数据，这样可以避免直接使用 Const 语句声明的方法降低代码的可读性。

扫一扫，看视频

❶ 图 11-21 所示为当前工作簿中的表格数据。

	A	B	C
1	职位代码	职位名称	
2	10026	人事部经理	
3	10027	财务专员	
4	1209	产品经理	
5	10089	美术设计	
6	100236	UI设计	
7	10958	设计助理	
8	20036	产品测试	
9	2221	会计	
10	20145	财务总监	
11	20146	开发人员	

图 11-21

❷ 启动 VBE 环境，单击"插入→模块"菜单命令，插入"模块 1"，在打开的代码编辑窗口中输入如下代码。

```
Function 数据转换(ByVal profcode As Variant)
```

```
数据转换 = Application.WorksheetFunction. _
VLookup(profcode, Sheet1.[A1:B11], 2, 0)
End Function
```

❸ 关闭 VB 编辑器，即可加载自定义函数"数据转换"的加载宏。

❹ 在 G2 单元格中调用自定义函数，输入公式"=数据转换（F2）"，按 Enter 键即可从保存的数据表格中找到指定的职位代码 10958 对应的职位名称，如图 11-22 所示。

G2		▼	× ✓ fx	=数据转换(F2)	
▲	A	B	C	F	G
1	职位代码	职位名称		职位代码	职位名称
2	10026	人事部经理		10958	设计助理
3	10027	财务专员			
4	1209	产品经理			
5	10089	美术设计			
6	100236	UI设计			
7	10958	设计助理			
8	20036	产品测试			
9	2221	会计			
10	20145	财务总监			
11	20146	开发人员			

图 11-22

2. 保存工作表的格式

扫一扫，看视频

如果内置的工作表模板不能满足 Excel 用户的需要，可以通过手动方式进行自定义设置。下面将介绍如何利用加载宏将设置的工作表格式保存为模板，方便后期直接套用该工作表的格式。

❶ 图 11-23 所示为当前工作簿中的表格数据。

▲	A	B	C	D
1		公司职位招聘表		
2	职位代码	职位名称	招聘人数	
3	10026	人事部经理	1	
4	10027	财务专员	3	
5	1209	产品经理	1	
6	10089	美术设计	1	
7	100236	UI设计	5	
8	10958	设计助理	3	
9	20036	产品测试	6	
10	2221	会计	2	
11	20145	财务总监	1	
12	20146	开发人员	6	
13				

2019年职位信息 ⊕

图 11-23

❷ 启动 VBE 环境，单击"插入→模块"菜单命令，插入"模块 1"，在打开的代码编辑窗口中输入如下代码。

```
Public Sub 保存工作表的格式()
    Dim i As Integer
    '设置新工作表名称中的月份为提取当前工作表名称前面的数字再加 1
    i = Val(ActiveSheet.Name) + 1
    '复制工作表样式至当前工作表之后生成的新工作表中
    Sheet1.Copy After:=ActiveSheet
    ActiveSheet.Name = i & "月招聘职位表"    '重命名新工作表
End Sub
```

❸ 按 F5 键运行代码后，即可看到工作表后新添加了格式一样的工作表，如图 11-24 所示。

	A	B	C	D
1	联合公司招聘职位信息表			
2	职位代码	职位名称	招聘人数	
3	10026	人事部经理		
4	10027	财务专员		
5	1209	产品经理		
6	10089	美术设计		
7	100236	UI设计		
8	10958	设计助理		
9	20036	产品测试		
10	2221	会计		
11	20145	财务总监		
12	20146	开发人员		

1月招聘职位表　2月招聘职位表　⊕

图 11-24

3. 保存单元格的格式

除了可以利用加载宏将设置的工作表格式保存为模板外，还可以将事先设置好的单元格格式保存为模板。

扫一扫，看视频

❶ 首先在表格的 A2 单元格中输入文本并设置好字体格式和底纹边框效果，然后打开 VB 编辑器，单击"插入→模块"菜单命令，插入"模块 1"，并输入如下代码。

```
Public Sub 保存单元格的格式()
    Sheet1.[A2].Copy       '使用 Copy 方法复制指定单元格的格式
    '使用 PasteSpecial 方法调用单元格的格式
    Selection.PasteSpecial Paste:=xlPasteFormats
End Sub
```

❷ 按 F5 键运行代码后，可以看到引用了 A2 单元格的格式，如图 11-25 所示。

	A	B	C	D
1	联合公司招聘职位信息表			
2	职位代码	职位名称	招聘人数	
3	10026	人事部经理		
4	10027	财务专员		
5	1209	产品经理		
6	10089	美术设计		
7	100236	UI设计		
8	10958	设计助理		
9	20036	产品测试		
10	2221	会计		
11	20145	财务总监		
12	20146	开发人员		

图 11-25

第12章 文件系统的操作

12.1 操作文件

用户对文件系统的操作是使用计算机时最常用、最频繁的操作之一，主要包括文件和文件夹的重命名、复制、移动和删除等。

1. 查看文件夹中的文件

下面介绍如何使用 Dir 函数结合循环语句来获取指定文件夹中的所有文件。

扫一扫，看视频

❶ 图 12-1 所示为"2019 业绩报表"文件夹中包含的所有表格文件。

图 12-1

❷ 打开工作簿，启动 VBE 环境，单击"插入→模块"菜单命令，插入"模块 1"，在打开的代码编辑窗口中输入如下代码。

```
Public Sub 查看文件夹中的文件()
    Dim myPath As String
    Dim myFileName As String
    Dim i As Long
    myPath = ThisWorkbook.Path & "\"        '指定文件夹
    myFileName = Dir(myPath, 0)
    i = 0
    Do While Len(myFileName) > 0
        Cells(i + 1, 1) = myPath & myFileName
        myFileName = Dir()
        i = i + 1
    Loop
End Sub
```

❸ 按 F5 键运行代码后，即可查看所有的文件信息，如图 12-2 所示。

	A	B	C	D	E	F	G
	A1		fx	C:\2019业绩报表\2019年库存表.xlsm			
1	C:\2019业绩报表\2019年库存表.xlsm						
2	C:\2019业绩报表\2019年费用支出表.xlsm						
3	C:\2019业绩报表\各区业绩图表.xlsm						
4							
5							
6							
7							
8							

图 12-2

2. 查看文件的大小

扫一扫，看视频

本例将介绍如何使用 FileLen 函数来查看指定文件的大小。

❶ 打开工作簿，启动 VBE 环境，单击"插入→模块"菜单命令，插入"模块 1"，在打开的代码编辑窗口中输入如下代码。

```
Public Sub 查看文件的大小()
    Dim myfile As String
    '指定需要查看大小的文件
    myfile = ThisWorkbook.FullName
    MsgBox "当前 Excel 文件的大小为:" & Round(FileLen
(myfile) / 1024, 2) & " KB"
End Sub
```

❷ 按 F5 键运行代码后，即可显示文件的大小，如图 12-3 所示。

图 12-3

3. 查看文件的修改时间

本例将介绍如何使用 FileDateTime 函数来查看指定文件的最后修改时间。

扫一扫，看视频

❶ 打开工作簿，启动 VBE 环境，单击"插入→模块"菜单命令，插入"模块 1"，在打开的代码编辑窗口中输入如下代码。

```
Public Sub 查看文件的修改时间()
    Dim myfile As String
    '指定需要查看修改时间的文件
    myfile = ThisWorkbook.FullName
    MsgBox "当前 Excel 文件的最后修改时间为: " & FileDateTime (myfile)
End Sub
```

❷ 按 F5 键运行代码后，即可弹出对话框显示文件的最后修改时间，如图 12-4 所示。

图 12-4

4. 重命名文件

本例将介绍如何对指定文件夹内的指定文件进行重命名。

扫一扫，看视频

❶ 图 12-5 所示为已经创建好的指定文件夹中的文件"上半年业绩表.xlsx"。

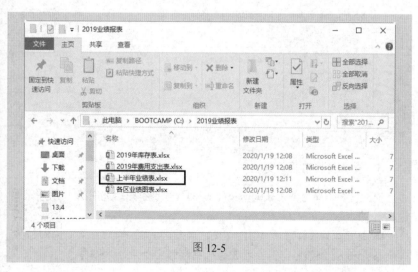

图 12-5

❷ 启动 VBE 环境，单击"插入→模块"菜单命令，插入"模块 1"，在打开的代码编辑窗口中输入如下代码。

```
Public Sub 重命名文件()
    On Error GoTo errhandle        '错误处理
    '重命名指定的文件
    Name "C:\2019 业绩报表\上半年业绩表.xlsx" As "C:\2019 业
绩报表\2019 上半年业绩.xlsx"
    MsgBox "文件名称已更改！"
    Exit Sub    '避免代码正常执行时的运行错误处理代码
errhandle:
    MsgBox Err.Description
End Sub
```

❸ 按 F5 键运行代码后，弹出如图 12-6 所示的对话框。

图 12-6

❹ 单击"确定"按钮，即可看到指定的文件被重命名，如图 12-7 所示。

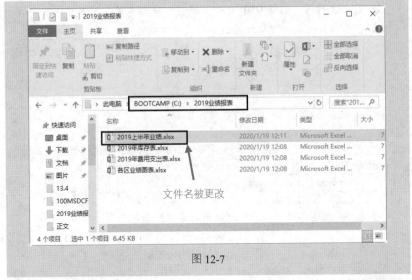

图 12-7

5. 复制文件

下面介绍如何使用代码复制指定文件并对文件重命名。

扫一扫,看视频

❶ 图 12-8 所示为已经创建好的指定文件夹中的文件 "2019
上半年业绩.xlsx"。

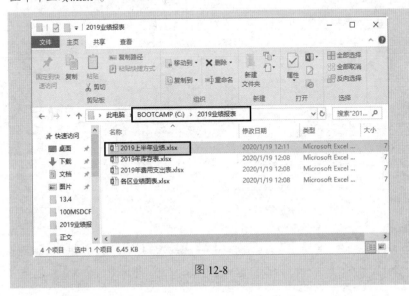

图 12-8

❷ 打开工作簿，启动 VBE 环境，单击"插入→模块"菜单命令，插入"模块 1"，在打开的代码编辑窗口中输入如下代码。

```
Public Sub 复制文件()
    On Error GoTo errhandle        '错误处理
    '复制文件并重新命名
    FileCopy "C:\2019业绩报表\2019上半年业绩.xlsx",
"C:\2019业绩报表\上半年业绩.xlsx"
    MsgBox "文件已复制完毕!"
    Exit Sub    '避免代码正常执行时的运行错误处理代码
errhandle:
    MsgBox Err.Description
End Sub
```

❸ 按 F5 键运行代码后，即可弹出对话框提示已经复制完毕，如图 12-9 所示。

图 12-9

❹ 单击"确定"按钮，即可看到复制的文件，如图 12-10 所示。

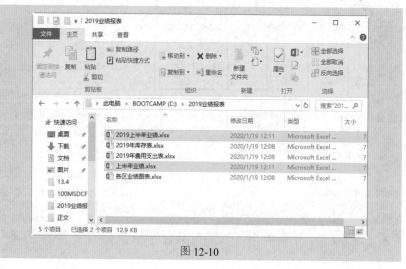

图 12-10

6. 删除文件

本例将介绍如何使用代码来删除指定的文件。

扫一扫，看视频

❶ 打开工作簿，启动 VBE 环境，单击"插入→模块"菜单命令，插入"模块 1"，在打开的代码编辑窗口中输入如下代码。

```
Public Sub 删除文件()
    On Error GoTo errhandle        '错误处理
    '删除指定的文件
    Kill "C:\2019业绩报表\2019上半年业绩.xlsx"
    MsgBox "文件已删除完毕!"
    Exit Sub   '避免代码正常执行时的运行错误处理代码
errhandle:
    MsgBox Err.Description
End Sub
```

❷ 按 F5 键运行代码，即可弹出已经删除文件的对话框，如图 12-11 所示。

图 12-11

7. 查看指定文件是否存在

如果要查看某个指定文件是否存在，可以使用 Dir 函数或 FSO 对象的 FileExists 方法来设置代码进行判断。

扫一扫，看视频

❶ 打开工作簿，启动 VBE 环境，单击"插入→模块"菜单命令，插入"模块 1"，在打开的代码编辑窗口中输入如下代码。

```
Public Sub 查看指定文件是否存在()
    Dim myFileName As String
    myFileName = ThisWorkbook.Path & "\2019营业额比较表格.xlsm"
    If Len(Dir(myFileName, vbDirectory)) > 0 Then
        If Dir(myFileName) <> "" Then
```

```
        MsgBox "该文件存在!"
    Else
        MsgBox "该文件不存在!"
    End If
  End If
End Sub
```

❷ 按 F5 键运行代码后，即可弹出提示文件存在的对话框，如图 12-12 所示。

图 12-12

🔊 代码解析：

myFileName = ThisWorkbook.Path & "\2019 营业额比较表格.xlsm"
❶ 指定完整路径文件夹下的文件名为"2019 营业额比较表格.xlsm"。

If Dir(myFileName) <> "" Then
❷ 使用"Dir 函数返回空字符串，则指定文件不存在"这一性质进行判断。

12.2 操作文件夹

文件夹的基本操作包括查找文件夹是否存在、重命名文件夹、复制文件夹以及移动和删除文件夹。

1. 查找文件夹是否存在

扫一扫，看视频

如果计算机中包含多个文件夹，可以通过设置代码来查询指定文件夹是否存在。

❶ 打开工作簿，启动 VBE 环境，单击"插入→模块"菜单命令，插入"模块 1"，在打开的代码编辑窗口中输入如下代码。

```
Public Sub 查找文件夹是否存在()
    Dim myFolder As String
    '指定文件夹路径和名称
    myFolder = ThisWorkbook.Path & "\2019业绩报表"
    If Len(Dir(myFolder, vbDirectory)) > 0 Then
        MsgBox "指定文件夹存在!"
    Else
        MsgBox "指定文件夹不存在!"
    End If
End Sub
```

❷ 按 F5 键运行代码后，即可弹出对话框提示查找的指定文件夹是否存在，如图 12-13 所示。

图 12-13

2. 重命名文件夹

如果要重命名指定的文件夹，可以按照下面介绍的方法设置代码。

扫一扫，看视频

❶ 图 12-14 所示为已经创建好的指定文件夹"2019业绩报表"。

图 12-14

297

❷ 打开工作簿，启动 VBE 环境，单击"插入→模块"菜单命令，插入"模块 1"，在打开的代码编辑窗口中输入如下代码，重命名指定文件夹"2019业绩报表"。

```
Public Sub 重命名文件夹()
    Dim oldFolderName As String, newFolderName As String
    oldFolderName = "C:\2019业绩报表"      '文件夹原名称
    newFolderName = "C:\2019业绩汇总"      '文件夹新名称
    Name oldFolderName As newFolderName
    MsgBox "文件夹名称已更改!"
End Sub
```

❸ 按 F5 键运行代码后，即可看到弹出对话框提示已经更改了指定文件夹的名称，如图 12-15 所示。

图 12-15

3. 移动文件夹

下面介绍移动文件夹的方法。

扫一扫，看视频

❶ 图 12-16 所示为已经创建好的 C 盘的两个文件夹。

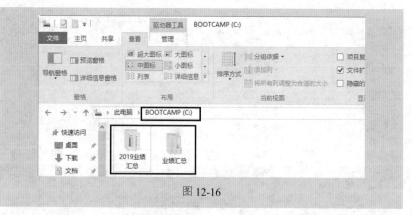

图 12-16

❷ 打开工作簿，启动 VBE 环境，单击"插入→模块"菜单命令，插入"模块 1"，在打开的代码编辑窗口中输入如下代码。

```
Public Sub 移动文件夹()
    Dim oldFolder As String
    Dim newFolder As String
    oldFolder = "C:\2019业绩汇总"        '指定需要移动的文件夹
    newFolder = "C:\业绩汇总\2019业绩汇总"     '指定目标位置
    Name oldFolder As newFolder
    MsgBox "文件夹移动完毕!"
End Sub
```

❸ 按 F5 键运行代码后，即可弹出对话框提示文件夹移动完毕，如图 12-17 所示。

图 12-17

4. 删除文件夹

下面介绍如何将指定文件夹删除。

❶ 打开工作簿，启动 VBE 环境，单击"插入→模块"菜单命令，插入"模块 1"，在打开的代码编辑窗口中输入如下代码，删除指定文件夹"2019业绩汇总"。

扫一扫，看视频

```
Public Sub 删除文件夹()
    Dim myFolder As String
    '指定需要删除的文件夹
    myFolder = "C:\业绩汇总\2019业绩汇总"
    If Len(Dir(myFolder & "\")) > 0 Then
        MsgBox "该文件夹里含有文件，无法删除!"
    Else
        RmDir myFolder
        MsgBox "该文件夹已彻底删除!"
    End If
End Sub
```

❷ 按 F5 键运行代码后，即可弹出对话框提示指定的文件夹被删除，如图 12-18 所示。

图 12-18

5. 复制文件夹

扫一扫，看视频

下面介绍如何使用代码复制指定文件夹文件至另外一个文件夹内。

❶ 打开工作簿，启动 VBE 环境，单击"插入→模块"菜单命令，插入"模块 1"，在打开的代码编辑窗口中输入如下代码。

```
Public Sub 复制文件夹()
    Dim myFolder As String
    Dim newFolder As String
    Dim fso As Scripting.FileSystemObject
    myFolder = "C:\XXX"        '指定需要复制的文件夹
    newFolder = "C:\FFF"       '指定目标位置
    Set fso = New Scripting.FileSystemObject
    '判断指定的文件夹是否存在，若存在，即将其覆盖
    If fso.FolderExists(myFolder) = True Then
        fso.CopyFolder myFolder, newFolder,
overwritefiles:=True
        MsgBox "文件夹已复制完毕!"
    Else
        MsgBox "文件夹不存在!"
    End If
    Set fso = Nothing
End Sub
```

❷ 按 F5 键运行代码后, 即可弹出对话框提示已经复制完毕, 如图 12-19
所示。

图 12-19

第13章 Excel VBA 与其他
应用程序交互使用

Excel VBA 不仅可以操作自身的应用程序，还可以操作其他应用程序，如其他 Office 应用程序、Internet 网页、XML 文件及 Windows 附件工具等。

本章介绍使用 Excel VBA 的有关函数和语句对这些应用程序进行操作的一些实用技巧。

13.1 创建 Word 报告

在实际工作过程中，当遇到有数据需要在不同组件间进行交互使用时，通常利用复制、粘贴的方法来实现。如果数据需要调整或有大量数据需要交互使用时，则该项工作就较为烦琐。比如公司的采购部门，每到月底时都需要对不同的供应商进行产品统计（使用 Excel 工作簿完成），然后根据具体的供应商来创建相应的采购报告及结算通知单，并与对方进行数据核对，此时就可以利用 VBA 控件控制 Word 与 Excel 间的数据交换。

1. 创建 Word 模板

扫一扫，看视频

通过创建文档并指定特殊位置书签名称，可以为程序指定关键位置提供帮助。书签的定义需要 3 个过程：光标指定位置、定义书签和指定书签名称。

❶ 创建 Word 报告文档，将光标定位于相应位置（如需要写入公司名称的位置），在"插入"选项卡下的"链接"选项组中单击"书签"按钮，如图 13-1 所示。

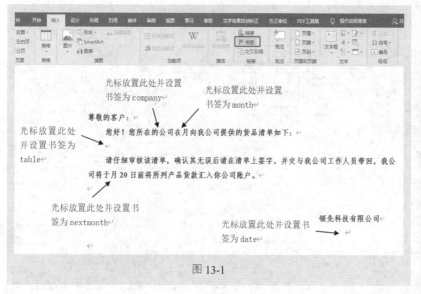

图 13-1

② 弹出"书签"对话框，在"书签名"文本框中输入 company，然后单击"添加"按钮，如图 13-2 所示。

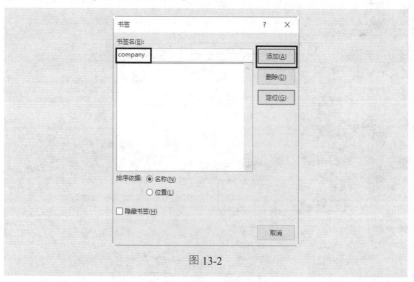

图 13-2

③ 按相同的方法完成 month（月份）、nextmonth（下月）、table（数据表）、date（日期）书签的创建，如图 13-3 所示。

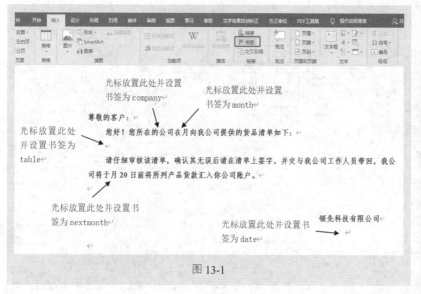

图 13-1

② 弹出"书签"对话框，在"书签名"文本框中输入 company，然后单击"添加"按钮，如图 13-2 所示。

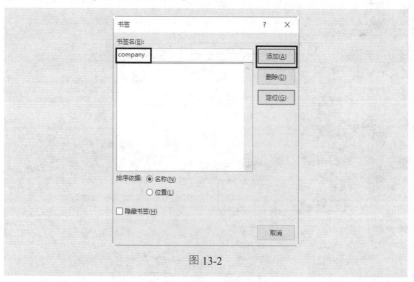

图 13-2

③ 按相同的方法完成 month（月份）、nextmonth（下月）、table（数据表）、date（日期）书签的创建，如图 13-3 所示。

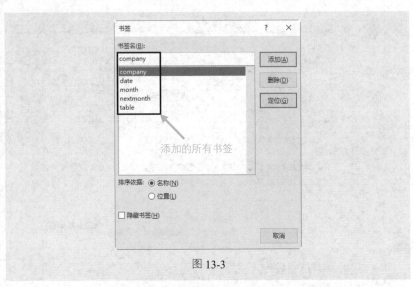

图 13-3

④ 单击"文件→另存为"菜单命令，在弹出的"另存为"对话框中设置文件类型为"Word 模板（*.dotx）"，并设置文件的保存路径和名称，如图 13-4 所示。

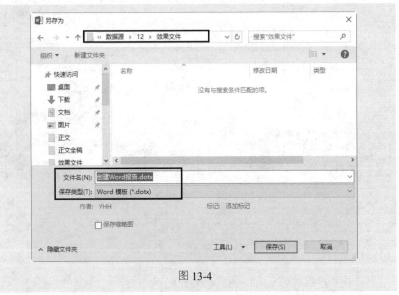

图 13-4

⑤ 设置完成后单击"保存"按钮即可。

2. 自动生成 Word 报告

创建好 Word 文档模板后，下面介绍如何通过设置代码自动生成 Word 报告。

扫一扫，看视频

❶ 打开包含数据的 Excel 工作簿，如图 13-5 所示。

	A	B	C	D	E	F	G
1	日期	单据编号	购货单位	产品代码	数量	单价	货品总额
2	2019/3/3	AA1880	国顶有限公司	A1918746	9	127	1143
3	2019/3/4	AA1880	广通	A1250937	72	73	5256
4	2019/3/5	AA1880	森通	A1586797	50	10.36	518
5	2019/3/6	AA1880	国皓	A1619865	41	43	1763
6	2019/3/7	AA1880	迈多贸易	A1232942	92	43	3956
7	2019/3/8	AA1880	祥通	A1828165	69	43	2967
8	2019/3/9	AA1880	广通	A1393438	15	43	645
9	2019/3/10	AA1880	光明杂志	A1969089	30	43	1290
10	2019/3/11	AA1880	威航货运有限公司	A1579507	79	43	3397
11	2019/3/12	AA2219	三捷实业	A1512504	90	73	6570
12	2019/3/13	AA2388	浩天旅行社	A1518169	77	10.36	797.72
13	2019/3/14	AA2416	国顶有限公司	A1508983	80	43	3440
14	2019/3/15	AA2416	通恒机械	A1985113	64	43	2752
15	2019/3/16	AA2416	广通	A1533720	9	43	387
16	2019/3/17	AA2417	国皓	A1122686	77	43	3311
17	2019/3/18	AA2417	迈多贸易	A1609683	36	43	1548
18	2019/3/19	AA2418	祥通	A1700779	82	43	3526
19	2019/3/20	AA2418	广通	A1494276	83	43	3569
20	2019/3/21	AA2418	光明杂志	A1771846	27	43	1161
21	2019/3/22	AA2419	威航货运有限公司	A1590151	83	43	3569

图 13-5

❷ 启动 VBE 环境，单击"插入→模块"菜单命令，插入"模块 1"，在打开的代码编辑窗口中输入如下代码。

```
Sub 自动生成Word报告()
    Dim userin As String
    userin = InputBox("请输入要生成报告的公司名称")
    '若没有输入公司名称，则直接退出
    If userin = "" Then
        Exit Sub
    End If

    Dim temp As Worksheet
    Set temp = Worksheets.Add
    temp.Name = "temp"       '创建一个名为 temp 的工作表

    Dim aim As Worksheet
    Set aim = Worksheets("Sheet1")
    Dim rownum As Integer
    rownum = aim.Range("A2").CurrentRegion.Rows.Count
```

305

```
    aim.Range("A1:G1").Copy
    temp.Activate
    temp.Range("A1").Select
    ActiveSheet.Paste
    temp.Range("D2") = "总量"
    temp.Range("F2") = "总价"
```
'将 Sheet1 中的 A1:G1 标题行复制到 temp 表中，并在 D2 单元格中写入
"总量"，在 F2 单元格中写入"总价"

```
    Dim index As Integer
    index = 2
    For i = 2 To rownum
```
'在 Sheet1 整体数据区域的第 3 列中，依次判断相应的值是否为需要的
公司名称，若是，则复制数据
```
        If aim.Cells(i, 3) = userin Then
            aim.Rows(i).Copy
            temp.Rows(index).Insert Shift:=xlShiftDown
            index = index + 1
        End If
    Next i

    Dim totalnum As Single
    Dim totalprice As Single
    totalnum = 0
    totalprice = 0
    For i = 2 To index - 1
        totalnum = totalnum + CSng(temp.Cells(i, 5))
        totalprice = totalprice + CSng(temp.Cells(i, 7))
    Next i
```
'在 temp 工作表中显示总量与总价的值
```
    temp.Cells(index, 5) = totalnum
    temp.Cells(index, 7) = totalprice
    With temp
        .Range(.Cells(1, 1), .Cells(index - 1, 7))
.Columns.AutoFit    '自动调整列宽
    End With
```

```
Dim myword As Object
Set myword = CreateObject("Word.Application")
'创建 Word 调用

With myword
    '以"创建 Word 报告"模板创建相应的 Word 文档
    Dim mydoc As Object
    Set mydoc = .Documents.Add(Template:=
ThisWorkbook.Path & "\" & "创建 Word 报告.dotx",
Visible:=True)
    '以下是指定在 Word 中的书签与 Excel 数据的对应关系
    With .Selection
    .GoTo What:=wdGoToBookmark, Name:="company"
    .TypeText Text:=userin

    .GoTo What:=wdGoToBookmark, Name:="month"
    .TypeText Text:=CStr(3)

    .GoTo What:=wdGoToBookmark, Name:="table"
    '指定数据表对应(将 Excel 中的 ABC 数据区复制过来)
    temp.Range(temp.Cells(1, 1), temp.Cells(index,
7)).Copy
    .TypeText Text:=vbTab
    .PasteExcelTable False, False, False
    '指定下月数值
    .GoTo What:=wdGoToBookmark, Name:="nextmonth"
    .TypeText Text:=CStr(4)
    '指定日期值
    .GoTo What:=wdGoToBookmark, Name:="date"
    .TypeText Text:=CStr(Date)
    End With
    '指定文档另存位置及名称
    mydoc.SaveAs ThisWorkbook.Path & "\" & userin &
".doc", wdFormatDocument
    mydoc.Close      '关闭文档
End With
MsgBox "生成报告成功!"
```

```
    Application.DisplayAlerts = False
    temp.Delete   '删除临时生成的temp工作表
    Set myword = Nothing
End Sub
```

③ 代码输入完毕，双击“工程”资源管理器中的ThisWorkbook选项，输入如下代码，定义工作簿打开事件。

```
Private Sub Workbook_Open()
创建Word报告
End Sub
```

④ 保存并关闭工作簿后重新打开，会自动弹出对话框，在文本框内输入需要生成Word报告的公司名称，如图13-6所示。

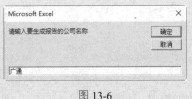

Microsoft Excel
请输入要生成报告的公司名称
确定
取消
广通

图 13-6

⑤ 单击“确定”按钮，即可创建统计“广通”公司采购信息的temp工作表，并同时弹出提示生成报告成功的对话框，如图13-7所示。

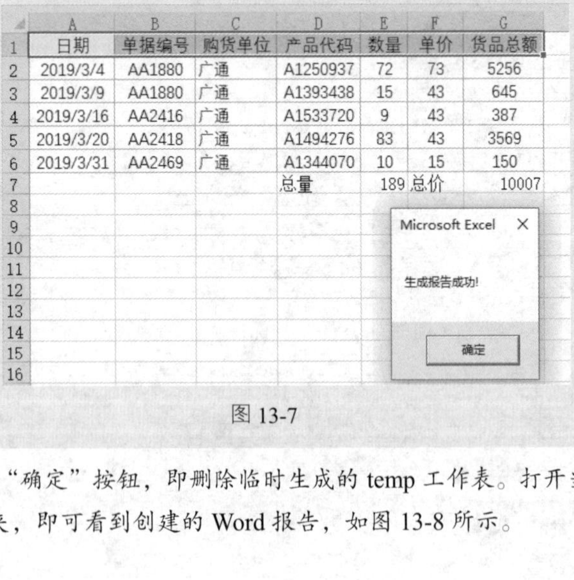

	A	B	C	D	E	F	G
1	日期	单据编号	购货单位	产品代码	数量	单价	货品总额
2	2019/3/4	AA1880	广通	A1250937	72	73	5256
3	2019/3/9	AA1880	广通	A1393438	15	43	645
4	2019/3/16	AA2416	广通	A1533720	9	43	387
5	2019/3/20	AA2418	广通	A1494276	83	43	3569
6	2019/3/31	AA2469	广通	A1344070	10	15	150
7				总量	189	总价	10007

Microsoft Excel
生成报告成功!
确定

图 13-7

⑥ 单击“确定”按钮，即删除临时生成的temp工作表。打开当前工作簿所在文件夹，即可看到创建的Word报告，如图13-8所示。

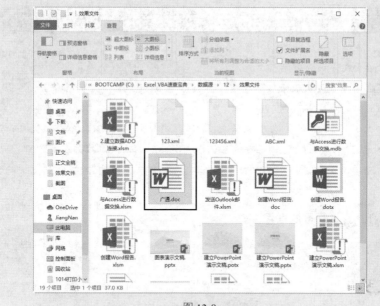

图 13-8

⑦ 双击打开 Word 报告，即可得到"广通"公司的采购信息，如图 13-9
所示。

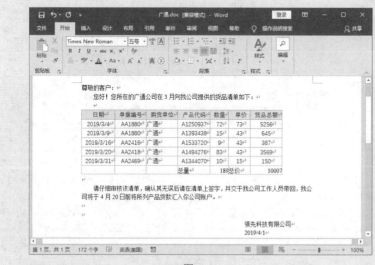

图 13-9

13.2　与 Access 进行数据交换

当 Excel 表格数据过于庞大时，会消耗大量的系统资源。为便于使用和管理都是将数据存放于数据库中的，用户可以通过 VBA 中的 ADO 方式实现 Excel 与数据库间的数据关联。

人们通常将有关数据库连接操作的功能称为 ADO（ActiveX Data Object，动态数据对象）。在 Excel VBA 中利用 ADO 进行数据库操作与控制比较简单，主要需要 3 个过程：数据连接、操作或控制命令执行和处理执行结果。

1. 读取数据库信息

扫一扫，看视频

由于销售人员工作安排的问题，经常需要对新来的销售人员进行客户分配。而如果每次都要向销售人员介绍其所负责销售地区的客户，非常浪费时间。可以利用 VBA 中的 ADO 方式将 Access 中的客户资料导入 Excel 中。

❶ 现有客户资料数据库如图 13-10 所示。在这个 Access 文件中存放着公司所有客户的详细资料。

供应商I	公司名称	联系人姓名	联系人职务	地址	城市	地	邮政编码	国家	电话	传真
1	佳佳乐	陈小姐	采购经理	西直门大街 110 号	北京	华北	100023	中国	(010) 65552222	
2	康富食品	黄小姐	订购主管	幸福大街 290 号	北京	华北	170117	中国	(010) 65554822	
3	妙生	胡先生	销售代表	南京路 23 号	上海	华东	248104	中国	(021) 85555735	(021) 85553349
4	为全	王先生	市场经理	永定路 342 号	北京	华北	100045	中国	(020) 65555011	
5	日正	李先生	出口主管	体育场东街 34 号	北京	华北	133007	中国	(010) 65987654	
6	德昌	刘先生	市场代表	学院北路 67 号	北京	华北	100545	中国	(010) 431-7877	
7	正一	方先生	市场经理	高邮路 115 号	上海	华东	203058	中国	(021) 444-2343	(021) 84446588
8	康堡	刘先生	销售代表	西城区灵镜胡同 310 号	北京	华北	100872	中国	(010) 555-4448	
9	菊花	谢小姐	销售代理	青年路 90 号	沈阳	东北	534567	中国	(031) 9876543	(031) 9876591
10	金美	王先生	市场经理	玉泉路 12 号	北京	华北	105442	中国	(010) 65554640	
11	小当	徐先生	销售经理	新华路 78 号	天津	华北	307853	中国	(020) 99845103	
12	义美	李先生	国际市场经理	石景山路 51 号	北京	华北	160439	中国	(010) 89927556	
13	东海	王先生	外国市场协调员	北辰路 112 号	北京	华北	127478	中国	(010) 87134595	(010) 87146743
14	福满多	林小姐	销售代表	前进路 234 号	福州	华南	848100	中国	(0544) 5603237	(0544) 56060338
15	德level	钟小姐	市场经理	太直门大街 500 号	北京	华北	101320	中国	(010) 82953010	
16	力锦	刘先生	地区结算代表	北新桥 98 号	北京	华北	109710	中国	(010) 85559931	
17	小坊	方先生	销售代表	机场路 456 号	广州	华南	051234	中国	(020) 81234567	
18	成记	刘先生	销售经理	体育场西街 203 号	北京	华北	175004	中国	(010) 63830068	(010) 63830062
19	惠佳	李先生	批发结算代表	太平桥 489 号	北京	华北	100514	中国	(010) 65553267	(010) 65553389
20	康富	刘先生	物主	鼻水大街 402 号	北京	华北	100512	中国	(010) 65558787	
21	日通	方先生	销售经理	团结新村 235 号	重庆	西南	232800	中国	(0322)43844108	(0322) 43844115
22	顺成	刘先生	销售经理	阜成路 387 号	北京	华北	100999	中国	(010) 61212258	(010) 61210945
23	利利	萧小姐	产品经理	夏兴路 287 号	北京	华北	105312	中国	(010) 81095687	
24	远生	刘先生	销售代表	前门大街 170 号	北京	华北	102042	中国	(010) 65555914	(010) 65554873
25	佳佳	徐先生	市场经理	五一路 296 号	成都	西南	761322	中国	(0514) 75559022	
26	宏仁	李先生	订购主管	东直门大街 153 号	北京	华北	184100	中国	(010) 65476654	(010) 65476676
27	大钰	林小姐	销售经理	正定路 178 号	济南	华东	671300	中国	(0623) 86570007	
28	玉成	林小姐	销售代表	北四环路 118 号	北京	华北	174000	中国	(010) 18769806	(010) 13879858
29	百达	锺小姐	结算经理	金陵路 148 号	南京	华东	987834	中国	(0514) 55552955	(0514) 55552921

图 13-10

❷ 新建 Excel 工作簿，启动 VBE 环境，单击"工具→引用"菜单命令，打开"引用-VBAProject"对话框，在"可使用的引用"列表框中勾选 Microsoft ActiveX Data Objects 2.8 Library 复选框（如图 13-11 所示），然后单击"确定"按钮，在系统中创建 ADO 连接。

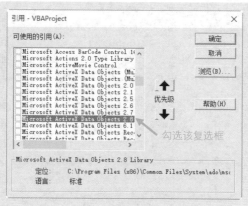

图 13-11

❸ 启动 VBE 环境，单击"插入→模块"菜单命令，插入"模块 1"，在打开的代码编辑窗口中输入如下代码。

```
Sub 读取数据库信息()
Dim str As String
str = InputBox("请输入您所负责的销售地区")
'对 Sheet1 工作中 A1 至 C1 指定相应的标题名字
   With Worksheets("Sheet1")
       .Cells(1, 1) = "公司名称"
       .Cells(1, 2) = "联系人姓名"
       .Cells(1, 3) = "电话"
   End With
'创建数据库连接，数据库文件位于当前工作簿所在目录中，名为
Northwind.mdb
   Set mycon = New ADODB.Connection
   Dim constr As String
   constr = "Provider=Microsoft.Jet.OLEDB.4.0;Data
Source=" _
       + "C:\Excel VBA 速查宝典\数据源\12\效果文件\与 Access
进行数据交换.mdb"
   mycon.ConnectionString = constr
```

```
Set mycmd = New ADODB.Command
mycon.Open
mycmd.ActiveConnection = mycon
mycmd.CommandText = "Select * From 供应商  Where
地区='" & str & "'"
'以用户指定地区名称进行数据查询
Dim result As ADODB.Recordset
Set result = mycmd.Execute()

Dim index As Integer
index = 2
Do While Not result.EOF
    With Worksheets("Sheet1")
    .Cells(index, 1) = result.Fields("公司名称").Value
     .Cells(index, 2) = result.Fields("联系人姓名")
.Value
     .Cells(index, 3) = result.Fields("电话").Value
    End With
    '将查询结果逐项写入工作表中
    index = index + 1
    result.MoveNext
Loop
    mycon.Close    '关闭数据连接
End Sub
```

④ 按 F5 键运行代码后，在弹出的对话框中输入负责的销售地区名称
（如"华东"），如图 13-12 所示。

⑤ 单击"确定"按钮，即可从指定的数据库中读取华东地区的供应商
信息，如图 13-13 所示。

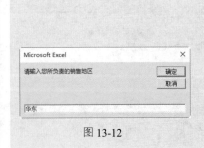

图 13-12

图 13-13

2. 写入客户信息

通过从数据库中读取特定信息,可完成对客户资料的查询。在实际工作中,有时也需要添加新的客户信息。具体操作如下。

扫一扫,看视频

❶ 在 Sheet2 工作表中输入各项列标识(与数据库中字段名尽可能一致),并输入需要写入数据库的客户信息,如图 13-14 所示。

	A	B	C	D	E	F	G	H	I	J	K
1	公司名称	联系人姓名	联系人职务	地址	城市	地区	邮政编码	国家	电话	传真	主页
2	蓝蓝水业	李凯	sdfw	er	hg	nu	jk	dcf	re	g	xv
3	领先科技	刘丽梅	sdfw	er	hg	nu	jk	dcf	re	g	xv
4	万豪房产	姜塭	sdfw	er	hg	nu	jk	dcf	re	g	xv
5	东南设计	王玉婷	sdfw	er	hg	nu	jk	dcf	re	g	xv
6											
7											
8											
9											
10											
11											
12											
13											

Sheet1　Sheet2　Sheet3　⊕

图 13-14

❷ 启动 VBE 环境,单击"插入→模块"菜单命令,插入"模块 2",在打开的代码编辑窗口中输入如下代码。

```
Sub 写入客户信息()
Dim rs As Long
rs = Worksheets("Sheet2").Range("B1048576").End(xlUp)
.Row
  Dim result As ADODB.Recordset
  Set mycon = New ADODB.Connection
  Dim constr As String
  constr = "Provider=Microsoft.Jet.OLEDB.4.0;Data
Source=" _
    + "C:\Excel VBA 速查宝典\数据源\13\效果文件\与 Access
进行数据交换.mdb"
  mycon.ConnectionString = constr
  Set mycmd = New ADODB.Command
    mycon.Open
 For i = 2 To rs
  mycmd.ActiveConnection = mycon
  mycmd.CommandText = "Insert into 供应商(公司名称,联
```

```
系人姓名,联系人职务,地址,城市,地区,邮政编码,国家,电话,传真,
主页)" _
    & " Values ('" & Cells(i, 1) & "', '" & Cells(i, 2)
& "', '" & Cells(i, 3) & "', '" & Cells(i, 4) _
    & "', '" & Cells(i, 5) & "', '" & Cells(i, 6) & "',
'" & Cells(i, 7) & "', '" & Cells(i, 8) _
    & "', '" & Cells(i, 9) & "', '" & Cells(i, 10) & "',
'" & Cells(i, 11) & " ')"
    Set result = mycmd.Execute()
        Next
      mycon.Close
End Sub
```

❸ 按 F5 键运行代码后，即可将指定的客户信息写入数据库中。

❹ 打开数据库文件，即可看到写入的客户信息，如图 13-15 所示。

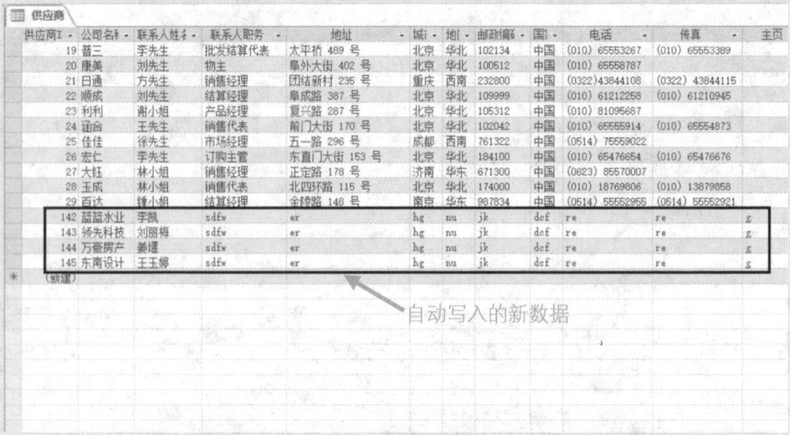

供应商I	公司名称	联系人姓名	联系人职务	地址	城	地	邮政编	国	电话	传真	主页
19	普三	李先生	批发结算代表	太平桥 489 号	北京	华北	102134	中国	(010) 65553267	(010) 65553389	
20	康美	刘先生	物主	阜外大街 402 号	北京	华北	100512	中国	(010) 65558787		
21	日通	方先生	销售经理	团结新村 235 号	重庆	西南	232800	中国	(0322)43844108	(0322) 43844115	
22	顺成	刘先生	结算经理	阜成路 387 号	北京	华北	109999	中国	(010) 61212258	(010) 61210945	
23	利利	谢小姐	产品经理	复兴路 287 号	北京	华北	105312	中国	(010) 81095687		
24	涵合	王先生	销售代表	前门大街 170 号	北京	华北	102042	中国	(010) 65555914	(010) 65554873	
25	佳佳	徐先生	市场经理	五一路 296 号	成都	西南	761322	中国	(0514) 75559022		
26	宏仁	李先生	订购主管	东直门大街 153 号	北京	华北	184100	中国	(010) 65476654	(010) 65476676	
27	大钰	林小姐	销售经理	正定路 178 号	济南	华东	671300	中国	(0623) 85570007		
28	玉成	林小姐	销售代表	北四环路 115 号	北京	华北	174000	中国	(010) 18769806	(010) 13879858	
29	百达	锺小姐	结算经理	金陵路 146 号	南京	华东	987834	中国	(0514) 55552955	(0514) 55552921	
142	蓝蓝水业	李凯	sdfw	er	hg	nu	jk	dcf	re	re	g
143	领先科技	刘丽梅	sdfw	er	hg	nu	jk	dcf	re	re	g
144	万豪房产	姜堰	sdfw	er	hg	nu	jk	dcf	re	re	g
145	东南设计	王玉婷	sdfw	er	hg	nu	jk	dcf	re	re	g
(新建)											

图 13-15

13.3 建立 PowerPoint 演示文稿

在工作中经常会遇到一种情况，即在一个 Excel 工作簿中通过对数据的不同分析，生成了多个图表，而且需要将这些图表转移到演讲使用的

PowerPoint 演示文稿中。最传统且最常用的方法是利用大量的复制与粘贴操作来完成图表的转换。但是这种操作方式工作量很大，此时利用在 VBA 中对 PowerPoint 对象进行控制，即可非常轻松地将 Excel 中的图表转移到 PowerPoint 演示文稿中。

1. 创建 PowerPoint 模板

本例中需要将表格中的图表导入 PowerPoint 中使用，并自动创建封面和具体内容的演示文稿。首先需要设计幻灯片页面并将其保存为模板。

扫一扫，看视频

❶ 创建 PowerPoint 演示文稿并进行相应的效果设计，如图 13-16 所示。

图 13-16

❷ 单击"文件→另存为"菜单命令，在弹出的"另存为"对话框中设置文件类型为"PowerPoint 模板（*.potx）"，再设置文件的保存路径和名称，如图 13-17 所示。

图 13-17

③ 设置完成后单击"保存"按钮即可。

扫一扫，看视频

2. 创建 PPT 幻灯片

具体操作如下。

❶ 打开包含图表的 Excel 工作簿，如图 13-18 所示。

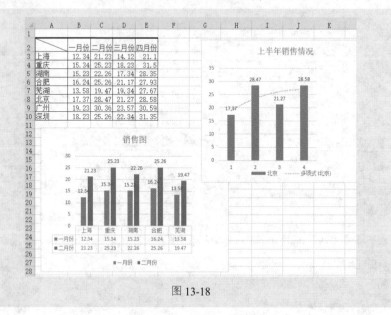

图 13-18

❷ 启 动 VBE 环境，单击"工具→引用"菜单命令，打开"引用-
VBAProject"对话框，在"可使用的引用"列表框中勾选 Microsoft PowerPoint
16.0 Object Library 复选框（如图 13-19 所示），单击"确定"按钮，即可完
成设置。

图 13-19

❸ 单击"插入→模块"菜单命令，插入"模块 1"，在打开的代码编辑
窗口中输入如下代码。

```
Sub 创建 PPT 幻灯片()
    Dim myppt As PowerPoint.Application
    Dim mypre As PowerPoint.Presentation
    Set myppt = New PowerPoint.Application
    Set mypre = myppt.Presentations.Add(msoFalse)
    '定义 PowerPoint 对象
mypre.ApplyTemplate Filename:=ThisWorkbook.Path & "\演
示文稿1.potx"
'指定创建演示文稿的模板文件
    With mypre.Slides.Add(1, ppLayoutTitle)
        .Shapes(1).TextFrame.TextRange.Text = "销售报告"
        .Shapes(2).TextFrame.TextRange.Text = CStr(Date)
    End With
'创建 PowerPoint 演示文稿第 1 页，版式为"标题版式"
    With mypre.Slides.Add(2, ppLayoutBlank)
        Worksheets("Sheet1").ChartObjects(1).Chart
.CopyPicture xlScreen
        .Shapes.PasteSpecial ppPasteDefault
        .Shapes(1).ScaleHeight 2, msoTrue
        .Shapes(1).ScaleWidth 1.8, msoTrue
```

```
        Center mypre.Slides(2), .Shapes(1), 3
    End With
 'PowerPoint 演示文稿新增 1 页，并将 Excel 中的图表 1 复制到
 PowerPoint 中，同时调用 Center 函数对齐图表位置
    With mypre.Slides.Add(3, ppLayoutBlank)
        Worksheets("Sheet1").ChartObjects(2).Chart
.CopyPicture xlScreen
        .Shapes.PasteSpecial ppPasteDefault
        .Shapes(1).ScaleHeight 2, msoTrue
        .Shapes(1).ScaleWidth 1.8, msoTrue
        Center mypre.Slides(3), .Shapes(1), 3
    End With
 'PowerPoint 演示文稿新增 1 页，并将 Excel 中的图表 2 复制到
 PowerPoint 中，同时调用 Center 函数对齐图表位置

    Dim savestr As String
    Dim filterstr As String
    filterstr = "幻灯片（*.ppt），*.pptx"
savestr = Application.GetSaveAsFilename(FileFilter:=
filterstr)
'将 PowerPoint 演示文稿另存为 .pptx 文件
    '若在保存过程中出错，则直接跳转至 ecs 处
    If savestr = "False" Then
        GoTo esc
    End If
    mypre.SaveAs savestr
MsgBox "生成 ppt 成功"
esc:
    mypre.Close
    Application.CutCopyMode = False
    Set myppt = Nothing
End Sub


Sub Center(theslide As PowerPoint.Slide, theshape As
PowerPoint.Shape, direction As Integer)
'定义对齐排列
    Dim height As Long
    Dim width As Long

    With theslide.Parent.PageSetup
        height = .SlideHeight
        width = .SlideWidth
```

```
    End With
'获得页面的高度与宽度
    Select Case direction
    Case 1:
        theshape.Top = (height - theshape.height) / 2
    Case 2:
        theshape.Left = (width - theshape.width) / 2
    Case 3:
        theshape.Top = (height - theshape.height) / 2
        theshape.Left = (width - theshape.width) / 2
End Select
End Sub
```

④ 按 F5 键运行代码后，在弹出的"另存为"对话框中设置文件名称和保存路径，如图 13-20 所示。

图 13-20

⑤ 单击"保存"按钮完成设置。若保存成功，则弹出提示生成 ppt 成功的对话框，如图 13-21 所示。

图 13-21

⑥ 单击"确定"按钮，打开创建的"图表演示文稿.pptx"文件，即可看到其中创建的"销售报告"幻灯片，如图 13-22 和图 13-23 所示。

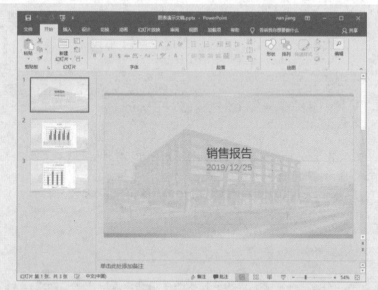

图 13-22

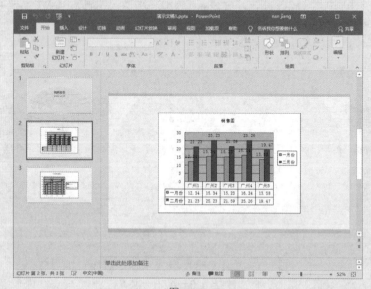

图 13-23

13.4 发送 Outlook 邮件

在日常工作学习中经常需要发送和接收数据和文件，这些数据和文件大多是通过邮件的方式逐一传递的，操作起来比较复杂和烦琐。这里将介绍一个比较方便的批量发送邮件的方法，即利用 Outlook 邮件发送工作表数据。

1. 发送 Outlook 邮件（前期绑定法）

在本例中，将使用前期绑定法按工作表指定单元格区域中的地址和内容在 Outlook 中发送邮件。在这之前，需要先引用 Microsoft Outlook 16.0 Object Library 类型库。

扫一扫，看视频

❶ 如图 13-24 所示，在当前工作表中分别指定了邮件的发送信息。

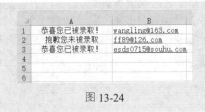

图 13-24

❷ 启动 VBE 环境，单击"工具→引用"菜单命令，打开"引用-VBAProject"对话框，勾选 Microsoft Outlook 16.0 Object Library 复选框（如图 13-25 所示），单击"确定"按钮完成设置。

图 13-25

③ 单击"插入→模块"菜单命令，插入"模块 1"，在打开的代码编辑窗口中输入如下代码，即可使用前期绑定法发送邮件。

```
Public Sub 前期绑定法发送 Outlook 邮件()
    Dim n As Integer, i As Integer
    Dim ws As Worksheet
    Dim OutlookApp As Outlook.Application
    Dim newMail As Outlook.MailItem
    Set OutlookApp = New Outlook.Application
    '指定邮件地址和发送内容所在的工作表
    Set ws = Worksheets("sheet1")
    n = ws.Range("A1048576").End(xlUp).Row
    For i = 1 To n          '指定邮件发送内容从工作表的第 1 行开始
        '新建邮件
        Set newMail = OutlookApp.CreateItem(olMailItem)
        With newMail
            .Subject = "通知"              '设置邮件的主题
            '指定邮件的正文内容
            .Body = "邮件内容：" & ws.Range("A" & i)
            .To = ws.Range("B" & i)     '指定收件人地址
            .Send                      '开始发送邮件
        End With
    Next i
End Sub
```

④ 按 F5 键运行代码后，在打开的 Outlook 中的"发件箱"文件夹中即可看到邮件发送的记录，如图 13-26 所示。

图 13-26

📢 代码解析：

> 前期绑定法：是首先声明对象为一个服务程序对象，在执行 VBA 代码时，会自动检查计算机中是否存在该服务程序，如果没有，则出现编译错误。
>
> 例如：
>
> Dim myword as Word.application
>
> Set myword=New Word.Application
>
> 此段代码声明 myword 为 Word 应用程序，若计算机中无 Word 应用程序则会出现错误。

2. 发送 Outlook 邮件（后期声明法）

在本例中，将使用后期声明法按工作表中指定的地址和内容在 Outlook 中发送邮件。在这之前，无须引用类型库。

❶ 打开工作簿，启动 VBE 环境，单击"插入→模块"菜单命令，插入"模块 2"，在打开的代码编辑窗口中输入如下代码。

扫一扫，看视频

```
Public Sub 后期声明法发送 Outlook 邮件()
    Dim n As Integer, i As Integer
    Dim ws As Worksheet
    Dim OutlookApp As Object
    Dim newMail As Object
    Set OutlookApp = CreateObject("Outlook.Application")
    '指定邮件地址和发送内容所在的工作表
    Set ws = Worksheets("sheet1")
    n = ws.Range("A1048576").End(xlUp).Row
    For i = 1 To n        '指定邮件发送内容从工作表的第 1 行开始
        '新建邮件
        Set newMail = OutlookApp.CreateItem(olMailItem)
        With newMail
            .Subject = "通知"        '设置邮件的主题
            '指定邮件的正文内容
            .Body = "邮件内容：" & ws.Range("A" & i)
            .To = ws.Range("B" & i)        '指定收件人地址
            .Send        '开始发送邮件
        End With
    Next i
End Sub
```

第 13 章　Excel VBA 与其他应用程序交互使用

323

❷ 按 F5 键运行代码后，弹出警告信息框。待运行完毕，单击"允许"按钮即可进行邮件的发送。

🔊 代码解析：

> 后期声明法：是比较常用的一种方法，因为该方法在使用时不会声明具体的对象类型，因此 VBA 不会检查被请求的服务程序是否存在，若在运行过程中该服务程序不存在，则声明变量内容为空，而程序则继续执行下去。
>
> 例如：
> ```
> Dim myword as object
> Set myword =CreateObject("word.application")
> ```
> 在此段代码中，若本计算机中无 Word 应用程序，则 myword 值为空。

3. 设置当前工作簿为 Outlook 邮件的附件

扫一扫，看视频

在本例中，将使用前期绑定法启动 Outlook，并将当前工作簿作为附件发送。在这之前，需要引用对应的类型库。

❶ 启动 VBE 环境，单击"工具→引用"菜单命令，打开"引用-VBAProject"对话框，勾选 Microsoft Outlook 16.0 Object Library 复选框。

❷ 单击"插入→模块"菜单命令，插入"模块 3"，在打开的代码编辑窗口中输入如下代码。

```
Public Sub 设置当前工作簿为 Outlook 邮件的附件()
    Dim wbStr As String
    Dim OutlookApp As Outlook.Application
    Dim newMail As Outlook.MailItem
    Dim myAttachments As Outlook.Attachments
    Set OutlookApp = New Outlook.Application
    '指定要发送的工作簿的完整名称
    wbStr = ThisWorkbook.FullName
    '新建邮件
    Set newMail = OutlookApp.CreateItem(olMailItem)
    With newMail
        .Subject = "通知"         '设置邮件的主题
        .Body = "邮件内容："        '设置邮件的正文内容
        Set myAttachments = newMail.Attachments
        '指定当前工作簿为邮件的附件
        myAttachments.Add wbStr, olByValue, 1, "工作簿"
```

```
        .To = "jiangnan9528@163.com"        '设置收件人地址
        .Send        '开始发送邮件
    End With
End Sub
```

❸ 按 F5 键运行代码后,在打开的 Outlook 的"发件箱"文件夹中即可
看到邮件发送的记录,如图 13-27 所示。

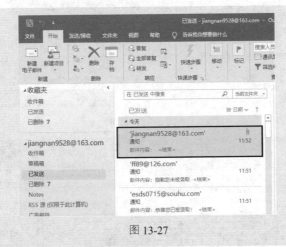

图 13-27

❹ 双击发送的邮件,即可看到其收件人、主题及附件,如图 13-28 所示。

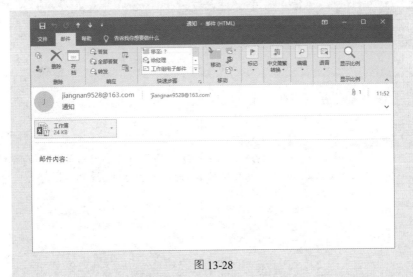

图 13-28

13.5 操作 XML 文件

XML 是一种新的数据交换格式的通用标记语言，用于传输和存储数据，以独立于系统或平台的格式进行数据交换。

1. 创建 XML 文件

扫一扫，看视频

在本例中，将使用 XML DOM 对象来创建 XML 文件。在这之前，需要先引用 Microsoft XML v3.0 类型库。

❶ 启动 VBE 环境，单击"工具→引用"菜单命令，打开"引用-VBAProject"对话框，勾选 Microsoft XML v3.0 复选框，然后单击"确定"按钮，如图 13-29 所示。

图 13-29

❷ 单击"插入→模块"菜单命令，插入"模块 1"，在打开的代码编辑窗口中输入如下代码。

```
Public Sub 创建 XML 文件()
    Dim xmldoc As DOMDocument     '声明 XML DOM 对象
    Dim valnode As IXMLDOMNode    '声明节点对象
    Dim ver As Variant
    Set xmldoc = New DOMDocument   '创建一个 XML DOM 实例
    '建立一个指定了目标和数据的处理命令：xml 表示目标，version=
     表示处理指令的数据
    Set ver = xmldoc.createProcessingInstruction("xml",
"version=" & Chr(34) & "1.0" & Chr(34))
```

```
    xmldoc.appendChild ver    '将处理指令插入文件树中
    '创建一个名为 Test 的新元素
    Set valnode = xmldoc.createElement("Test")
    '建立一个新的 Text 节点，并指定代表新节点的字符串，然后将该
节点插入文件树中
    valnode.appendChild xmldoc.createTextNode(vbCrLf)
    '将新创建的元素 Test 加入文件树中
    xmldoc.appendChild valnode
    '创建 Test 元素下的节点
    CreateNode valnode, "Title", "Welcome"
    CreateNode valnode, "Country", "China"
    CreateNode valnode, "Content", "Welcome to China!"
    '保存 XML DOM 对象到指定的 XML 文件中
    xmldoc.Save ThisWorkbook.Path & "\ABC.xml"
    MsgBox "XML 文件创建完毕！"
End Sub

'使用同样的方法在 Test 元素下创建新的节点并赋值给这些节点
Private Sub CreateNode(ByVal pNode As IXMLDOMNode, _
    strName As String, strValue As String)
    Dim newNode As IXMLDOMNode
    With pNode
        .appendChild .OwnerDocument.createTextNode
(Space$(4))
        Set newNode = .OwnerDocument.createElement
(strName)
        newNode.Text = strValue
        .appendChild newNode
        .appendChild .OwnerDocument.createTextNode
(vbCrLf)
    End With
End Sub
```

❸ 按 F5 键运行代码后，弹出如图 13-30 所示的对话框。

图 13-30

④ 单击"确定"按钮后，在指定路径中即可看到创建的 XML 文件，如图 13-31 所示。

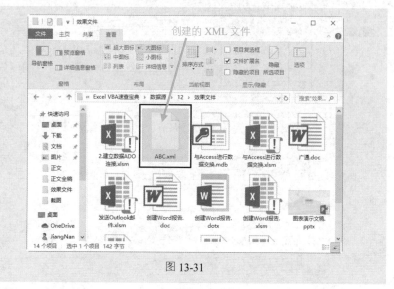

图 13-31

⑤ 双击该 XML 文件，即可在 IE 浏览器中显示其效果，如图 13-32 所示。

图 13-32

扫一扫，看视频

2. 将当前工作表保存为 XML 文件

在本例中，将使用 ActiveSheet 对象的 SaveAs 方法来保存当前工作簿，将其保存为 XML 文件。

❶ 打开工作簿，启动 VBE 环境，单击"插入→模块"菜单命令，插入"模块 2"，在打开的代码编辑窗口中输入如下代码。

```
Public Sub 将当前工作表保存为 XML 文件()
    '指定 XML 文件的保存路径和名称
    ActiveSheet.SaveAs ThisWorkbook.Path & "\123456.xml", _
xlXMLSpreadsheet
    ActiveWorkbook.Close
End Sub
```

❷ 按 F5 键运行代码后，关闭当前工作簿。打开当前工作簿所在的文件夹，在其中可以看到创建的 XML 文件，如图 13-33 所示。

图 13-33

13.6　操作 Internet

1. 打开指定的网页（前期绑定法）

在本例中，将使用前期绑定法的 InternetExplorer 对象来打开指定

的网页。在这之前，需要先引用 Microsoft Internet Controls 类
型库。

❶ 启动 VBE 环境，单击"工具→引用"菜单命令，打开
"引用-VBAProject"对话框，勾选 Microsoft Internet Controls
复选框，然后单击"确定"按钮，如图 13-34 所示。

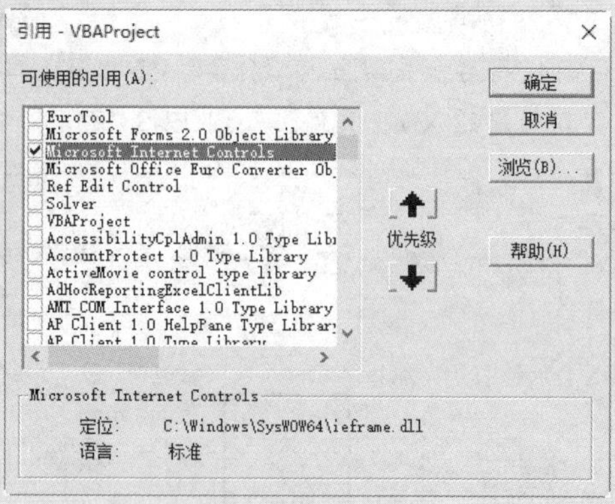

图 13-34

❷ 单击"插入→模块"菜单命令，插入"模块 1"，在打开的代码编辑
窗口中输入如下代码。

```
Public Sub 前期绑定法打开指定的网页()
    '指定用 IE 浏览器打开网页
    Dim myIE As InternetExplorer
    '在新的 IE 窗口中显示网页
    Set myIE = New InternetExplorer
    With myIE
        .Visible = True    '打开网页
        '指定网页
        .Navigate "http://www.waterpub.com.cn/"
    End With
End Sub
```

❸ 按 F5 键运行代码后，即可在 IE 浏览器中打开 http://www.waterpub
.com.cn/网页，如图 13-35 所示。

图 13-35

2. 打开指定的网页(后期声明法)

在本例中,将使用后期声明法的 Object 对象来打开指定的
网页。本例中无须引用 Microsoft Internet Controls 类型库。

扫一扫,看视频

❶ 启动 VBE 环境,单击"插入→模块"菜单命令,插入
"模块 2",在打开的代码编辑窗口中输入如下代码。

```
Public Sub 后期声明法打开指定的网页()
    Dim ie As Object
    Set ie = CreateObject("InternetExplorer
.Application")
    '指定网页
    ie.Navigate "http://www.waterpub.com.cn/"
    ie.Visible = True    '打开网页
End Sub
```

❷ 按 F5 键运行代码后,即可在 IE 浏览器中打开 http://www.waterpub
.com.cn/网页。

3. 查询并获取网页数据

在本例中,将使用 QueryTables 集合的 Add 方法查询并获
取指定网页的数据内容。

扫一扫,看视频

❶ 单击"插入→模块"菜单命令，插入"模块 3"，在打开的代码编辑窗口中输入如下代码。

```
Public Sub 查询并获取网页数据()
    Dim myQuery
    With ActiveSheet
        .Cells.Delete
    '指定查询并获取数据的网页
    Set myQuery = ActiveSheet.QueryTables _
        .Add(Connection:="URL;http://datainfo.stock.hex
un.com/default_2012.aspx", _
        '指定存放数据的起始行和列
        Destination:=.Cells(1, 1))
    End With
    With myQuery
        .Refresh    '使用 Refresh 方法刷新页面
    End With
End Sub
```

❷ 按 F5 键运行代码后，即可在当前工作表中显示出网页的内容，如图 13-36 所示。

	A	B	C	D	E	F	G	H	I	J	K	L	M
1	代码	名称	最新价	涨跌幅	昨收	今开	最高	最低	成交量	成交额	换手	振幅	量比
2	6036	玉	21.79	44.02	15.13	18.16	21.79	18.16	286	620290	0	23.99	
3	6031	软件	19.57	10.01	17.79	17.7	19.57	17.66	177795.17	338092329	8.05	10.74	2.23
4	6039	股份	39.37	10	35.79	39.37	39.37	39.37	1266.09	4964596	0	0	3.38
5	6032	科技	12.43	10	11.3	12.43	12.43	12.43	2931.83	3644265	0	0	2.49
6	6033	科技	7.92	10	7.2	7.29	7.92	7.22	100088.14	77408057	2.06	9.72	7.66
7	6032	环保	21.48	9.98	19.53	21.48	21.48	21.48	240.64	516895	0	0	0.77
8	6036	达	12.8	9.97	11.64	12.8	12.8	12.8	388	496640	0	0	1.37
9	6003	金融	7.29	9.95	6.63	6.69	7.29	6.69	95002.32	67755859	1.96	9.05	5.6
10	6000	投资	2.44	9.91	2.22	2.26	2.44	2.25	158050.43	37750520	0.97	8.56	1.13
11	6006	投资	6.21	8.76	5.71	5.71	6.28	5.71	256110.15	157223929	3.6	9.98	10.51
12	6032	网络	24.34	8.47	22.44	22.61	24.45	22.58	118661.98	281335312	4.88	8.33	3.71
13	6007	科技	4.44	8.29	4.1	4.51	4.51	4.32	829732.75	371878211	6.85	4.63	5.74
14	6004	新材	9.53	7.93	8.83	8.86	9.53	8.82	113634.65	104295413	1.42	8.04	3.62
15	6039	新星	32.83	7.71	30.48	30.3	33	29.94	50655	161143867	3.17	10.04	2.14
16	6008	信托	4.94	7.39	4.6	4.64	5.06	4.63	981259.68	478726761	1.79	9.35	6.8
17	6006	三毛	11.34	7.18	10.58	11.61	11.64	11.02	142759.85	163847016	7.1	5.86	8.37
18	6007	投资	5.46	6.64	5.12	5.12	5.63	5.12	70971.49	38532912	1.25	9.96	12.49
19	6008	股份	6.9	6.15	6.5	6.6	7.04	6.58	443364.19	302653554	2.81	7.08	5.11
20	6017	股份	5.88	5.95	5.55	5.7	6.11	5.68	273178.18	162191258	2.41	7.75	2.55
21	6005	金控	14.28	5.86	13.49	13.4	14.58	13.4	83522.97	117988022	5.03	8.75	4.53
22	6039	特	12.96	5.71	12.26	12.27	12.96	12.23	27540.96	34941846	0.89	5.95	5.57
23	6001	东方	13.06	5.66	12.36	12.48	13.27	12.46	113752.18	147405102	1.3	6.55	4.56
24	6030	股份	27.95	5.51	26.49	26.54	28.33	26.25	22513.63	62041954	0.71	6.95	3.58
25	6034	特	229.9	5.41	218.1	218.93	229.93	217.03	7903.54	177278703	1.1	5.91	3
26	6016	股份	6.71	5.34	6.37	6.36	6.72	6.34	358291.22	235086685	2.32	5.97	1.92

图 13-36

4. 制作自定义浏览器

在本例中将通过插入 Microsoft Internet Explorer 程序对应的 WebBrowser 控件，使用 VBA 代码定制 Web 浏览器。

扫一扫，看视频

（1）创建浏览器界面

❶ 启动 VBE 环境，单击"插入→用户窗体"菜单命令，插入 UserForm1 用户窗体，同时弹出"工具箱"工具栏。

❷ 将用户窗体调整至合适的大小，并在左侧的"属性"窗口中设置其 Caption 属性为"自定义浏览器"。然后在"工具箱"工具栏中的"控件"选项组中右击，在弹出的快捷菜单中选择"附加控件"命令，如图 13-37 所示。

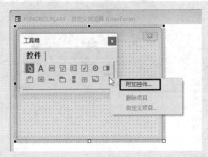

图 13-37

❸ 打开"附加控件"对话框，在"可用控件"列表框中选中 Microsoft Web Browser 复选框，如图 13-38 所示。

图 13-38

④ 单击"确定"按钮，即可在"控件"选项组中显示出添加的 WebBrowser 控件图标，如图 13-39 所示。

⑤ 单击该图标，在用户窗体中按住鼠标并拖动画出一个矩形区域，然后释放鼠标，即可在用户窗体中添加一个 WebBrowser 控件窗口，如图 13-40 所示。

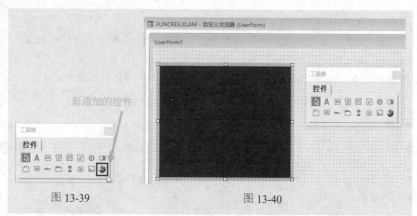

图 13-39   图 13-40

⑥ 在添加的 WebBrowser 控件窗口上方添加一个文本框，设置其名称为"网址"、Text 属性和 Value 属性均为 http://www.waterpub.com.cn/，如图 13-41 所示。

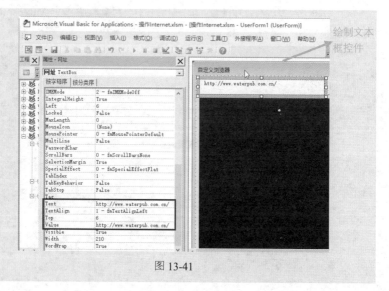

图 13-41

❼ 在文本框的后面添加多个命令按钮，并分别设置其名称和 Caption 属性，如图 13-42 所示。

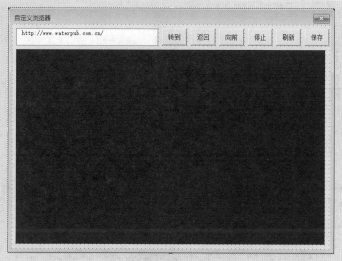

图 13-42

📢 注意：

各命令按钮的名称及属性如表 13-1 所示。

表 13-1

控件名称	属性	值
Go 按钮	Caption	转到
Prev 按钮	Caption	返回
Next 按钮	Caption	向前
Stop 按钮	Caption	停止
Refresh 按钮	Caption	刷新

（2）定义窗体加载事件

❶ 双击窗体空白区域，在打开的代码编辑窗口中输入如下代码。

```
Private Sub UserForm_Initialize()
'用户窗体的初始化事件，当启动用户窗体时打开 http://www.waterpub
```

```
.com.cn/网页
    WebBrowser1.Navigate " http://www.waterpub.com.cn/"
End Sub
```
　❷ 按 F5 键运行代码后，即可弹出如图 13-43 所示的"自定义浏览器"界面。

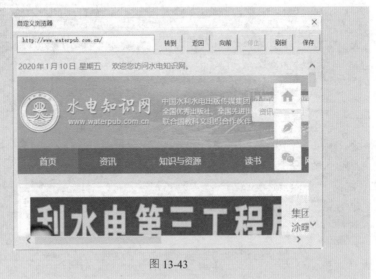

图 13-43

（3）定义各控件加载事件

　❶ 双击 WebBrowser 控件，在打开的代码编辑窗口中输入如下代码。

```
'当控件从一个 URL 转到另一个 URL 时触发该事件，此时若未打开新的
  网页，则设置"停止"按钮可用，"刷新"按钮不可用
Private Sub WebBrowser1_BeforeNavigate2(ByVal pDisp As
Object, _
    URL As Variant, Flags As Variant, TargetFrameName As
Variant, _
    PostData As Variant, Headers As Variant, Cancel As
Boolean)
    '设置当打开启动控件时，"停止"按钮可用，"刷新"按钮不可用
    Stop 按钮.Enabled = True
    Refresh 按钮.Enabled = False
End Sub

'当控件转到新的 URL 时触发该事件，此时，设置"停止"按钮不可用，
```

"刷新"按钮可用，并将新的 URL 导入文本框

```
Private Sub WebBrowser1_NavigateComplete2( _
    ByVal pDisp As Object, URL As Variant)
    Stop 按钮.Enabled = False
    Refresh 按钮.Enabled = True
    网址.Text = WebBrowser1.LocationURL
End Sub

Private Sub WebBrowser1_NewWindow2(ppDisp As Object, _
    Cancel As Boolean)
    Cancel = True          '取消在新窗口中打开超链接
    '使用 Navigate 方法打开单击的超链接
    WebBrowser1.Navigate strURL
End Sub

Private Sub WebBrowser1_StatusTextChange(ByVal Text As
String)
    strURL = Text
End Sub
```

❷ 在同一代码编辑窗口中输入如下定义各命令按钮加载事件的代码。

```
Dim strURL As String      '声明一个模块级字符串变量 strURL，
用于保存弹出的 IE 窗口的网页地址

Private Sub Go 按钮_Click()
' "转到"按钮的单击事件代码
    '判断文本框"网址"的内容是否为空，若为空，则退出该过程
    If Len(网址.Text) = 0 Then Exit Sub
    '使用 WebBrowser 控件的 Navigate 方法打开指定的网页
    WebBrowser1.Navigate 网址.Text
End Sub

Private Sub Prev 按钮_Click()
' "返回"按钮的单击事件代码
    On Error Resume Next
    '使用 GoBack 方法浏览之后一页的历史记录
    WebBrowser1.GoBack
End Sub
```

```
Private Sub Next按钮_Click()
' "向前" 按钮的单击事件代码
    On Error Resume Next
    '使用 GoForward 方法浏览之前一页的历史记录
    WebBrowser1.GoForward
End Sub

Private Sub Stop按钮_Click()
' "停止" 按钮的单击事件代码
    WebBrowser1.Stop        '使用 Stop 方法取消当前的网页动作
End Sub

Private Sub Refresh按钮_Click()
' "刷新" 按钮的单击事件代码
    WebBrowser1.Refresh       '使用 Refresh 方法重新载入页面
End Sub

Private Sub Save按钮_Click()
' "保存" 按钮的单击事件代码
    Dim strFile As String, strTemp As String
    Dim fso, f1
    Dim i As Integer
'使用 GetSaveAsFilename 方法打开 "另存为" 对话框，保存当前网页
    strFile = Application.GetSaveAsFilename
(InitialFileName:="", _
      FileFilter:="文本文件(*.txt),*.txt,HTML 文件
(*.htm),*.htm")
    '判断用户是否取消另存，若取消，则退出该过程
    If strFile = "False" Then Exit Sub
    Open strFile For Output As #1
    '使用 Document 属性返回当前控件窗口中的 Document 对象，从而
获取网页内容
    With WebBrowser1.Document
        If LCase(Right(strFile, 4)) = ".txt" Then
            '使用 innertext 属性获取当前网页中除 HTML 外的文本内容
            strTemp = .body.innertext
            Write #1, strTemp
        ElseIf LCase(Right(strFile, 4)) = ".htm" Then
'搜索 Document 对象的所有元素，当找到 HTML 元素时，将其 innerhtml
```

属性赋值给字符串变量并写入文件

```
        For i = 0 To .all.Length - 1
            If UCase(.all(i).tagName) = "HTML" Then
                strTemp = .all(i).innerhtml
                Write #1, strTemp
                Exit For
            End If
        Next
    End If
End With
Close #1
Set fso = Nothing
Set f1 = Nothing
End Sub
```

❸ 按 F5 键运行代码后，在弹出的"自定义浏览器"界面中即可进行网页的浏览。单击各命令按钮，则可以进行相应的操作。

第14章 图表对象实用技巧

14.1 图表应用技巧

Chart 对象代表工作簿中的图表，本节将介绍如何使用 VBA 代码对图表进行操作。

1. 根据数据源创建图表

扫一扫，看视频

Excel 中可以根据已知表格数据源使用"图表"功能创建各种类型的图表，在 VBA 中也可以使用相关方法以及属性根据已知数据源表格自动创建指定类型的图表。

❶ 图 14-1 所示为创建图表的数据源表格。

	A	B	C
1	分公司	上半年	下半年
2	1	50	78
3	2	100	89
4	3	56	150
5	4	48	30
6	5	36	60
7	6	71	66
8	7	33	78

图 14-1

❷ 打开工作簿，启动 VBE 环境，单击"插入→模块"菜单命令，插入"模块 1"，在打开的代码编辑窗口中输入如下代码。

```
Public Sub 根据数据源创建图表()
    Dim ws As Worksheet
    Dim Range As Range
    Dim myChart As ChartObject
    Dim N As Integer
    Dim xmin As Single, xmax As Single, ymin As Single,
ymax As Single
    Dim sj As String, X As String, Y As String, A As String,
B As String
```

```vba
'指定数据源工作表
Set ws = ThisWorkbook.Worksheets("Sheet1")
N = ws.Range("A65536").End(xlUp).Row    '获取数据个数
X = "分公司"      'X 坐标轴标题
Y = "营业额"      'Y 坐标轴标题
B = "B" & 2 & ":B" & N    'X 坐标轴数据源
C = "C" & 2 & ":C" & N    'Y 坐标轴数据源
xmin = Application.WorksheetFunction
.Min(ws.Range(B))        'X 坐标轴最小值
xmax = Application.WorksheetFunction
.Max(ws.Range(B))        'X 坐标轴最大值
ymin = Application.WorksheetFunction
.Min(ws.Range(C))        'Y 坐标轴最小值
ymax = Application.WorksheetFunction
.Max(ws.Range(C))        'Y 坐标轴最大值
'图表数据源
Set myRange = ws.Range("B" & 1 & ":C" & N)
'创建一个新图表
Set myChart = ws.ChartObjects.Add(100, 30, 400, 250)
With myChart.Chart
    .ChartType = xlColumnClustered    '指定图表类型
    .SetSourceData Source:=myRange,
    PlotBy:=xlColumns        '指定图表数据源和绘图方式
    .HasTitle = True    '图表标题
    .ChartTitle.Text = "各分公司业绩比较图表"
    With .ChartTitle.Font    '设置标题的字体
        .Size = 20
        .ColorIndex = 11
        .Name = "等线"
    End With
    'X 坐标轴有图表标题
    .Axes(xlCategory, xlPrimary).HasTitle = True
    .Axes(xlCategory, xlPrimary).AxisTitle
.Characters.Text = X
    'Y 坐标轴有图表标题
    .Axes(xlValue, xlPrimary).HasTitle = True
```

```
                .Axes(xlValue, xlPrimary).AxisTitle
.Characters.Text = Y
        With .Axes(xlValue)
            .MinimumScale = xmin        'X 坐标轴最小刻度
            .MaximumScale = xmax        'X 坐标轴最大刻度
        End With
        With .Axes(xlValue)
            .MinimumScale = ymin        'Y 坐标轴最小刻度
            .MaximumScale = ymax        'Y 坐标轴最大刻度
        End With
        With .ChartArea.Interior        '设置图表区颜色
            .ColorIndex = 2
            .PatternColorIndex = 1
            .Pattern = xlSolid
        End With
        With .PlotArea.Interior          '设置绘图区颜色
            .ColorIndex = 35
            .PatternColorIndex = 1
            .Pattern = xlSolid
        End With
        With .SeriesCollection(1)
            With .Border                '设置第一个数据系列的格式
                .ColorIndex = 4
                .Weight = xlThin
                .LineStyle = xlDot
            End With
            .MarkerStyle = xlCircle
            .MarkerSize = 5
        End With
    End With
    Set myRange = Nothing
    Set myChart = Nothing
    Set ws = Nothing
End Sub
```

❸ 按 F5 键运行代码后，即可看到创建好的图表，如图 14-2 所示。

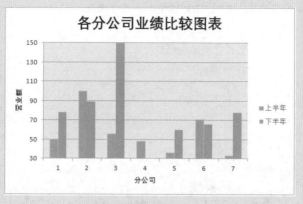

图 14-2

🔊 代码解析：

该段代码比较长，下面摘取部分代码详细解释。

❶ Set myChart = ws.ChartObjects.Add(100, 30, 400, 250)：代表创建的图表的具体尺寸，包括高度、宽度、与表格顶端和左侧的距离等，一般可以设置该标准尺寸创建图表。

❷ 代码中使用了 Add 方法添加指定尺寸的图表。

❸ 代码中使用了 SetSourceData 方法指定图表的引用数据源和绘图方式。

❹ .ChartType = xlColumnClustered：用来指定图表的类型为簇状柱形图。这里的 ChartType 方法用来设置图表。

2. 根据数据源创建多个图表

如果需要将数据源表格创建为多个图表，可以事先调整好数据源，再使用相关的 VBA 方法设置代码。

❶ 图 14-3 所示为创建图表的数据源表格。

扫一扫，看视频

▲	A	B	C	D	E	F
1		业务经理	第一季度	第二季度	第三季度	第四季度
2	1	李霞云	50	78	18	12
3	2	张海	100	46	95	59
4	3	李强	56	150	19	110
5						
6						
7						

图 14-3

❷ 打开工作簿，启动 VBE 环境，单击"插入→模块"菜单命令，插入"模块1"，在打开的代码编辑窗口中输入如下代码。

```
Public Sub 根据数据源创建多个图表()
    Dim myChart As Chart
    Dim myChartobj As ChartObject
    Dim ws As Worksheet
    Dim myRangeX As Range, myRangeY As Range, myRangeName
As Range
    Dim i As Integer
    Set ws = Worksheets("Sheet1")     '指定数据源工作表
    Set myRangeX = ws.Range("C1:F1")     '指定 X 坐标轴数据源
    Set myRangeY = ws.Range("C2:F2")     '指定 Y 坐标轴数据源
    Set myRangeName = ws.Range("B2")
    For Each myChartobj In ws.ChartObjects
        myChartobj.Delete
    Next
    For i = 1 To 4
        Set myChart = Charts.Add
        With myChart
            .ChartType = xlColumnClustered     '指定图表类型
            .SetSourceData Source:=ws.Range("B1"),
PlotBy:=xlRows
            With .SeriesCollection(1)
                .XValues = myRangeX
                .Values = myRangeY.Offset(i - 1)
                .Name = myRangeName.Offset(i - 1)
                .ApplyDataLabels AutoText:=True,
ShowValue:=True
            End With
            .Location Where:=xlLocationAsObject,
Name:=ws.Name
        End With
        With ws.ChartObjects
            Set myChart = .Item(.Count).Chart
        End With
        With ws.Shapes(ws.Shapes.Count)     '指定图表区大小
            .Width = 200
```

```
                .Height = 200
        End With
        With myChart
            With .PlotArea    '指定绘图区大小
                .Left = 8
                .Top = 1
                .Width = 180
                .Height = 180
                With .Interior    '指定图表区与绘图区颜色
                    .ColorIndex = 6
                    .PatternColorIndex = 2
                    .Pattern = xlSolid
                End With
            End With
            With .ChartTitle    '设置图表标题的字体与位置
                .Left = 75
                .Top = 1
                .Font.Size = 12
                .Font.Name = "等线"
            End With
            With .Axes(xlValue)        '设置 Y 坐标轴格式
                .MinimumScale = 0
                .MaximumScale = 300
                .MinorUnitIsAuto = True
                .MajorUnitIsAuto = True
            End With
            .HasLegend = False
        End With
    Next i
    ws.Range("A1").Activate
    Set myRangeX = Nothing
    Set myRangeY = Nothing
    Set myRangeName = Nothing
    Set ws = Nothing
    Set myChart = Nothing
    Set myChartobj = Nothing
End Sub
```

❸ 按 F5 键运行代码后，即可看到创建好的多个图表，如图 14-4 所示。

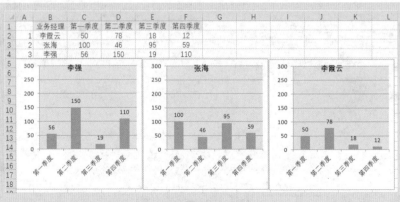

图 14-4

🔊 代码解析：

该段代码比较长，下面摘取部分代码详细解释。

❶ Set myRangeX = ws.Range("C1:F1")   '指定 X 坐标轴数据源

　　Set myRangeY = ws.Range("C2:F2")   '指定 Y 坐标轴数据源

　　Set myRangeName = ws.Range("B2")

该段代码指创建的图表 X 坐标轴数据源是第一季度、第二季度、第三季度和第四季度；Y 坐标轴的数据源是"50、78、18、12"，引用的图表标题是业务经理"李霞云"。

❷ 代码中使用了 SeriesCollection 方法根据工作表已有数据生成多个嵌入式图表。

❸ 代码中使用了 SetSourceData 方法指定图表的引用数据源和绘图方式。

❹ .ChartType = xlColumnClustered：用来指定图表的类型为簇状柱形图。这里的 ChartType 方法用来设置图表。

3. 设置图表根据数据源自动更新

扫一扫，看视频

完成图表创建后，后期经常需要在原始表格中添加或者删减数据，用户可以在代码窗口中使用 Change 事件结合 Add 方法、SetSourceData 方法创建能随原始表格数据的变化而更新的图表。

❶ 打开工作簿，启动 VBE 环境，单击"插入→模块"菜单命令，插入"模块 1"，在打开的代码编辑窗口中输入如下代码。

```vba
Private Sub Worksheet_Change(ByVal Target As Range)
    Call 设置图表根据数据源自动更新
End Sub
Public Sub 设置图表根据数据源自动更新()
    Dim myRange As String
    myRange = "A1:E" & Range("A65536").End(xlUp).Row
    Range(myRange).Select
    Charts.Add
    '指定图表类型
    ActiveChart.ChartType = xlBarClustered
    ActiveChart.SetSourceData Source:=Sheets("Sheet1")
.Range(myRange), _
        PlotBy:=xlColumns
    ActiveChart.Location Where:=xlLocationAsObject,
Name:="Sheet1"
    With ActiveChart
        'X 坐标轴无图表标题
        .Axes(xlCategory, xlPrimary).HasTitle = False
        'Y 坐标轴无图表标题
        .Axes(xlValue, xlPrimary).HasTitle = False
        .HasLegend = True                    '有图例
    End With
    With Sheets("Sheet1").ChartObject(1)     '设置图表位置
        .Left = 200
        .Top = 100
    End With
    Sheets("Sheet1").Range("A" & Range("A65536")
.End(xlUp).Row).Select
End Sub
```

❷ 按 F5 键运行代码后，即可看到图表效果，如图 14-5 所示。

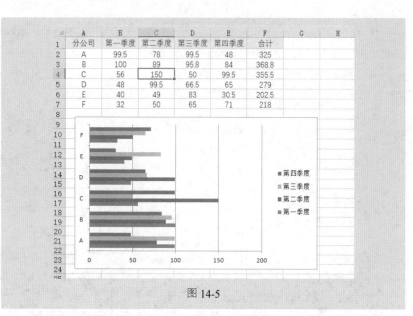

图 14-5

❸ 如果更改数据源表格中的数据，可以看到图表自动更新，如图 14-6 所示。

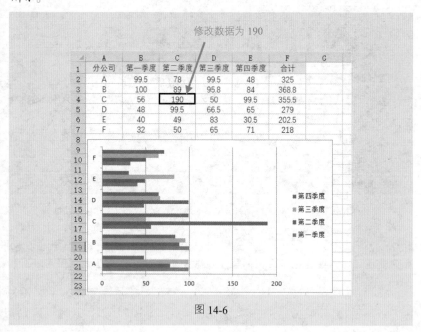

图 14-6

4. 将图表另存为图片格式

如果需要将创建好的图表保存为图片文件使用，可以在 VBA 中使用 Chart 对象的 Export 方法将图表导出，再将其保存为 JPG 文件格式即可。

扫一扫，看视频

❶ 打开工作簿，启动 VBE 环境，单击"插入→模块"菜单命令，插入"模块 1"，在打开的代码编辑窗口中输入如下代码。

```
Public Sub 将图表另存为图片格式()
    Dim myChart As Chart
    Dim ws As Worksheet
    Dim myFileName As String
    '指定含有图表的工作表
    Set ws = ThisWorkbook.Worksheets(1)
    Set myChart = ws.ChartObjects(ws.ChartObjects
.Count).Chart
    myFileName = "图片文件.jpg"          '指定图像名称及格式
    On Error Resume Next
    Kill ThisWorkbook.Path & "\" & myFileName
    On Error GoTo 0
    myChart.Export Filename:=ThisWorkbook.Path & "\" &
myFileName, Filtername:="JPG"
    MsgBox "图表已保存为图片形式!"
    Set ws = Nothing
    Set myChart = Nothing
End Sub
```

❷ 按 F5 键运行代码后，即可看到弹出的对话框（如图 14-7 所示），单击"确定"按钮，即可将图表保存为图片且文件名称为"图片文件.jpg"，如图 14-8 所示。

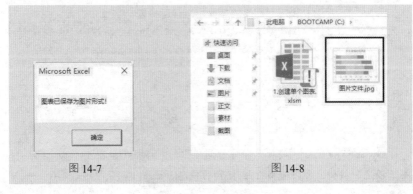

图 14-7   图 14-8

5. 查看图表坐标轴信息

如果图表中创建了多个元素，如坐标轴标题、最小刻度值、最大刻度值，可以使用 Axes 方法、HasTitle 属性和 AxisTitle 属性等快速查看图表的基本信息。

❶ 打开工作簿，启动 VBE 环境，单击"插入→模块"菜单命令，插入"模块 1"，在打开的代码编辑窗口中输入如下代码。

```
Public Sub 查看图表坐标轴信息()
    Dim myChart As Chart
    Dim ws As Worksheet
    '指定含有图表的工作表
    Set ws = ThisWorkbook.Worksheets(1)
    Set myChart = ws.ChartObjects(1).Chart     '指定图表
    With myChart.Axes(xlCategory)
        If .HasTitle = True Then
            MsgBox "图表的 X 坐标轴标题：" & .AxisTitle.Text
        Else
            MsgBox "图表的 X 坐标轴没有标题"
        End If
    End With
    With myChart.Axes(xlValue)
        If .HasTitle = True Then
            MsgBox "图表的 Y 坐标轴标题为：" & .AxisTitle.Text
& vbCrLf _
                & "最小刻度为：" & .MinimumScale & vbCrLf _
                & "最大刻度为：" & .MaximumScale
        Else
            MsgBox "图表的 Y 坐标轴没有标题" & vbCrLf _
                & "最小刻度为：" & .MinimumScale & vbCrLf _
                & "最大刻度为：" & .MaximumScale
        End If
    End With
    Set myChart = Nothing
    Set ws = Nothing
End Sub
```

❷ 按 F5 键运行代码后，即可看到弹出的对话框（如图 14-9 所示），单击"确定"按钮，即可查看 Y 坐标轴的信息，如图 14-10 所示。

图 14-9   图 14-10

6. 快速更改图表类型

如果要将本例中的柱形图图表更改为条形图，可以在 VBA 中使用 ChartType 属性设置代码。

扫一扫，看视频

❶ 图 14-11 所示为分析全年业绩数据的簇状柱形图图表。

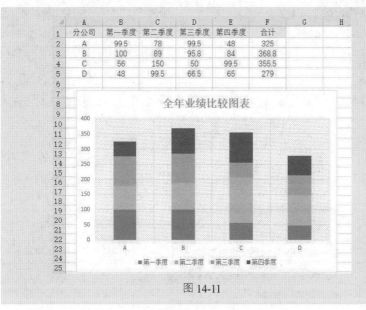

图 14-11

❷ 启动 VBE 环境，单击"插入→模块"菜单命令，插入"模块 1"，在打开的代码编辑窗口中输入如下代码。

```
Public Sub 快速更改图表类型()
    Dim myChart As ChartObject
    Dim ws As Worksheet
    Set ws = Worksheets(1)          '指定含有图表的工作表
```

    Set myChart = ws.ChartObjects(1)   '指定图表
    With myChart
        MsgBox "该图表的类型为：" & .Chart.ChartType & vbCrLf _
            & "下面将该图表的类型更改为簇状条形图"
        .Chart.ChartType = xlBarClustered
    End With
    Set ws = Nothing
    Set myChart = Nothing
End Sub
```

❸ 按 F5 键运行代码后，即可看到弹出的对话框，如图 14-12 所示。

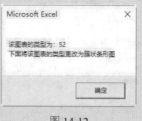

图 14-12

❹ 单击"确定"按钮，即可将图表更改为条形图，如图 14-13 所示。

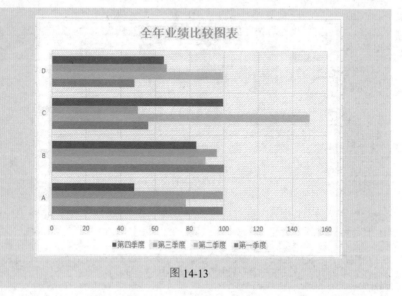

图 14-13
```

7. 快速更改图表大小

根据数据源创建图表后，图表的大小都是默认的。下面介绍如何使用相关方法更改图表的大小。

❶ 打开工作簿，启动 VBE 环境，单击"插入→模块"菜单命令，插入"模块 1"，在打开的代码编辑窗口中输入如下代码。

```
Public Sub 快速更改图表大小()
    Dim myChart As ChartObject
    Dim myHeight As Single, myWidth As Single
    Dim ws As Worksheet
    Set ws = Worksheets(1)          '指定含有图表的工作表
    Set myChart = ws.ChartObjects(1)    '指定图表
    With myChart
        myHeight = .Height
        myWidth = .Width
        MsgBox "重新更改图表的大小为200*450（高*宽）"
        .Height = 200
        .Width = 450
    End With
    Set ws = Nothing
    Set myChart = Nothing
End Sub
```

❷ 按 F5 键运行代码后，即可看到弹出的对话框，如图 14-14 所示。

图 14-14

❸ 单击"确定"按钮，即可将图表更改为指定大小。

🔊 代码解析：

更改图表的大小可以使用 Height 属性和 Width 属性。

8. 重新设置图表数据源

用户可以通过在 XValues 属性和 Values 属性中指定 Range 对象来更改图表的数据源得到新的图表。

❶ 图 14-15 所示为创建好的柱形图图表，统计出了各个分公司的全年业绩数据。

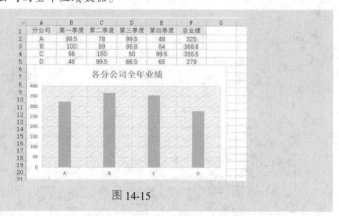

图 14-15

❷ 启动 VBE 环境，单击"插入→模块"菜单命令，插入"模块 1"，在打开的代码编辑窗口中输入如下代码。

```
Public Sub 重新设置图表数据源()
    Dim myChart As Chart
    Dim myChartObj  As ChartObject
    Dim ws As Worksheet
    Dim myRange1 As Range
    Dim myRange2 As Range
    Set ws = Worksheets(1)         '指定含有图表的工作表
    '获取原来的源数据区域
    Set myRange1 = ws.Range("A2:A5")
    Set myRange2 = ws.Range("F2:F5")
    Set myChart = ws.ChartObjects(1).Chart      '指定图表
    With myChart.SeriesCollection(1)       '更改源数据区域
        .XValues = myRange1.Resize(10)
        .Values = myRange2.Resize(10)
    End With
    ws.Range("A1").Activate
    Set myRange1 = Nothing
    Set myRange2 = Nothing
    Set ws = Nothing
```

```
   Set myChart = Nothing
   Set myChartObj = Nothing
End Sub
```

❸ 在源数据表格中添加新数据后，按 F5 键运行代码，即可看到根据添加的新数据源重新绘制的图表，如图 14-16 所示。

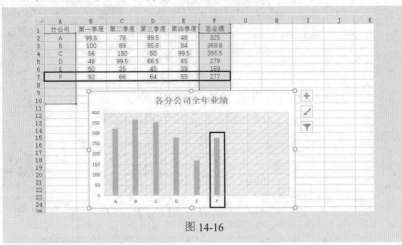

图 14-16

9. 重新设置多图表排列位置

一次性在表格中根据多个不连续数据源创建多个图表之后，可以使用代码一次性重新调整多个图表的排列位置，让图表更直观地展现数据。

扫一扫，看视频

❶ 图 14-17 所示为创建好的柱形图图表。4 张图表的排放位置默认是随意的。

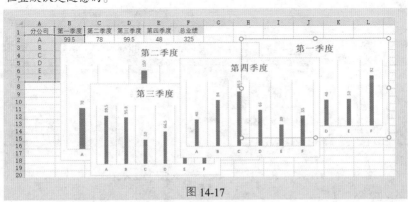

图 14-17

❷ 启动 VBE 环境，单击"插入→模块"菜单命令，插入"模块 1"，在打开的代码编辑窗口中输入如下代码。

```
Public Sub 重新设置多图表排列位置()
    Dim myChartObj  As ChartObject
    Dim myChart As Worksheet
    Dim i As Integer
    Set myChart = ThisWorkbook.Worksheets(1)   '指定工作表
    For i = 1 To myChart.ChartObjects.Count
        '循环各图表
        Set myChtObj = myChart.ChartObjects(i)
        With myChtObj   '设置各图表(间)的位置
            .Top = ((i - 1) \ 2 + 2) * 200 - 350
            .Left = (((i - 1) Mod 2) + 2) * 200 - 100
        End With
    Next i
End Sub
```

❸ 按 F5 键运行代码后，即可看到 4 张图表被按指定要求重新排列，如图 14-18 所示。

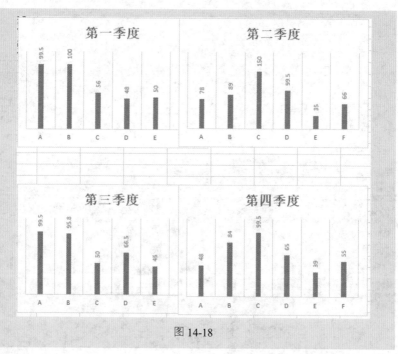

图 14-18

10. 删除所有图表

本例中引用技巧 9 中的多个图表，需要设置代码一次性快速将 4 张图表全部删除，可以使用 Delete 方法。

❶ 打开工作簿，启动 VBE 环境，单击"插入→模块"菜单命令，插入"模块 1"，在打开的代码编辑窗口中输入如下代码。

```
Public Sub 删除所有图表()
    ActiveSheet.ChartObjects.Delete
End Sub
```

❷ 按 F5 键运行代码后，即可删除所有图表。

14.2 图表格式设置技巧

本节将介绍如何使用 VBA 代码对图表对象的格式进行设置。

1. 设置图表区域格式

本例将介绍如何为图表的区域设置填充格式，可以使用 ChartArea 属性来设置。

❶ 图 14-19 所示为创建好的无填充效果的图表区。

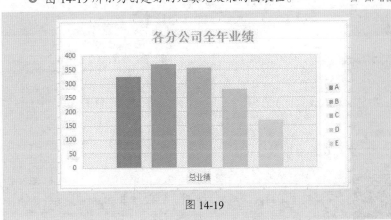

图 14-19

❷ 启动 VBE 环境，单击"插入→模块"菜单命令，插入"模块 1"，在打开的代码编辑窗口中输入如下代码。

```
Public Sub 设置图表区域格式()
    Dim myChart As ChartObject
    Dim myHeight As Single, myWidth As Single
    Dim ws As Worksheet
    Set ws = Worksheets(1)          '指定含有图表的工作表
    Set myChart = ws.ChartObjects(1)     '指定图表
    With myChart.Chart.ChartArea
        MsgBox "下面将重新设置图表区的格式!"
        With .Font     '设置图表区的字体格式
            .Size = 14
            .Name = "等线"
            .ColorIndex = 4
        End With
        .Interior.ColorIndex = 15  '设置图表区的填充色
    End With
    Set ws = Nothing
    Set myChart = Nothing
End Sub
```

❸ 按 F5 键运行代码后，即可看到弹出的对话框，如图 14-20 所示。

❹ 单击"确定"按钮即可看到重新设置的图表效果，如图 14-21 所示。

图 14-20

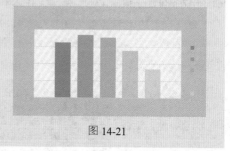

图 14-21

2. 重新设置绘图区格式

扫一扫，看视频

创建图表后的绘图区有其默认的格式，它是以坐标轴为界限并包含所有数据系列的区域，可以使用 PlotArea 属性重新设置该区域的格式。

❶ 图 14-22 所示为创建好的图表。

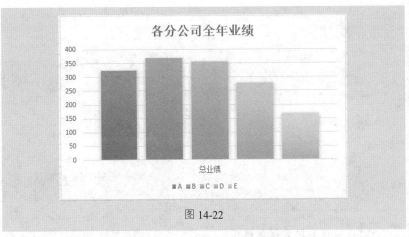

图 14-22

❷ 启动 VBE 环境，单击"插入→模块"菜单命令，插入"模块 1"，在打开的代码编辑窗口中输入如下代码。

```
Public Sub 重新设置绘图区格式()
    Dim myChart As ChartObject
    Dim myHeight As Single, myWidth As Single
    Dim ws As Worksheet
    Set ws = Worksheets(1)         '指定含有图表的工作表
    Set myChart = ws.ChartObjects(1)    '指定图表
    With myChart.Chart.PlotArea
        MsgBox "下面将重新设置绘图区的格式!"
        With .Border     '设置绘图区的边框格式
            .LineStyle = xlDash
            .Weight = xlThin
            .ColorIndex = 6
        End With
        .Height = 150
        .Width = 300
        .Interior.ColorIndex = 28     '设置绘图区的填充色
    End With
    Set ws = Nothing
    Set myChart = Nothing
End Sub
```

❸ 按 F5 键运行代码后，即可看到弹出的对话框，如图 14-23 所示。

❹ 单击"确定"按钮即可看到重新设置的图表效果，如图 14-24 所示。

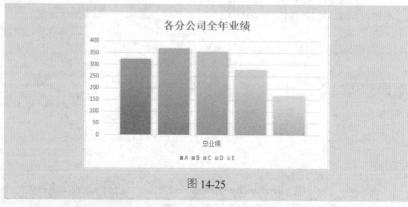

图 14-23　　　　　　　　　图 14-24

3. 重新设置图表标题格式

扫一扫，看视频

　　Excel 中创建的图表都有默认的标题格式，下面介绍如何使用 ChartTitle 属性重新设置图表标题的格式，包括字体格式、颜色以及位置等。

　❶ 图 14-25 所示为创建好的图表标题格式。

图 14-25

　❷ 启动 VBE 环境，单击"插入→模块"菜单命令，插入"模块 1"，在打开的代码编辑窗口中输入如下代码。

```
Public Sub 重新设置图表标题格式()
    Dim myChart As ChartObject
    Dim ws As Worksheet
    Set ws = Worksheets(1)          '指定含有图表的工作表
    Set myChart = ws.ChartObjects(1)      '指定图表
```

```
    With myChart
        MsgBox "下面将重新设置图表标题的格式!"
        With .Chart.ChartTitle
            .Text = "2019年各分公司业绩比较图表"
            .Font.Name = "等线"
            .Font.Size = 18
            .Font.ColorIndex = 5
            .Top = 5
            .Left = 100
        End With
    End With
    Set ws = Nothing
    Set myChart = Nothing
End Sub
```

❸ 按 F5 键运行代码后,即可看到弹出的对话框,如图 14-26 所示。

图 14-26

❹ 单击"确定"按钮即可看到重新设置的图表标题格式,如图 14-27 所示。

图 14-27

361

4. 重新设置图表的名称

Excel 中创建的图表都有默认的名称，也可以重新修改图表名称。下面介绍如何使用代码快速更改指定图表的名称。

❶ 图 14-28 所示为默认图表"图表 2"。

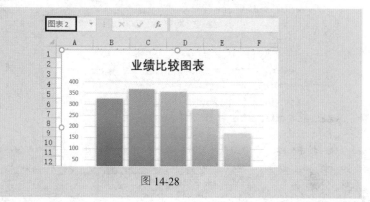

图 14-28

❷ 启动 VBE 环境，单击"插入→模块"菜单命令，插入"模块 1"，在打开的代码编辑窗口中输入如下代码。

```
Public Sub 重新设置图表的名称()
    Dim myChart As ChartObject
    Dim ws As Worksheet
    Set ws = Worksheets(1)          '指定含有图表的工作表
    Set myChart = ws.ChartObjects(1)    '指定图表
    With myChart
        MsgBox "图表默认名称为: " & .Name & vbCrLf & vbCrLf _
            & "下面将图表名称改为我的图表"
        .Name = "我的图表"
        MsgBox "图表的名称被更改为: " & .Name
    End With
    Set ws = Nothing
    Set myChart = Nothing
End Sub
```

❸ 按 F5 键运行代码后，即可看到弹出的对话框，如图 14-29 所示。单击"确定"按钮，弹出如图 14-30 所示的对话框，显示图表名称已被更改。

图 14-29   图 14-30

❹ 单击"确定"按钮，更改图表名称为"我的图表"，如图 14-31 所示。

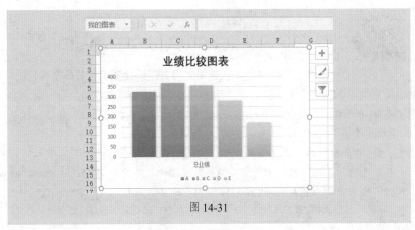

图 14-31

📢 代码解析：

快速更改指定图表的名称，这里的代码中使用了 Name 属性。

第15章 功能区的实用技巧

功能区是由选项卡、组合控件这两者构成的。本章将介绍功能区的一些实用技巧，包括如何在功能区添加指定按钮及如何在快速访问工具栏中添加按钮。

1. 在功能区中添加指定按钮

扫一扫，看视频

在 Excel 表格中用户可以向功能区中添加指定宏,使用功能区执行代码的操作方式就是利用自定义功能将宏添加至指定自定义组中。

本例中使用的是设置好的"重新设置图例格式"模块代码,比如创建图表后,可以一键应用指定宏,为图表重新设置格式。

❶ 在 Excel 工作簿中单击"文件"选项卡,再单击"选项"标签,打开"Excel 选项"对话框。

❷ 单击左侧的"自定义功能区"标签,然后在右侧的"主选项卡"列表框中选中"开始"选项下的"剪贴板"选项组,如图 15-1 所示。单击"新建组"按钮,即可新建选项组。

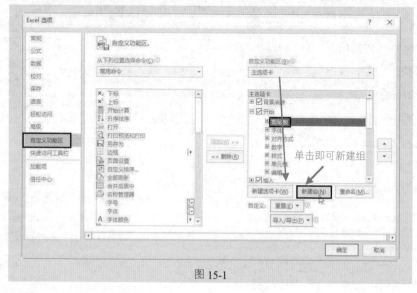

图 15-1

❸ 在"从下列位置选择命令"下拉列表框中选择"宏"选项,在打开的"宏"列表框中选中"重新设置图例格式"选项,单击"添加"按钮即可将其添加至"新建组(自定义)"选项组中,如图 15-2 所示。

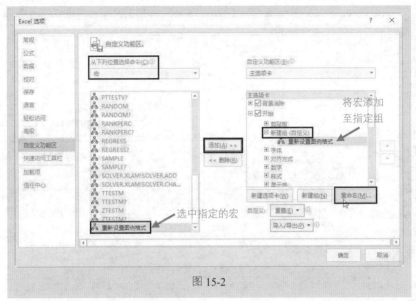

图 15-2

❹ 继续单击"重命名"按钮,打开"重命名"对话框,可以重新命名新建组。

❺ 单击选中一个符号,并在下方的"显示名称"文本框内输入"设置图表",如图 15-3 所示。

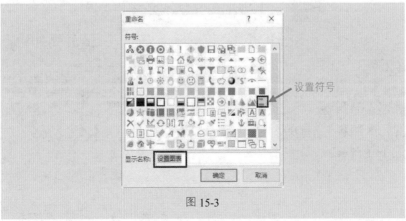

图 15-3

❻ 单击"确定"按钮即可完成新建组的重命名，返回"Excel 选项"对话框后，可以看到重新命名的组，如图 15-4 所示。

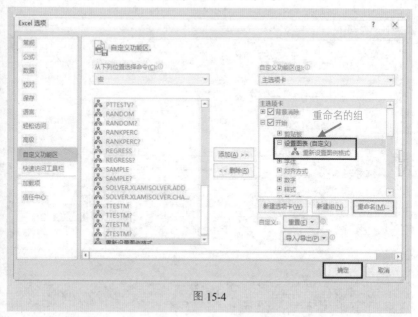

图 15-4

❼ 单击"确定"按钮返回工作表中，在"开始"选项卡下添加了"设置图表"选项组，并且添加了"重新设置图例格式"宏按钮，如图 15-5 所示。

图 15-5

❽ 直接单击该按钮，可以看到工作表中的图表快速应用了宏命令，如图 15-6 所示。

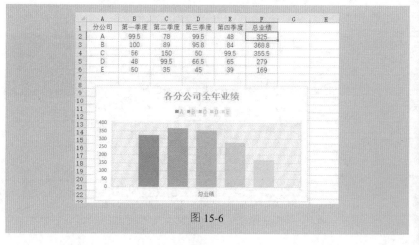

图 15-6

2. 添加按钮至快速访问工具栏

除将宏按钮添加到指定选项卡下之外，还可以将其添加到快速访问工具栏中。默认的快速访问工具栏中只有"保存""撤销""恢复"3 个按钮，下面将"重新设置图例格式"宏按钮添加到快速访问工具栏中。

扫一扫，看视频

❶ 打开"Excel 选项"对话框，单击左侧的"快速访问工具栏"标签，再选中中间"宏"列表框中的"重新设置图例格式"选项。单击"添加"按钮即可将其添加至右侧的"快速访问工具栏"列表框中，单击"修改"按钮（如图 15-7 所示），打开"修改按钮"对话框。

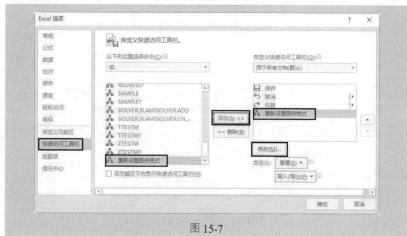

图 15-7

❷ 单击选中一个符号，如图 15-8 所示。

图 15-8

❸ 单击"确定"按钮。返回工作表后，可以在界面上方的快速访问工具栏中看到添加的新按钮，如图 15-9 所示。

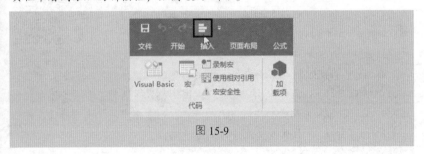

图 15-9

第16章 图形对象实用技巧

16.1 图形操作技巧实例

图形（Shape）对象是工作表绘图层中的对象，如自选图形、任意多边形以及图片、Active 控件等。Shape 对象是一个图形，Shapes 集合代表所有图形。

我们知道工作表中的图形可以执行插入、移动、保存以及删除等操作，本节将介绍一些可以对表格中的图形进行操作的相关属性和方法。

1. 插入图形的技巧

下面将介绍如何使用 AddShape 方法在表格中插入图形，并结合 Type 属性、Left 属性、Top 属性、Width 属性及 Height 属性指定图形对象的类型及放置位置。

扫一扫，看视频

❶ 打开工作簿，启动 VBE 环境，单击"插入→模块"菜单命令，插入"模块 1"，在打开的代码编辑窗口中输入如下代码。

```
Public Sub 插入图形的技巧()
    Dim myShape As Shape
    Dim ws As Worksheet
    '指定要插入图形的工作表
    Set ws = ThisWorkbook.Worksheets(1)
    Set myShape = ws.Shapes.AddShape(Type:=
msoShapeRectangle, Left:=150, _
        Top:=80, Width:=80, Height:=200)
    Set myShape = Nothing
    Set ws = Nothing
End Sub
```

❷ 按 F5 键运行代码后，即可看到插入的图形，如图 16-1 所示。

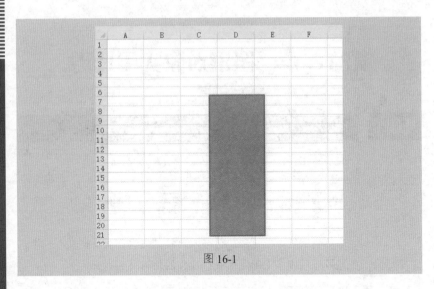

图 16-1

🔊 代码解析：

> Set myShape = ws.Shapes.AddShape(Type:=msoShapeRectangle, Left:=150, _
> Top:=80, Width:=80, Height:=200)

此段代码代表指定插入图形的宽度和高度，以及与表格顶端和左侧的距离。

2. 为插入的图形指定名称

扫一扫，看视频

如果想要在工作表中插入指定名称的图形，可以使用 AddShape 方法插入图形对象并使用 Name 属性指定图形的名称。

❶ 打开工作簿，启动 VBE 环境，单击"插入→模块"菜单命令，插入"模块1"，在打开的代码编辑窗口中输入如下代码。

```
Public Sub 为插入的图形指定名称()
    Dim myShape As Shape
    Dim ws As Worksheet
    Dim myName As String
    myName = "梯形"        '指定插入图形对象的名称
    Set ws = ThisWorkbook.Worksheets(1)   '指定工作表
    With ws.Shapes
        On Error Resume Next
```

```
        Set myShape = .Item(muName)
        On Error GoTo 0
        If myShape Is Nothing Then
            .AddShape(Type:=msoChart, _
                Left:=50, Top:=30, Width:=180,
Height:=160).Name = myName
        Else
            MsgBox "名称为" & myName & "的图形对象已存在!"
        End If
    End With
    Set myShape = Nothing
    Set ws = Nothing
End Sub
```

❷ 按 F5 键运行代码后，即可看到插入的指定名称的图形，如图 16-2
所示。

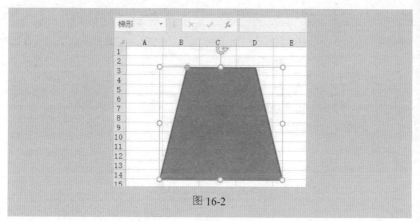

图 16-2

3. 为图形指定宏

在工作表中插入图形之后，可以使用 AddShape 方法结合
OnAction 属性为其指定宏。

扫一扫，看视频

❶ 打开工作簿，启动 VBE 环境，单击"插入→模块"
菜单命令，插入"模块 1"，在打开的代码编辑窗口中输入如下
代码。

```
Public Sub 为图形指定宏()
    Dim myShape As Shape
```

```
    Dim ws As Worksheet
    Dim myName As String
    myMicro = "SSS"
    Set ws = ThisWorkbook.Worksheets(1)      '指定工作表
    Set myShape = ws.Shapes.AddShape
(Type:=msoShapeRectangle, _
        Left:=50, Top:=30, Width:=180, Height:=50)
    With myShape
        With .TextFrame          '插入文字并设置对齐格式
            .Characters.Text = "宏代码图形"
            .HorizontalAlignment = xlHAlignCenter
            .VerticalAlignment = xlCenter
        End With
        With .TextFrame.Characters.Font      '设置字体格式
            .Name = "等线"
            .Size = 20
            .ColorIndex = 6
        End With
        .OnAction = myMicro       '指定宏
    End With
    ws.Range("A1").Select
    Set myShape = Nothing
    Set ws = Nothing
End Sub

Public Sub SSS()
    MsgBox "该图形对象已经指定了宏代码!"
End Sub
```

❷ 按 F5 键运行代码后，即可插入指定了宏的图形，如图 16-3 所示。

❸ 单击该图形后会打开如图 16-4 所示的对话框。

图 16-3   图 16-4

4. 为图形指定不同宏

如果想要为表格中的图形对象指定不同的宏，可以使用
OnAction 属性。

扫一扫，看视频

❶ 打开工作簿，启动 VBE 环境，单击"插入→模块"
菜单命令，插入"模块 1"，在打开的代码编辑窗口中输入如下
代码。

```
Public Sub 为图形指定不同宏()
    MsgBox "这是指定的第 1 个宏代码!", vbInformation, "宏代
码 1"
    ActiveSheet.Shapes("Shape1").OnAction = "为图形指定不
同宏 1"
End Sub

Public Sub 为图形指定不同宏 2()
    MsgBox "这是指定的第 2 个宏代码!", vbInformation, "宏代
码 2"
    ActiveSheet.Shapes("Shape1").OnAction = "为图形指定不
同宏 1"
End Sub
```

❷ 按 F5 键运行代码后，即可依次弹出指定宏代码的对话框，如图 16-5
和图 16-6 所示。

图 16-5   图 16-6

5. 移动图形对象

在表格中插入图形之后，可以使用 Top 属性和 Left 属性设
置图形与顶部和左侧的距离，实现图形的移动。

❶ 打开工作簿，启动 VBE 环境，单击"插入→模块"菜

扫一扫，看视频

单命令，插入"模块1"，在打开的代码编辑窗口中输入如下代码。

```
Public Sub 移动图形对象()
    With ActiveSheet.Shapes(1)
        '将图形对象移至指定的位置
        .Top = ActiveSheet.Cells(1, 1).Top + 150
        .Left = ActiveSheet.Cells(1, 1).Left + 100
    End With
End Sub
```

❷ 按 F5 键运行代码后，即可看到图形对象移动到指定位置。

6. 制作动画图形

扫一扫，看视频

如果想要将工作表中插入的图形设置为 Flash 动画，可以在制作图形时使用 IncrementRotation 方法和 DoEvents 参数来移动和旋转图形。

❶ 打开工作簿，启动 VBE 环境，单击"插入→模块"菜单命令，插入"模块1"，在打开的代码编辑窗口中输入如下代码。

```
Public Sub 制作动画图形()
    Dim myShape As Shape
    Dim ws As Worksheet
    Dim i As Long
    Dim j As Long
    Set ws = Worksheets(1)
    With ws
        '删除工作表原有的图形对象
        For Each myShape In .Shapes
          myShape.Delete
        Next
        Set myShape = .Shapes.AddShape
(Type:=msoShapeRightArrow, _
                Left:=50, Top:=100, Width:=120,
Height:=200)
    End With
    With myShape        '指定图形位置和旋转灯
        For i = 1 To 3000 Step 5
            .Top = Sin(i * (3.1416 / 180)) * 80 + 80
            .Left = Cos(i * (3.1416 / 180)) * 80 + 80
            .Fill.ForeColor.RGB = i * 80
            For j = 1 To 10
                .IncrementRotation -1    '顺时针方向旋转
```

```
            DoEvents
        Next j
    Next i
  End With
End Sub
```

❷ 按 F5 键运行代码后，即可看到旋转的箭头 Flash 动画效果，如图 16-7～
图 16-9 所示。

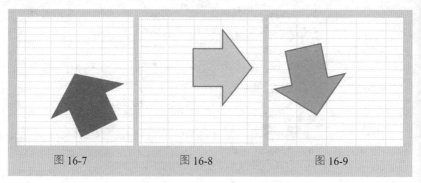

图 16-7   图 16-8   图 16-9

7. 快速复制多个图形

本例中需要将工作表中原有的多个不同的图形对象全部复
制到另一个新的工作表中。

❶ 图 16-10 所示为创建了多个不同图形的工作表。

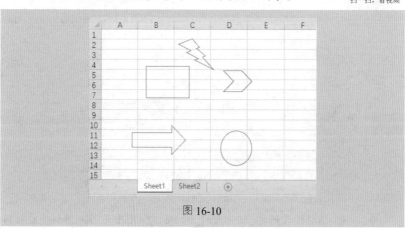

图 16-10

❷ 启动 VBE 环境，单击"插入→模块"菜单命令，插入"模块 1"，在

打开的代码编辑窗口中输入如下代码。

```
Public Sub 快速复制多个图形()
    Dim myShape As Shape
    Dim myShapeGroup As Shape
    Dim myArray() As Variant
    Dim ws1 As Worksheet
    Dim ws2 As Worksheet
    Dim i As Long
    '指定复制组合的 Shape 对象所在的工作表
    Set ws1 = Worksheets(1)
    '指定粘贴组合的 Shape 对象所在的工作表
    Set ws2 = Worksheets(2)
    i = 0
    With ws1
        For Each myShape In .Shapes
            With myShape
                '指定要复制组合的 Shape 对象类型
                If .Type = msoAutoShape Then
                    i = i + 1
                    ReDim Preserve myArray(1 To i)
                    myArray(i) = .Name
                End If
            End With
        Next
        Set myShapeGroup = .Shapes.Range(myArray).Group
    End With
    myShapeGroup.Copy
    With ws2
        .Paste
        .Shapes(1).Ungroup
    End With
    myShapeGroup.Ungroup
    Set myShapeGroup = Nothing
    Set ws1 = Nothing
    Set ws2 = Nothing
End Sub
```

❸ 按 F5 键运行代码后，即可看到 Sheet1 工作表中的所有图形被复制到 Sheet2 工作表中，如图 16-11 所示。

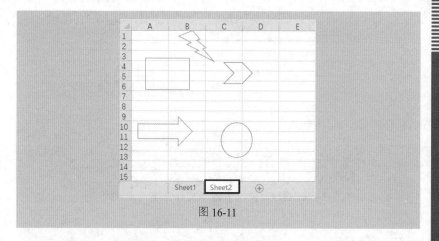

图 16-11

8. 删除图形对象

如果要快速删除图形对象，可以在代码窗口中使用 Delete 方法直接删除。

扫一扫，看视频

❶ 图 16-12 所示为表格中插入的多个图形（其中包括任意多边形）。

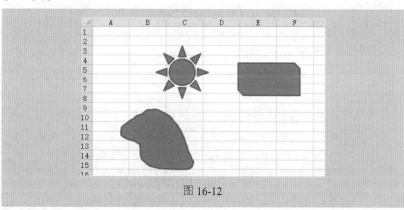

图 16-12

❷ 启动 VBE 环境，单击"插入→模块"菜单命令，插入"模块 1"，在打开的代码编辑窗口中输入如下代码。

```
Public Sub 删除图形对象()
    Dim myShape As Shape
    Dim ws As Worksheet
```

第 16 章 图形对象实用技巧

377

```
    Set ws = Worksheets(1)      '指定含有图形对象的工作表
    For Each myShape In ws.Shapes
        With myShape
            If .Type = msoFreeform Then
                myShape.Delete      '删除指定类型的图形对象
            End If
        End With
    Next
    Set ws = Nothing
End Sub
```

❸ 按 F5 键运行代码后，即可看到只有任意多边形被删除。

16.2 图形的基本信息

在工作表中创建图形之后，如果要知道图形的名称、大小、类型等各项基本属性，可以在 VBA 中使用图形对象的相关属性来查询。

1. 获取图形名称

扫一扫，看视频

使用 Name 属性可以获取工作表中所有图形对象的具体名称。

❶ 打开工作簿，启动 VBE 环境，单击"插入→模块"菜单命令，插入"模块 1"，在打开的代码编辑窗口中输入如下代码。

```
Public Sub 获取图形名称()
    Dim myName As String
    Dim myShape As Shape
    Dim ws As Worksheet
    Set ws = ThisWorkbook.Worksheets(1)      '指定工作表
    Set myShape = ws.Shapes(1)      '指定图形对象
    myName = myShape.Name
    MsgBox "此图形名称为：" & myName
    Set myShape = Nothing
    Set ws = Nothing
End Sub
```

❷ 按 F5 键运行代码后，即可看到弹出的对话框中显示出图形对象的具体名称，如图 16-13 所示。

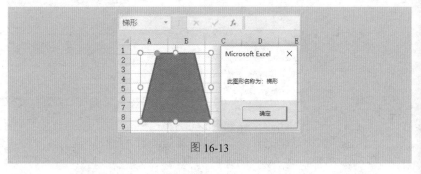

图 16-13

2. 获取图形类型

使用图形对象的 Type 属性可以查看表格中任意指定图形的类型。

扫一扫，看视频

❶ 打开工作簿，启动 VBE 环境，单击"插入→模块"菜单命令，插入"模块 1"，在打开的代码编辑窗口中输入如下代码。

```
Public Sub 获取图形类型()
    Dim myType As String
    Dim myShape As Shape
    Dim ws As Worksheet
    Set ws = ThisWorkbook.Worksheets(1)    '指定工作表
    Set myShape = ws.Shapes(1)      '指定图形对象
    With myShape
        Select Case .Type
            Case msoShapeTypeMixed
                myType = "混合型图形"
            Case msoAutoShape
                myType = "自选图形"
            Case msoCallout
                myType = "没有边框线的标注"
            Case msoChart
                myType = "图表"
            Case msoComment
```

```
            myType = "批注"
        Case msoFreeform
            myType = "任意多边形"
        Case msoGroup
            myType = "图形组合"
        Case msoFormControl
            myType = "窗体控件"
        Case msoLine
            myType = "线条"
        Case msoLinkedOLEObject
            myType = "链接式或内嵌 OLE 对象"
        Case msoLinkedPicture
            myType = "剪贴画或图片"
        Case msoOLEControlObject
            myType = "ActiveX 控件"
        Case msoPicture
            myType = "图片"
        Case msoTextEffect
            myType = "艺术字"
        Case msoTextBox
            myType = "文本框"
        Case msoDiagram
            myType = "组织结构图或其他图示"
        Case Else
            myType = "其他类型的图形"
    End Select
End With
MsgBox "此图形的类型为：" & myType
Set myShape = Nothing
Set ws = Nothing
End Sub
```

◀》代码解析：

代码中显示了不同类型图形的表达形式，用于判断已绘制好的图形的类型，如表 16-1 所示。

表 16-1

常 量	值	名 称
msoShapeTypeMixed	−2	混合型图形
msoAutoShape	1	自选图形
msoCallout	2	没有边框线的标注
msoChart	3	图表
msoComment	4	批注
msoFreeform	5	任意多边形
msoGroup	6	图形组合
msoFormControl	8	窗体控件
msoLine	9	线条
msoLinkedOLEObject	10	链接式或内嵌 OLE 对象
msoLinkedPicture	11	剪贴画或图片
msoOLEControlObject	12	ActiveX 控件
msoPicture	13	图片
msoTextEffect	15	艺术字
msoTextBox	17	文本框
msoDiagram	21	组织结构图或其他图示

❷ 按 F5 键运行代码后，即可弹出对话框显示图形的类型，如图 16-14 所示。

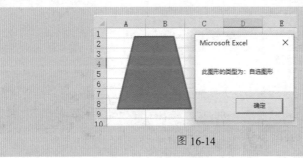

图 16-14

3. 设置图形中的文字

如果要设置图形中的文字，可以使用 Characters 对象和 Text 对象设置代码。

❶ 打开工作簿，启动 VBE 环境，单击"插入→模块"菜单命令，插入"模块 1"，在打开的代码编辑窗口中输入如下代码。

```
Public Sub 设置图形中的文字()
    Dim myShape As Shape
    Dim ws As Worksheet
    Set ws = ThisWorkbook.Worksheets(1)    '指定工作表
    Set myShape = ws.Shapes(1)    '指定图形对象
    myShape.Select
    Selection.Characters.Text = "VBA 代码" & Int(Rnd * 100)
    ws.Range("A1").Select
    Set myShape = Nothing
    Set ws = Nothing
End Sub
```

❷ 按 F5 键运行代码后，可以看到图形对象中添加了文字及随机数字，如图 16-15 所示。

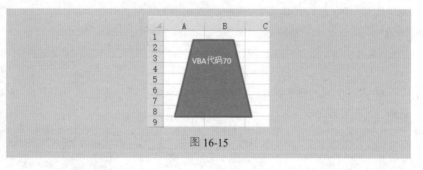

图 16-15

4. 设置图形的大小

在工作表中插入图形对象后，如果要重新修改它的宽度和高度，可以使用 Width 属性和 Height 属性。本例的图形沿用技巧 3 中的梯形对象。

❶ 打开工作簿，启动 VBE 环境，单击"插入→模块"菜单命令，插入"模块 1"，在打开的代码编辑窗口中输入如下代码。

```
Public Sub 设置图形的大小()
    Dim myShape As Shape
    Dim ws As Worksheet
    Set ws = ThisWorkbook.Worksheets(1)        '指定工作表
    Set myShape = ws.Shapes(1)       '指定图形对象
    With myShape                            '指定图形对象的高度和宽度
        .Height = Int(180 * Rnd)
        .Width = Int(80 * Rnd)
    End With
    Set myShape = Nothing
    Set ws = Nothing
End Sub
```

❷ 按 F5 键运行代码后，即可看到图形大小被更改，如图 16-16 所示。

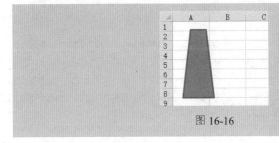

图 16-16

5. 设置图形的位置

如果要重新指定工作表中图形的显示位置，可以使用 Top 属性和 Left 属性设置代码来实现。本例图形对象沿用技巧 3 中的梯形对象。

扫一扫，看视频

❶ 打开工作簿，启动 VBE 环境，单击"插入→模块"菜单命令，插入"模块 1"，在打开的代码编辑窗口中输入如下代码。

```
Public Sub 设置图形的位置()
    Dim myShape As Shape
    Dim ws As Worksheet
    Set ws = ThisWorkbook.Worksheets(1)        '指定工作表
    Set myShape = ws.Shapes(1)       '指定图形对象
    With myShape                            '指定图形对象的高度和宽度
        .Left = Int(250 * Rnd)
        .Top = Int(120 * Rnd)
```

```
    End With
    Set myShape = Nothing
    Set ws = Nothing
End Sub
```

❷ 按 F5 键运行代码后，即可将指定图形对象移动到指定的位置，如图 16-17 所示。

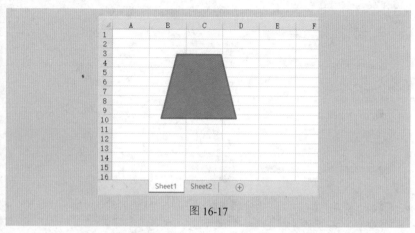

图 16-17

6. 为图形插入超链接

扫一扫，看视频

在工作表中插入图形对象后，如果要为图形指定超链接，通过单击图形直接跳转至指定工作表，可以使用 AddShape 属性首先添加图形，再使用 TextFrame 方法添加文字并设置格式，最后使用 Hyperlinks 属性添加超链接。

❶ 打开工作簿，启动 VBE 环境，单击"插入→模块"菜单命令，插入"模块 1"，在打开的代码编辑窗口中输入如下代码。

```
Public Sub 为图形插入超链接()
    Dim myShape As Shape
    Dim ws As Worksheet
    Set ws = Worksheets(1)
    Set myShape = ws.Shapes.AddShape(msoShapeRightArrow,
100, 80, 220, 90)          '插入矩形图形
    With myShape            '为图形添加文字并设置格式
        With .TextFrame.Characters
```

```
                .Text = "单击进入 Sheet2 工作表"
             With .Font
                .Name = "等线"
                .FontStyle = ""
                .Size = 16
                .ColorIndex = 8
             End With
         End With
         With .TextFrame  '设置文字对齐方式
             .HorizontalAlignment = xlCenter
             .VerticalAlignment = xlCenter
         End With
         '设置右箭头大小、位置不随单元格变化
         .Placement = xlFreeFloating
      End With
      ws.Range("A1").Select
      ws.Hyperlinks.Add Anchor:=myShape, Address:="", _
         SubAddress:="Sheet2!A1", ScreenTip:="激活工作表
Sheet2"  '为添加的右箭头添加超链接
      Set myShape = Nothing
      Set ws = Nothing
End Sub
```

❷ 按 F5 键运行代码后，即可看到插入的指定大小、指定文字及格式的箭头超链接，如图 16-18 所示。

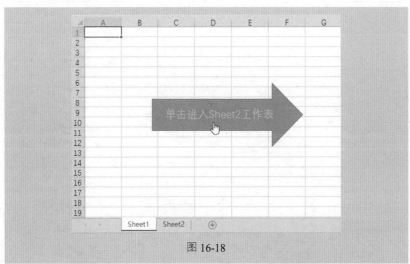

图 16-18

❸ 单击图形对象中的超链接，即可快速跳转至 Sheet2 工作表，如图 16-19 所示。

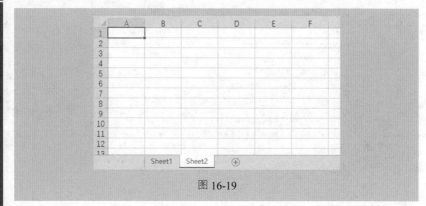

图 16-19

第17章 数据库的应用

17.1 操作数据库技巧

数据库是用来组织、存储和管理表格数据的，它可以结合 Excel 的数据分析和处理功能，提高用户的工作效率。数据库的操作方法除了链接语句不同，其他语句是基本相同的。本章主要介绍如何使用 Excel VBA 操作 Access 数据库。

1. 创建数据库文件

本例将具体介绍如何在 VBA 中创建 Access 数据库文件。

❶ 打开工作簿，按 Alt+F11 组合键打开 VB 编辑器，单击"工具"选项卡，在打开的列表中单击"引用"命令，打开"引用-VBAProject"对话框。

扫一扫，看视频

❷ 在"可使用的引用"列表框中勾选 Microsoft ActiveX Data Object 2.8 和 Microsoft ADO Ext 2.8 for DDL and Security 复选框，如图 17-1 所示。

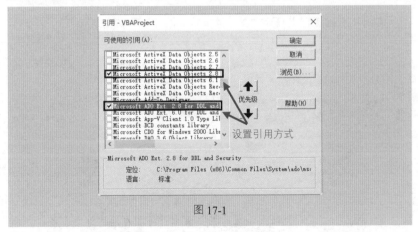

图 17-1

❸ 单击"插入→模块"菜单命令，插入"模块 1"，在打开的代码编辑窗口中输入如下代码。

```
Public Sub 创建数据库文件()
    '创建一个 ADOX.Catalog 对象，用于创建新的数据库
    Dim Cat As New ADOX.Catalog
    Dim myPath As String
    Dim myTable As String
    '指定数据库文件的路径及名称
    myPath = ThisWorkbook.Path & "\学生考核管理.mdb"
    myTable = "学生档案"        '指定数据表的名称
    If Dir(myPath) <> "" Then Kill myPath
    Cat.Create "Provider=Microsoft.Jet.OLEDB.4.0;Data
Source=" & myPath      '创建数据库文件
    '创建数据表并设置字段名称、数据类型及字段长度
    Cat.ActiveConnection.Execute "CREATE TABLE " &
myTable & _
            "(学号 int,姓名 text(10),年龄 text(200)," _
            & "性别 text(20),专业 text(50))"
    Set Cat = Nothing
    MsgBox "数据库创建完毕!" & vbCrLf _
        & vbCrLf _
        & "数据库文件的名称及完整路径为: " & myPath & vbCrLf _
        & "数据表的名称为: " & myTable
End Sub
```

❹ 按 F5 键运行代码后，即可弹出对话框，如图 17-2 所示。

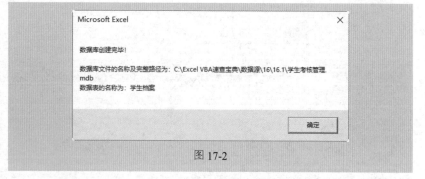

图 17-2

❺ 单击"确定"按钮，即可打开当前工作簿所在的文件夹，并显示新建的数据库文件，如图 17-3 所示。

图 17-3

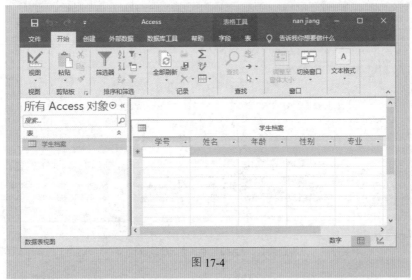 打开数据库文件，可以看到添加的数据表以及字段，如图 17-4 所示。

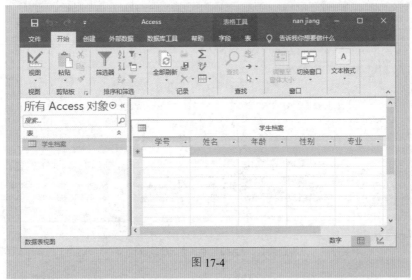

图 17-4

📢 注意：

> 这里在使用代码创建数据库文件之前，必须首先设置引用类型为 Microsoft ActiveX Data Object 2.8 和 Microsoft ADO Ext2.8 for DDL and Security，否则会导致代码运行出错。

2. 添加新的数据表

扫一扫，看视频

如果想要在数据库中添加新的数据表，可以使用 Connection 对象的 Execute 方法进行操作。

❶ 打开工作簿，启动 VBE 环境，单击"插入→模块"菜单命令，插入"模块 2"，在打开的代码编辑窗口中输入如下代码，在"学生档案"数据库中添加包含指定字段的"学生考勤"数据表。

```
Public Sub 添加新的数据表()
    '创建一个 ADODB.Connection 对象，用于创建新的数据表
    Dim cnn As New ADODB.Connection
    Dim myPath As String
    Dim myTable As String
    '指定数据库文件的路径及名称
    myPath = ThisWorkbook.Path & "\学生考核管理.mdb"
    myTable = "学生考勤表"        '指定添加的数据表的名称
    On Error GoTo errmsg
    cnn.Open "Provider=Microsoft.Jet.OLEDB.4.0;Data
Source=" & myPath
    '创建数据表并设置字段名称、数据类型及字段长度
    cnn.Execute "CREATE TABLE " & myTable & _
            "(学号 int,姓名 text(10),年龄 text(10)," _
        & "是否迟到 text(5),是否早退 text(5))"
    Set Cat = Nothing
    MsgBox "数据表创建完毕!" & vbCrLf _
        & "数据表的名称为: " & myTable, , "创建数据表"
    Exit Sub
errmsg:
    MsgBox Err.Description, , "创建[" & myTable & "]表
```

```
错误"
End Sub
```

❷ 按 F5 键运行代码后，即可弹出对话框，如图 17-5 所示。

图 17-5

❸ 单击"确定"按钮，即可打开数据库文件并添加新的数据表以及字段，如图 17-6 所示。

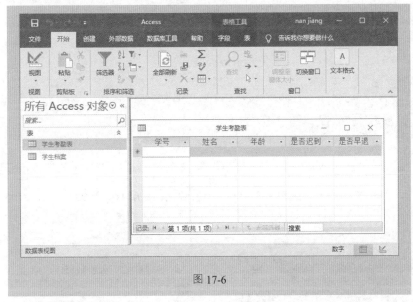

图 17-6

3. 删除数据表

如果不再需要数据库文件中的某个数据表，可以使用 SQL 语句的 Drop 方法在数据库文件中删除指定数据表。

❶ 打开工作簿，启动 VBE 环境，单击"插入→模块"

扫一扫，看视频

菜单命令，插入"模块3"，在打开的代码编辑窗口中输入如下代码。

```
Public Sub 删除数据表()
    Dim mydata As String, mytable As String, SQL As String
    Dim cnn As ADODB.Connection
    Dim rs As ADODB.Recordset
    '指定数据库文件
    mydata = ThisWorkbook.Path & "\学生考核管理.mdb"
    mytable = "学生考勤表"        '指定要删除的数据表的名称
    '建立与数据库的链接
    Set cnn = New ADODB.Connection
    With cnn
        .Provider = "Microsoft.Jet.oledb.4.0"
        .Open mydata
    End With
    '删除指定数据表
    SQL = "drop table " & mytable
    Set rs = New ADODB.Recordset
    rs.Open SQL, cnn, adOpenKeyset, adLockOptimistic
    MsgBox "数据表'学生考勤表'已删除完毕!"
    cnn.Close
    Set rs = Nothing
    Set cnn = Nothing
End Sub
```

❷ 按F5键运行代码后，即可弹出对话框，如图17-7所示。

图 17-7

❸ 单击"确定"按钮，即可打开"学生档案"数据库文件，并看到指定的"学生考勤表"数据表已被删除，如图17-8所示。

图 17-8

4. 添加自定义字段

本例介绍如何使用 SQL 语句的 Alter 关键字和 Add 方法添加自定义名称、类型和大小的字段。

扫一扫，看视频

❶ 打开工作簿，启动 VBE 环境，单击"插入→模块"菜单命令，插入"模块 4"，在打开的代码编辑窗口中输入如下代码。

```
Public Sub 添加自定义字段()
    Dim mydata As String, mytable As String, SQL As String
    Dim cnn As ADODB.Connection
    Dim rs As ADODB.Recordset
    '指定数据库文件
    mydata = ThisWorkbook.Path & "\学生考核管理.mdb"
    mytable = "学生档案"        '指定数据表
    '建立数据库的链接
    Set cnn = New ADODB.Connection
    With cnn
        .Provider = "Microsoft.Jet.oledb.4.0"
        .Open mydata
    End With
```

```
    '添加自定义字段
    SQL = "alter table " & mytable & " add 籍贯 text(10),
奖学金 text(20)"
    Set rs = New ADODB.Recordset
    rs.Open SQL, cnn, adOpenKeyset, adLockOptimistic
    MsgBox "'籍贯'和'奖学金'两个字段已添加完毕!"
    cnn.Close
    Set rs = Nothing
    Set cnn = Nothing
End Sub
```

❷ 按 F5 键运行代码后，即可弹出对话框，如图 17-9 所示。

图 17-9

❸ 单击"确定"按钮即可打开"学生考核管理"数据库文件，双击"学生档案"数据表，可以看到添加的字段，如图 17-10 所示。

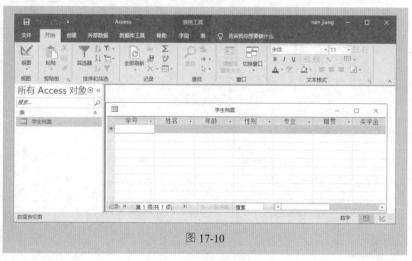

图 17-10

5. 设置字段的类型

如果要设置数据表中字段的类型，可以使用 SQL 语句的 Alter 关键字进行操作。

扫一扫，看视频

❶ 打开工作簿，启动 VBE 环境，单击"插入→模块"菜单命令，插入"模块 5"，在打开的代码编辑窗口中输入如下代码。

```
Public Sub 设置字段的类型()
    Dim mydata As String, mytable As String, SQL As String
    Dim cnn As ADODB.Connection
    Dim rs As ADODB.Recordset
    '指定数据库文件
    mydata = ThisWorkbook.Path & "\学生考核管理.mdb"
    mytable = "学生档案"         '指定数据表
    '建立与数据库的链接
    Set cnn = New ADODB.Connection
    With cnn
        .Provider = "Microsoft.Jet.oledb.4.0"
        .Open mydata
    End With
    '将"奖学金"字段更改为货币类型
    SQL = "alter table " & mytable & " alter 奖学金 currency"
    Set rs = New ADODB.Recordset
    rs.Open SQL, cnn, adOpenKeyset, adLockOptimistic
    MsgBox "'奖学金'字段类型更改完毕!"
    cnn.Close
    Set rs = Nothing
    Set cnn = Nothing
End Sub
```

❷ 按 F5 键运行代码后，即可弹出对话框，如图 17-11 所示。

图 17-11

❸ 单击"确定"按钮，打开"学生考核管理"数据库文件，双击"学生档案"数据表输入奖学金后按 Enter 键，可以看到数字格式显示为"货币"形式，如图 17-12 所示。

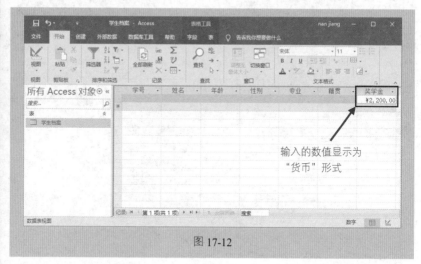

输入的数值显示为
"货币"形式

图 17-12

6. 设置字段的长度

扫一扫，看视频

如果要设置数据表中字段的长度，可以使用 SQL 语句的 Alter 关键字进行操作。

❶ 打开工作簿，启动 VBE 环境，单击"插入→模块"菜单命令，插入"模块 6"，在打开的代码编辑窗口中输入如下代码。

```
Public Sub 设置字段的长度()
    Dim mydata As String, mytable As String, SQL As String
    Dim cnn As ADODB.Connection
    Dim rs As ADODB.Recordset
    '指定数据库文件
    mydata = ThisWorkbook.Path & "\学生考核管理.mdb"
    mytable = "学生档案"        '指定数据表
    '建立与数据库的链接
    Set cnn = New ADODB.Connection
    With cnn
        .Provider = "Microsoft.Jet.oledb.4.0"
```

```
      .Open mydata
   End With
   '将"学号"字段的长度更改为 20
   SQL = "alter table " & mytable & " alter 学号 text(20)"
   Set rs = New ADODB.Recordset
   rs.Open SQL, cnn, adOpenKeyset, adLockOptimistic
   MsgBox "'学号'字段长度更改完毕!"
   cnn.Close
   Set rs = Nothing
   Set cnn = Nothing
End Sub
```

❷ 按 F5 键运行代码后, 即可弹出对话框, 如图 17-13 所示。

图 17-13

❸ 单击"确定"按钮, 打开"学生考核管理"数据库文件, 双击"学生档案"数据表, 可以看到"字段大小"为 20, 如图 17-14 所示。

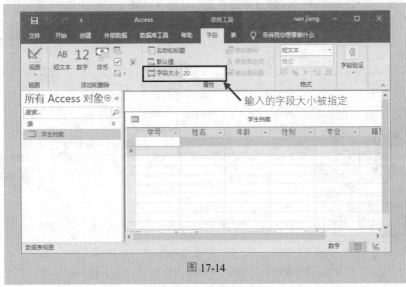

图 17-14

7. 删除指定字段

如果要删除数据表中的字段，可以使用 SQL 语句的 Drop 方法在数据库文件中删除。

❶ 打开工作簿，启动 VBE 环境，单击 "插入→模块" 菜单命令，插入 "模块 7"，在打开的代码编辑窗口中输入如下代码。

```
Public Sub 删除指定字段()
    Dim mydata As String, mytable As String, SQL As String
    Dim cnn As ADODB.Connection
    Dim rs As ADODB.Recordset
    '指定数据库文件
    mydata = ThisWorkbook.Path & "\学生考核管理.mdb"
    mytable = "学生档案"        '指定数据表
    '建立与数据库的链接
    Set cnn = New ADODB.Connection
    With cnn
        .Provider = "Microsoft.Jet.oledb.4.0"
        .Open mydata
    End With
    '删除 "年龄" 和 "奖学金" 两个字段
    SQL = "alter table " & mytable & " drop 年龄,奖学金"
    Set rs = New ADODB.Recordset
    rs.Open SQL, cnn, adOpenKeyset, adLockOptimistic
    MsgBox "'年龄'和'奖学金'两个字段已删除完毕!"
    cnn.Close
    Set rs = Nothing
    Set cnn = Nothing
End Sub
```

❷ 按 F5 键运行代码后，即可弹出对话框，如图 17-15 所示。

图 17-15

❸ 单击 "确定" 按钮，打开 "学生考核管理" 数据库文件，双击 "学生档案" 数据表可以看到指定字段被删除，如图 17-16 所示。

图 17-16

8. 添加已知数据记录

如果要将已经创建好的"学生档案"工作表数据添加至数据表中，可以使用 Connection 对象的 Execute 方法向数据表中添加。如果有多条记录要添加，可以使用 Recordset 对象的 AddNew 方法来设置代码。

扫一扫，看视频

❶ 图 17-17 所示为要添加至数据表中的工作簿数据记录"学生档案"。

图 17-17

第 17 章 数据库的应用

❷ 启动 VBE 环境，单击"插入→模块"菜单命令，插入"模块 8"，在打开的代码编辑窗口中输入如下代码，将表格中的所有数据记录添加至数据表中。

```
Public Sub 添加已知数据记录()
    Dim cnn As New ADODB.Connection
    Dim rst As New ADODB.Recordset
    Dim myPath As String
    Dim myTable As String
    Dim arrALL()
    Dim arrFields()
    Dim arrValues()
    Dim i As Long
    Dim r As Long
    '指定数据库文件
    myPath = ThisWorkbook.Path & "\学生考核管理.mdb"
    myTable = "学生档案"    '指定数据表
    cnn.Open "Provider=Microsoft.Jet.OLEDB.4.0;Data
Source=" & myPath
    '使用 Recordset 对象的 Open 方法执行 SQL 语句
    rst.Open "select * from " & myTable & " where 1=2",
cnn, adOpenDynamic, adLockOptimistic
    With Sheet1
        r = .Range("A1").End(xlDown).Row
        '将包含字段名称和数据的单元格区域赋值给 arrALL 数组
        arrALL = .Range("A1:F" & r)
    '使用 Index 函数从 arrALL 数组中获取包含字段名称列表的一维数组
        arrFields = WorksheetFunction.Index(arrALL, 1, 0)
        For i = 2 To r
    '使用 Index 函数从 arrALL 数组中获取包含表数据的一维数组
            arrValues = WorksheetFunction.Index
(arrALL, i, 0)
    '使用 Recordset 对象的 AddNew 方法将数据添加至记录集中
            rst.AddNew arrFields, arrValues
        Next
    End With
    MsgBox "数据记录添加完毕!", , "添加数据"
    Exit Sub
End Sub
```

❸ 按 F5 键运行代码后，即可弹出对话框，如图 17-18 所示。

图 17-18

❹ 单击"确定"按钮，即可将表格内的数据记录添加至"学生档案"数据表中，如图 17-19 所示。

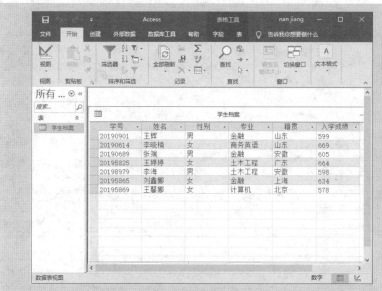

图 17-19

📢 代码解析：

rst.Open "select * from " & myTable & " where 1=2", cnn, adOpenDynamic, adLockOptimistic

该段代码使用了 select 语句并通过 where 子句的限制返回一个包含所有字段的空记录集。因为在任何情况下，数字 1 均不等于数字 2，所以使用该技巧是为了避免数据库中含有大量数据时返回所有的记录而降低代码运行的速度。

9. 添加自定义数据记录

下面介绍如何使用代码在数据表中添加自定义数据记录，比如本例需要向"学生档案"数据表中添加学生"刘丽娜"的各项档案信息。

❶ 启动 VBE 环境，单击"插入→模块"菜单命令，插入"模块 1"，在打开的代码编辑窗口中输入如下代码，将自定义的数据记录添加至数据表中。

```
Public Sub 添加自定义数据记录()
    Dim myData As String, myTable As String, SQL As String
    Dim cnn As ADODB.Connection
    Dim rs As ADODB.Recordset
    Dim i As Integer
    Dim myArray As Variant
    myArray = Array("201959687", "刘丽娜", "女", "商务英
语", "上海", "611")
    '指定数据库文件
    myData = ThisWorkbook.Path & "\学生考核管理.mdb"
    myTable = "学生档案"      '指定数据表
    '建立与数据库的链接
    Set cnn = New ADODB.Connection
    With cnn
        .Provider = "Microsoft.jet.OLEDB.4.0"
        .Open myData
    End With
    '查询数据表
    SQL = "select * from " & myTable
    Set rs = New ADODB.Recordset
    rs.Open SQL, cnn, adOpenKeyset, adLockOptimistic
    '添加自定义的数据记录
    rs.AddNew
    For i = 0 To rs.Fields.Count - 1
        rs.Fields(i) = myArray(i)
    Next i
    rs.Update   '更新数据表
    rs.Close
    MsgBox "完成自定义数据记录更新!"
    cnn.Close
    Set rs = Nothing
```

```
    Set cnn = Nothing
End Sub
```

❷ 按 F5 键运行代码后，即可弹出对话框，如图 17-20 所示。

图 17-20

❸ 单击"确定"按钮，即可将表格内的数据记录添加至"学生档案"数据表中，如图 17-21 所示。

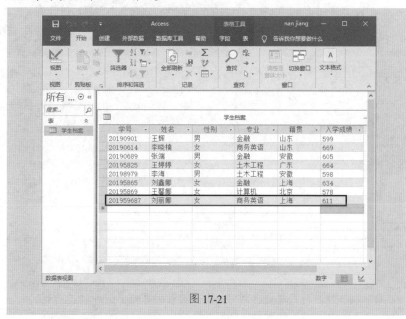

图 17-21

17.2 查看数据库信息技巧

本节将介绍查看数据库信息的基本操作技巧，如查看数据库中所有数据表的名称、字段名称以及是否存在指定的数据表和字段等。

1. 查看数据表的名称

用户可以使用 ADO 对象查看指定数据库文件中所有数据表的名称，并直接将其显示在当前的工作表中。

❶ 打开工作簿，启动 VBE 环境，单击"插入→模块"菜单命令，插入"模块 1"，在打开的代码编辑窗口中输入如下代码。

```
Public Sub 查看数据表的名称()
    Dim mydata As String
    Dim mycat As New ADOX.Catalog
    '指定数据库文件
    mydata = ThisWorkbook.Path & "\学生考核管理.mdb"
    '将 ActiveConnection 属性设置为有效连接字符串以打开目录,
从而访问包含在其中的模式对象
    mycat.ActiveConnection = "Provider=microsoft
.jet.oledb.4.0;" _
        & "Data Source=" & mydata
    Msg = ""
    h = 1
    For i = 0 To mycat.Tables.Count - 1
        If Left(mycat.Tables.Item(i).Name, 4) <> "MSys"
Then
            ActiveSheet.Cells(h, 1) = mycat.Tables
.Item(i).Name
            h = h + 1
        End If
    Next i
    Set mycat.ActiveConnection = Nothing
End Sub
```

❷ 按 F5 键运行代码后，即可看到数据表的名称，如图 17-22 所示。

图 17-22

2. 查看数据表是否存在

如果用户频繁添加或者删除数据表，后期想要查看指定数据表是否还存在于数据库中，就可以使用 ADO 对象进行查看。

扫一扫，看视频

❶ 打开工作簿，启动 VBE 环境，单击"插入→模块"菜单命令，插入"模块 2"，在打开的代码编辑窗口中输入如下代码。

```
Public Sub 查看数据表是否存在()
    Dim mydata As String, mytable As String
    Dim cnn As ADODB.Connection
    Dim rs As ADODB.Recordset
    '指定数据库文件
    mydata = ThisWorkbook.Path & "\学生考核管理.mdb"
    mytable = "学生考勤"        '指定数据表
    Set cnn = New ADODB.Connection
    With cnn
        .Provider = "microsoft.jet.oledb.4.0"
        .Open mydata
    End With
    '查看指定的数据表是否存在
    Set rs = cnn.OpenSchema(adSchemaTables)
    Do Until rs.EOF
        If LCase(rs!table_name) = LCase(mytable) Then
            MsgBox " "<" & mytable & "> "数据表存在!"
            GoTo hhh
        End If
        rs.MoveNext
    Loop
    MsgBox " " " & mytable & " "数据表不存在!"
hhh:
    rs.Close
    cnn.Close
    Set rs = Nothing
    Set cnn = Nothing
End Sub
```

❷ 按 F5 键运行代码后，即可弹出对话框提示数据表是否存在，如图 17-23 所示。

图 17-23

3. 查看字段是否存在

如果要查看指定字段是否存在，代码设置方法可以参考 ADO 对象。

❶ 打开工作簿，启动 VBE 环境，单击"插入→模块"菜单命令，插入"模块 3"，在打开的代码编辑窗口中输入如下代码。

```
Public Sub 查看字段是否存在()
    Dim mydata As String, mytable As String, mycolumn As
String
    Dim cnn As ADODB.Connection
    Dim rs As ADODB.Recordset
    '指定数据库文件
    mydata = ThisWorkbook.Path & "\学生考核管理.mdb"
    mytable = "学生档案"        '指定数据表
    mycolumn = "姓名"        '指定字段名称
    '建立与数据库的链接
    Set cnn = New ADODB.Connection
    With cnn
        .Provider = "microsoft.jet.oledb.4.0"
        .Open mydata
    End With
    '查看指定的字段是否存在
    Set rs = cnn.OpenSchema(adSchemaColumns)
    Do Until rs.EOF
        If LCase(rs!column_name) = LCase(mycolumn) Then
            MsgBox "在" " & mytable & " "数据表中存在" " &
mycolumn & " "字段!"
            GoTo hhh
```

```
        End If
        rs.MoveNext
    Loop
    MsgBox "在" " & mytable & " "数据表中不存在" " & mycolumn
& " "字段!"
hhh:
    rs.Close
    cnn.Close
    Set rs = Nothing
    Set cnn = Nothing
End Sub
```

❷ 按 F5 键运行代码后，即可弹出对话框提示字段是否存在，如图 17-24
所示。

图 17-24

4. 查看所有的字段名称

如果要查看的数据表中存在多个字段名称，可以采用下面的方法。

❶ 打开工作簿，启动 VBE 环境，单击"插入→模块"菜单命令，插
入"模块 4"，在打开的代码编辑窗口中输入如下代码。

```
Public Sub 查看所有字段名称()
    Dim mydata As String, mytable As String
    Dim cnn As ADODB.Connection
    Dim rs As ADODB.Recordset
    Dim myField As ADODB.Field
    Dim FieldType As String, FieldLong As Integer
    '指定数据库文件
    mydata = ThisWorkbook.Path & "\学生考核管理.mdb"
    mytable = "学生档案"        '指定数据表
    '建立与数据库的链接
    Set cnn = New ADODB.Connection
    With cnn
```

```
        .Provider = "microsoft.jet.oledb.4.0"
        .Open mydata
    End With
    Set rs = New ADODB.Recordset
    rs.Open mytable, cnn, adOpenKeyset, adLockOptimistic
    '查看字段名称、数据类型和字段大小
    ActiveSheet.Cells.Clear
    ActiveSheet.Range("A1:C1") = Array("字段名称", "数据
类型", "字段大小")
    k = 2
    For Each myField In rs.Fields
        '将字段名称、数据类型和字段大小分别输出至工作表的A、B、C列
        ActiveSheet.Range("A" & k) = myField.Name
        ActiveSheet.Range("B" & k) = myField.Type
        ActiveSheet.Range("C" & k) = myField.DefinedSize
        k = k + 1
    Next
    rs.Close
    cnn.Close
    Set rs = Nothing
    Set cnn = Nothing
End Sub
```

❷ 按 F5 键运行代码后，即可展示数据表中的所有字段名称，如图 17-25
所示。

	A	B	C
1	字段名称	数据类型	字段大小
2	学号	202	20
3	姓名	202	10
4	性别	202	20
5	专业	202	50
6	籍贯	202	10
7	入学成绩	202	20

图 17-25

5. 查看符合指定条件的数据记录

扫一扫，看视频

本节将具体介绍如何使用 ADO 对象的 SQL 语句中的 Max
函数和 Min 函数查找指定字符的最大值和最小值。

❶ 图 17-26 所示为数据表内容，需要设置代码显示最高分

和最低分。

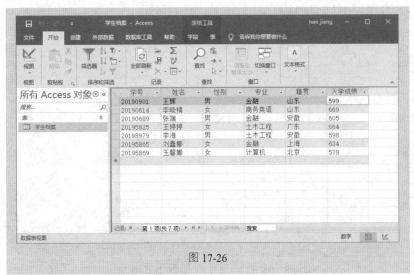

图 17-26

❷ 启动 VBE 环境，单击"插入→模块"菜单命令，插入"模块 5"，在打开的代码编辑窗口中输入如下代码，可以在数据库文件中查看入学成绩的最大值和最小值，并输出显示在工作表的指定位置。

```
Public Sub 查看符合指定条件的数据记录()
    Dim mydata As String, mytable As String, SQL As String
    Dim cnn As ADODB.Connection
    Dim rs As ADODB.Recordset
    Dim i As Integer
    ActiveSheet.Cells.Clear
    '指定数据库文件
    mydata = ThisWorkbook.Path & "\学生考核管理.mdb"
    mytable = "学生档案"        '指定数据表
    Set cnn = New ADODB.Connection
    With cnn
        .Provider = "microsoft.jet.oledb.4.0"
        .Open mydata
    End With
    '查看"学生档案"数据表中入学成绩的最大值和最小值
    SQL = "select max(入学成绩) as math1,min(入学成绩) as
math2 from " & mytable
    Set rs = New ADODB.Recordset
    rs.Open SQL, cnn, adOpenKeyset, adLockOptimistic
```

```
'输出数据记录
Range("A1:B1") = Array("最高分", "最低分")
Range("A2:B2") = Array(rs!math1, rs!math2)
rs.Close
cnn.Close
Set rs = Nothing
Set cnn = Nothing
End Sub
```

❸ 按 F5 键运行代码后，即可看到输出的结果，如图 17-27 所示。

图 17-27

6. 导入全部数据库数据至工作表

如果要将数据库中的所有数据导入工作表中查看和使用，可以使用 CopyFromRecordset 方法进行操作。

❶ 图 17-28 所示为要导入工作表中的数据库文件。

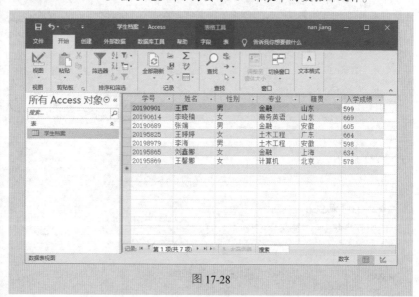

图 17-28

❷ 启动 VBE 环境，单击"插入→模块"菜单命令，插入"模块 6"，在打开的代码编辑窗口中输入如下代码，将数据记录导入当前工作表的指定位置。

```
Public Sub 导入全部数据库数据至工作表()
    Dim mydata As String, mytable As String, SQL As String
    Dim cnn As ADODB.Connection
    Dim rs As ADODB.Recordset
    Dim i As Integer
    ActiveSheet.Cells.Clear
    '指定数据库文件
    mydata = ThisWorkbook.Path & "\学生考核管理.mdb"
    mytable = "学生档案"        '指定数据表
    Set cnn = New ADODB.Connection
    With cnn
        .Provider = "microsoft.jet.oledb.4.0"
        .Open mydata
    End With
    '查看"学生档案"数据表中所有数据记录
    SQL = "select * from " & mytable
    Set rs = New ADODB.Recordset
    rs.Open SQL, cnn, adOpenKeyset, adLockOptimistic
    '复制数据表中的所有字段名
    For i = 1 To rs.Fields.Count
        Cells(1, i) = rs.Fields(i - 1).Name
    Next i
    With Range(Cells(1, 1), Cells(1, rs.Fields.Count))
        .Font.Bold = True
        .HorizontalAlignment = xlCenter
    End With
    '导入字段下对应的数据至当前工作表中以 A2 单元格为起始单元格的
区域
    Range("A2").CopyFromRecordset rs
    rs.Close
    cnn.Close
    Set rs = Nothing
    Set cnn = Nothing
End Sub
```

❸ 按 F5 键运行代码后, 即可看到导入的数据记录, 如图 17-29 所示。

图 17-29

第18章 代码调试及优化

使用 VB 编辑器中的调试工具，可以在运行代码的过程中防止程序中断，用户还可以对编写的代码进行适当的优化。

1. 设置断点的技巧

为了防止在执行程序代码的过程中出现暂停的情况，可以在程序中设置断点对代码进行调试。在程序中设置断点后，在程序暂停时，就会在"立即窗口"中显示程序中各个变量的情况。

下面介绍几种设置断点的小技巧。

（1）技巧1：在代码编辑窗口中直接单击行

打开代码编辑窗口后，在需要停止运行的代码行左侧单击鼠标，在左侧出现一个实心圆点，表示该行被设置为断点行，如图 18-1 所示。

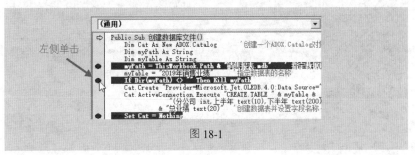

图 18-1

📢 注意：

> 如果要清除设置的断点，直接单击断点行左侧的圆点即可。

（2）技巧2：单击"切换断点"菜单命令

打开代码编辑窗口后，将光标定位至需要停止运行的代码行，再依次单击"调试→切换断点"菜单命令即可，如图 18-2 所示。

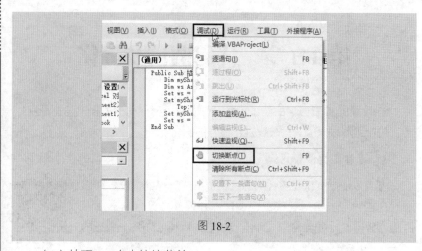

图 18-2

（3）技巧3：右击快捷菜单

❶ 在菜单栏的空白处右击，在弹出的快捷菜单中单击"调试"命令（如图 18-3 所示），打开"调试"工具栏。

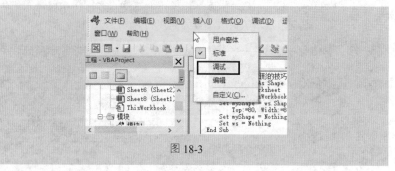

图 18-3

❷ 单击"切换断点"按钮（也可以直接按 F9 键）（如图 18-4 所示），即可将指定的代码行设置为断点行。

图 18-4

（4）技巧4：使用 Stop 语句

直接在代码中插入 Stop 语句（如图 18-5 所示），代码运行到该语句时即可自动进入中断模式，如图 18-6 所示。

```
(通用)                              ▼  插入图形的技巧
Public Sub 插入图形的技巧()
    Dim myShape As Shape
    Dim ws As Worksheet
    Set ws = ThisWorkbook.Worksheets(1)      '指定要插入图形的工作表
    Stop
    Set myShape = ws.Shapes.AddShape(Type:=msoShapeRectangle, Left:=150, _
        Top:=60, Width:=80, Height:=200)
    Set myShape = Nothing
    Set ws = Nothing
End Sub
```

图 18-5

```
(通用)                              ▼  插入图形的技巧
Public Sub 插入图形的技巧()
    Dim myShape As Shape
    Dim ws As Worksheet
    Set ws = ThisWorkbook.Worksheets(1)      '指定要插入图形的工作表
⇨   Stop
    Set myShape = ws.Shapes.AddShape(Type:=msoShapeRectangle, Left:=150, _
        Top:=60, Width:=80, Height:=200)
    Set myShape = Nothing
    Set ws = Nothing
End Sub
```

图 18-6

◀》注意：

如果要清除设置的断点，可以直接删除 Stop 语句。

2. "立即窗口"查询变量

使用"立即窗口"可以查询某个属性或者变量的值，以及
执行单个过程、对表达式求值等。下面介绍查询程序过程中指
定变量值的技巧（在本书第 1 章中已经介绍过什么是"立即窗
口"以及打开"立即窗口"的方法）。

扫一扫，看视频

打开代码编辑窗口，使用 Debug.Print 语句输入代码并允许宏，即可在
"立即窗口"中显示结果，如图 18-7 所示。

```
(通用)                              ▼  立即窗口查询变量
Public Sub 立即窗口查询变量()
    Dim X As Integer
    For X = 1 To 10
        Debug.Print X * 5
    Next X
End Sub
```

```
立即窗口
5
10
15
20
25
30
```

图 18-7

3. 使用 Debug.Print 语句

使用 Debug.Print 语句可以在不中断程序的情形下，通过立即窗口监控某个变量在运行中的变化。

Debug.Print 语句不会改变对象或者变量的值和大小，而且可以对同一变量及程序代码使用多个该语句。

❶ 打开工作簿，启动 VBE 环境，单击"插入→模块"菜单命令，插入"模块 1"，在打开的代码编辑窗口中输入如下代码。

```
Public Sub 使用语句()
    Dim myName As String
    Dim ws As Worksheet
    Set ws = ActiveSheet
    myName = ws.Name
    Debug.Print myName
    Debug.Print Now
    MsgBox "当前活动工作表的名称为：" & myName
    Set ws = Nothing
End Sub
```

❷ 按 F5 键运行代码后，即可在"立即窗口"中显示结果，如图 18-8 所示。

图 18-8

4. "本地窗口"显示变量

使用"本地窗口"可以自动显示出所有当前过程中的变量声明以及变量，而且该窗口只有在中断模式下才可以显示相应的内容，并且只显示当前过程中变量或对象的值。当程序从一个过程转至另一个过程时，其内容也会相应地发生变化。

❶ 打开工作簿，启动 VBE 环境，单击"插入→模块"菜单命令，插入"模块1"，在打开的代码编辑窗口中输入如下代码。

```vba
Public Sub 本地窗口显示变量()
    Dim myName As String
    Dim ws As Worksheet
    Set ws = ActiveSheet
    Stop
    myName = ws.Name
    Call 本地窗口显示变量1
End Sub
```

❷ 在当前代码窗口中输入第二段代码。

```vba
Public Sub 本地窗口显示变量1()
    Dim X As Integer
    For X = 1 To 10
        Debug.Print X * 5
    Stop
    Next X
End Sub
```

❸ 按 F5 键运行第一段代码后，即可在"本地窗口"中显示结果，如图 18-9 所示。

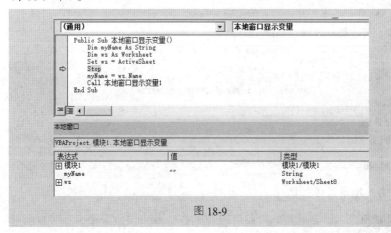

图 18-9

❹ 单击对象名称前的加号，即可展开对象的属性和值，如图 18-10 所示。

图 18-10

❺ 继续运行第二段代码，即可进入下一个中断模式下的代码过程，同时在"本地窗口"中显示相应的变量或者对象的值，如图 18-11 所示。

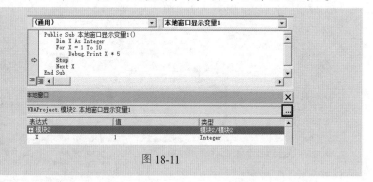

图 18-11

❻ 单击本地窗口右上角的省略号按钮，即可打开"调用堆栈"对话框，在其中可以切换过程，如图 18-12 所示。

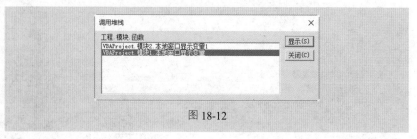

图 18-12

5. 使用监视窗口

扫一扫，看视频

监视窗口可以用来查看指定表达式的值。在使用监视窗口之前，要先添加需要监视的表达式，下面介绍具体操作方法。

❶ 打开工作簿，启动 VBE 环境，单击"插入→模块"菜

单命令，插入"模块1"，在打开的代码编辑窗口中输入第一段代码。

```
Public Sub 使用监视窗口()
    Dim myName As String
    Dim ws As Worksheet
    Set ws = ActiveSheet
    myName = ws.Name
End Sub
```

❷ 在当前代码窗口中输入第二段代码。

```
Public Sub 使用监视窗口1()
    Dim X As Integer
    For X = 1 To 10
        Y = 2
        Debug.Print X * Y * 5
    Next X
End Sub
```

❸ 依次单击"调试→添加监视"菜单命令（如图18-13所示），打开"添加监视"对话框。

❹ 设置表达式的名称以及上下文过程，如图18-14所示。

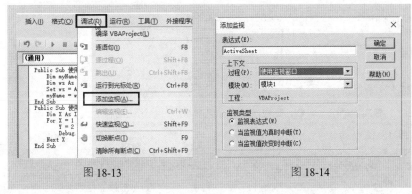

图 18-13   图 18-14

❺ 单击"确定"按钮即可完成第一个监视表达式的添加，如图18-15所示。

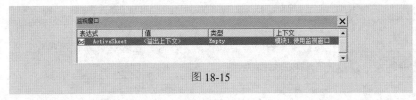

图 18-15

❻ 再次打开"添加监视"对话框，按照与步骤❹相同的方法添加第二个监视表达式，如图 18-16 所示。

图 18-16

❼ 按 F8 键即可进入逐句调试过程，如图 18-17 所示是当循环计数器 X=5 时的"本地窗口"和"监视窗口"的返回值。

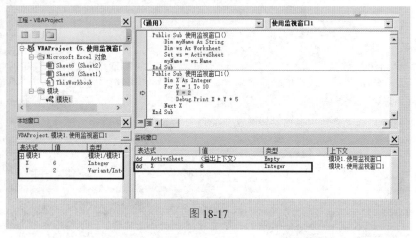

图 18-17

❽ 按照与步骤❸、❹相同的方法添加另外两个监视表达式，最终效果如图 18-18 所示。

图 18-18

❾ 按 F5 键运行步骤❷的第二段代码，此时程序会在第五行代码处暂停并进入中断模式，如图 18-19 所示。

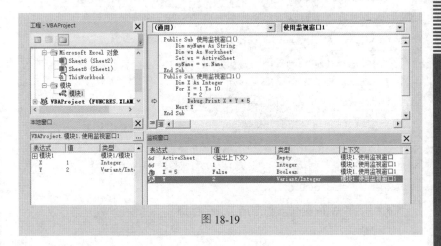

图 18-19

6. 单步语句调试

单步语句调试即逐语句执行程序，每完成一个语句或者过程，就会发生中断，因此可逐语句地检查每个语句的执行状况。

扫一扫，看视频

打开 VBA 编辑器，依次单击"调试→逐语句"菜单命令(如图 18-20 所示)，即可进行单步语句调试。执行一个代码行，系统即进入中断模式。

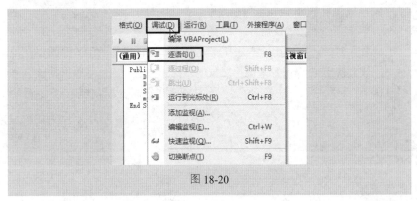

图 18-20

7. 优化代码技巧

学会编写一些简单代码之后，还需要掌握一些优化代码的技巧，如尽量使用 Excel 内置函数、减少特定符号的引用，以及

扫一扫，看视频

避免对象的激活或选择等操作。

（1）技巧 1：尽量使用内置函数

在日常编写代码的过程中，应当尽量使用 Excel 内置函数，这样做不仅可以提高运行效率，还可以节省代码数量。

（2）技巧 2：尽量减少对象引用

编写代码时应当尽量减少对象的引用，尤其是在循环引用中。这是因为每一个 Excel 对象的属性、方法的调用都需要通过 COM 接口的一个或多个调用，这些 COM 调用都是比较费时的，所以减少对象引用可以加快 VBA 代码的运行，下面介绍 3 种方法。

- 使用 With 语句。如下所示分别是原代码和使用 With 语句改写的代码。

```
ActiveSheet.Range("A1:A5").Font.Name = "宋体"

With ActiveSheet.Range("A1:A5").Font
.Name = "宋体"
End With
```

- 使用变量对象。如果一个对象被多次引用，可以通过定义一个局部变量，将此对象用 Set 设置为对象变量，以减少对象的访问。
- 减少循环中的对象访问。对于循环过程，可以通过设置局部变量或使用 With 语句来提高效率。

（3）技巧 3：减少使用"."符号引用

编写代码时，所调用的方法和属性越多，执行语句所用的时间也就越多。一般会使用"."符号来调用对象的属性和方法，因此可以根据该符号的数量来判断属性和方法调用的次数，该符号用得越少，则代码运行速度就越快。

第 19 章　了解模块定制

为了方便用户更好地使用 Excel VBA，本章将介绍 7 个实用模块，包括设定 Excel 使用有效期、创建与清除超链接、创建与清除多级菜单、清除所有批注、创建游动的文字、导入文本文件及将货币金额转换为大写。

1. 设定 Excel 使用有效期

❶ 新建工作簿，启动 VBE 环境，在"工程"资源管理器中双击 ThisWorkbook 选项，在打开的代码编辑窗口中输入相应的代码。

扫一扫，看视频

```
Private Sub 设定 Excel 使用有效期()
  Application.DisplayAlerts = False
'隐藏 VBA 执行过程
  DateCount = GetSetting(appname:="MyApp", section:=
"Startup", Key:="aaa", Default:=1)
'记录使用次数（天次）
  If DateCount = 360 Then              '使用期限达到 360 天时
    '设定该工作簿为只读
  ActiveWorkbook.ChangeFileAccess xlReadOnly
  Kill ActiveWorkbook.FullName       '删除工作簿
  ThisWorkbook.Close False            '关闭工作簿
  End If
DateCount = DateCount + 1
  '对使用期限进行累计
End Sub
```

❷ 按 F5 键运行代码后，即可将当前工作簿的使用有效期设置为 360 天。

🔊 代码解析：

> GetSetting 函数用于从 Windows 注册表或 Macintosh 中应用程序初始化文件中的信息的应用程序项目返回注册表项设置值。

2. 创建与清除超链接

在日常工作中, 当需要快速查看或切换指定数据或表格时, 可以通过创建超链接来实现。而经常进行数据采集的用户则需要通过清除从网上复制得来的数据中带有的网址超链接, 以便得到属于自己的数据。

本节将介绍如何利用 VBA 实现创建与清除超链接。

❶ 新建工作簿, 启动 VBE 环境, 单击"插入→模块"菜单命令, 插入"模块 1", 在打开的代码编辑窗口中输入如下代码。

```
Sub 创建与清除超链接()
With Worksheets(1)
    .Hyperlinks.Add Anchor:=.Range("A1"), _
        Address:="mailto:jiangnan9528@163.com?subject=
Welcome to China", _
        ScreenTip:="hello", _
        TextToDisplay:="Excel VBA 速查宝典"
'指定在第一个工作表中的 A1 单元格中创建超链接, 邮件地址: _
jiangnan9528@163.com, 标题为 _
"Welcome to China", 提示信息为"hello", 发送内容"Excel VBA
速查宝典"
End With
End Sub
```

❷ 按 F5 键运行代码后, 可以看到表格指定位置添加的链接, 如图 19-1 所示。

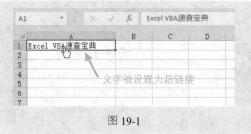

图 19-1

🔊 代码解析:

Hyperlinks 对象: 代表工作表或区域的超链接的集合。该对象拥有为数不多的属性(Application、Count、Item、Parent)与方法(Add、Delete), 如表 19-1 所示。

表 19-1

名　　称	说　　明
Application	如果不使用对象识别符，则该属性返回一个 Application 对象，该对象表示 Microsoft Excel 应用程序。如果使用对象识别符，则该属性返回一个表示指定对象（可对一个 OLE 自动操作对象使用本属性来返回该对象的应用程序）创建者的 Application 对象。只读
Count	返回一个 Long 值，代表集合中对象的数量
Item	从集合中返回一个对象
Parent	返回指定对象的父对象。只读
Delete	删除对象
Add	向指定的区域或形状添加超链接

3. 创建与清除多级菜单

本书第 20 章介绍了如何创建菜单及工具栏，而由于工作复杂程度不同，导致有些管理系统需要很多相应的菜单，为解决此类问题，可采用创建多级菜单的方式实现对数据的管理。

扫一扫，看视频

❶ 图 19-2 所示为当前工作簿 Sheet1 工作表中的数据源，显示了不同菜单等级对应的菜单项。

	A	B	C	D
1	菜单等级	菜单项	部门数量	
2	1	公司结构	10	
3	2	市场部		
4	3	销售部		
5	3	策划部		
6	3	宣传部		
7	3	技术部		
8	3	战略部		
9	3	研发部		
10	2	生产部		
11	3	生产线		
12	3	质检部		
13	3	仓储部		
14	2	综合部		
15	3	行政部		
16	3	财务部		

图 19-2

❷ 启动 VBE 环境，单击"插入→模块"菜单命令，插入"模块 1"，在打开的代码编辑窗口中输入如下代码。

```vba
Sub 创建多级菜单()
'定义相应变量
    Dim MenuSheet As Worksheet
    Dim MenuObject As CommandBarPopup
    Dim MenuItem As Object
    Dim SubMenuItem As CommandBarButton
    Dim Row As Integer
    Dim MenuLevel, NextLevel, PositionOrMacro, Caption,
Divider, FaceId
    Set MenuSheet = ThisWorkbook.Sheets("Sheet1")

    Row = 2
    Do Until IsEmpty(MenuSheet.Cells(Row, 1))
        With MenuSheet
            MenuLevel = .Cells(Row, 1)
            Caption = .Cells(Row, 2)
            PositionOrMacro = .Cells(Row, 3)
            Divider = .Cells(Row, 4)
            FaceId = .Cells(Row, 5)
            NextLevel = .Cells(Row + 1, 1)
        End With
        '获得单元格中的数据
        Select Case MenuLevel
            Case 1
                Set MenuObject = Application
.CommandBars(1). _
                    Controls.Add(Type:=msoControlPopup, _
                    Before:=PositionOrMacro, _
                    Temporary:=True)
                MenuObject.Caption = Caption
            '创建第一级菜单项
            Case 2
                If NextLevel = 3 Then
                    '若有第三级，则创建第二级菜单项
                    Set MenuItem = MenuObject.Controls.Add
```

```
(Type:=msoControlPopup)
             Else
              '若没有第三级，则直接创建按钮
              Set MenuItem = MenuObject.Controls.Add
(Type:=msoControlButton)
                 MenuItem.OnAction = PositionOrMacro
             End If
             MenuItem.Caption = Caption
             '定义显示标题
             If FaceId <> "" Then MenuItem.FaceId =
FaceId
             If Divider Then MenuItem.BeginGroup = True
             '创建分隔线
          Case 3
             Set SubMenuItem = MenuItem.Controls.Add
(Type:=msoControlButton)
             SubMenuItem.Caption = Caption
             SubMenuItem.OnAction = PositionOrMacro
             If FaceId <> "" Then SubMenuItem.FaceId =
FaceId
             '定义按钮事件响应宏
             If Divider Then SubMenuItem.BeginGroup =
True
       End Select
       Row = Row + 1
   Loop
End Sub
```

❸ 按 F5 键运行代码后，即可将已知数据源生成多级菜单，如图 19-3
所示。

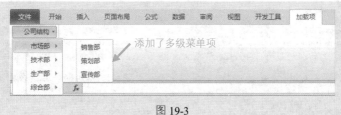

图 19-3

❹ 继续单击"插入→模块"菜单命令，插入"模块 2"，在打开的代码

编辑窗口中输入如下代码。

```
Sub 删除多级菜单()
'定义变量
    Dim MenuSheet As Worksheet
    Dim Row As Integer
    Dim Caption As String
On Error Resume Next     '创建错误响应事件
    Set MenuSheet = ThisWorkbook.Sheets("Sheet1")
    Row = 2
    Do Until IsEmpty(MenuSheet.Cells(Row, 1))
        If MenuSheet.Cells(Row, 1) = 1 Then
            Caption = MenuSheet.Cells(Row, 2)
            Application.CommandBars(1).Controls(Caption)
.Delete        '删除菜单及工具
        End If
        Row = Row + 1
    Loop
    On Error GoTo 0
End Sub
```

⑤ 按 F5 键运行代码后，即可删除多级菜单，如图 19-4 所示。

图 19-4

◀» 代码解析：

CommandBars 是应用程序中命令栏的 CommandBar 对象的集合，在该属性中包括了对菜单及工作设置的相关属性与方法。

例如，Add 方法是创建一个新的命令栏并将其添加到命令栏集合中。语法形式如下。

Add(Name, Position, MenuBar, Temporary)

4. 清除所有批注

工作表中经常会采用批注的方式对单元格加以说明。随着数据及批注性说明的不断增多，对文档的使用也变得复杂。下面介绍如何设置代码一次性删除表格中的所有批注信息。

扫一扫，看视频

在 VBA 中表示批注需要用到 Comment，它是由单元格批注组成的集合，并具有相应的属性（Application、Count、Parent）及方法（Item）。利用相应的属性及方法可以对批注进行管理和应用。

❶ 图 19-5 所示为当前工作表中添加的所有批注信息。

图 19-5

❷ 启动 VBE 环境，单击"插入→模块"菜单命令，插入"模块 1"，在打开的代码编辑窗口中输入如下代码。

```
Sub 清除所有批注()
  Dim cmt As Comment
  Dim iRow As Integer
  '从第 1 行至最后一行
  For iRow = 1 To WorksheetFunction.CountA(Columns(1))
    'CountA(Columns(1))：得到第 1 列的数据单元格的个数
    Set cmt = Cells(iRow, 1).Comment
    If Not cmt Is Nothing Then
      '将批注内容备份到第 2 列的对应单元格
      Cells(iRow, 2) = Cells(iRow, 1).Comment.Text
      '删除批注
      Cells(iRow, 1).Comment.Delete
    End If
  Next iRow
End Sub
```

❸ 按 F5 键运行代码后，即可将 A 列的所有批注删除，并将批注的内容填入 B 列中，如图 19-6 所示。

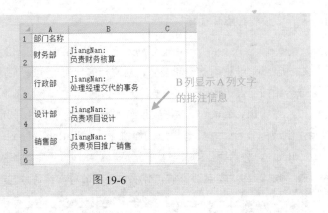

图 19-6

5. 创建游动的文字

扫一扫，看视频

本例介绍如何在表格中创建用户窗体控件，设置控件内的文字呈现动态展示。

❶ 新建 Excel 工作簿，在 Sheet1 工作表的 A1 单元格中输入相应的文字，如图 19-7 所示。

图 19-7

❷ 启动 VBE 环境，单击"插入→模块"菜单命令，插入"模块 1"，在打开的代码编辑窗口中输入如下代码。

```
Option Explicit

Sub CallForm()        '调用网页，实现效果
Application.DisplayAlerts = False      '隐藏程序过程
On Error GoTo EH
   Dim sFile As String
   '指定文件
   sFile = ActiveWorkbook.Path & "\marquee.htm"
   Call CreateHTML(sFile)     '调用生成文件命令
'创建连接
```

```
  With frmMarquee
    .WebBrowser1.Navigate URL:=sFile
    .Show
  End With
  Kill sFile
  Application.DisplayAlerts = True
  Exit Sub
EH:
Application.DisplayAlerts = True
  MsgBox "Please modify marquee.htm path"
End Sub

Sub CreateHTML(sPath As String)          '创建游动文字网页文件
'输入文件
  Open sPath For Output As #1
'Print 表示生成行
  Print #1, "<html>"
'定义样式效果、文字颜色及字体
  Print #1, "<head>"
  Print #1, "<style>"
  Print #1, "td { "
  Print #1, " background-color:#000000;"
  Print #1, " color:#ffff00;"
  Print #1, " font-family:tahoma,verdana;"
  Print #1, " font-size:12px"
  Print #1, " }"
'定义表格效果、边框效果及列宽
  Print #1, "</style>"
  Print #1, "</head>"
  Print #1, "<body bgcolor=#c0c0c0>"
  Print #1, "<table border=1 cellpadding=3
  cellspacing=1><tr><td width=300>"
'指定游动的文字，即A1
  Print #1, "<marquee>" & Range("A1").Value & "</marquee>"
'输入相应的文字
  Print #1, "</td></tr></table>"
  Print #1, "</body>"
  Print #1, "</html>"
  Close
End Sub
```

❸ 单击"插入→用户窗体"菜单命令，插入 UserForm1 窗体，并将其

Caption 属性设置为"游动文字",如图 19-8 所示。

图 19-8

④ 通过工具箱在窗体中创建 1 个 WebBrowser 控件及两个命令按钮控件，并设置相应的 Caption 属性（前面介绍控件的章节已经详细介绍过创建方法，这里就不再赘述），如图 19-9 所示。

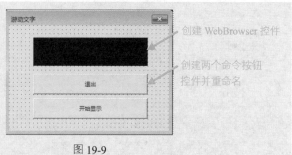

图 19-9

◀)) 代码解析：

窗体中各控件的属性值设置如表 19-2 所示。

表 19-2

控件类型	名　称	属　性	值
按钮	cmdContinue	Caption	退出
按钮	cmdText	Caption	开始显示
按钮	WebBrowser1	Caption	网页

⑤　双击窗体空白区域，在打开的代码编辑窗口中输入定义"退出"和
"开始显示"按钮事件的代码。

```
Private Sub cmdText_Click()              '定义"开始显示"按钮事件
    Dim sPath As String
    WebBrowser1.Navigate ""
    sPath = Application.DefaultFilePath & "\marquee.htm"
'调用网页效果
    Call CreateHTML(sPath)
    WebBrowser1.Navigate sPath
'显示效果
End Sub

Private Sub cmdContinue_Click()          '定义"退出"按钮事件
    Unload Me
End Sub
```

⑥　按 F5 键运行代码后，即可弹出"游动文字"窗体界面，如图 19-10
所示。

图 19-10

⑦　单击"开始显示"按钮，即可在窗体中的 WebBrowser1 控件内显示
游动的文字，如图 19-11 和图 19-12 所示。

图 19-11

图 19-12

433

6. 导入文本文件

扫一扫，看视频

在创建基于 Excel 环境的管理系统时，有时需要将该文档与其他文档进行数据交互，如文本文件。除前面所提到的 Open 方法及 Input 方法外，对于规则的文本文件，直接利用 Opentext 方法也可完成。

Opentext 方法：载入一个文本文件，并将其作为包含单个工作表的新工作簿进行分列处理，然后在此工作表中放入经过分列处理的文本文件数据。

Opentext 方法的具体参数功能如表 19-3 所示。

表 19-3

名　　称	必选/可选	数据类型	描　　述
Filename	必选	String	指定要打开和分列的文本文件的名称
Origin	可选	Variant	指定文本文件来源。可为以下 XlPlatform 常量之一：xlMacintosh、xlWindows 或 xlMSDOS。此外，它还可以是一个整数，表示所需代码页的编号。例如，1256 指定源文本文件的编码是阿拉伯语(Windows)。如果省略该参数，则此方法将使用"文本导入向导"中"文件原始格式"选项的当前设置
StartRow	可选	Variant	文本分列处理的起始行号。默认值为 1
DataType	可选	Variant	指定文件中数据的列格式。可为以下 XlTextParsingType 常量之一：xlDelimited 或 xlFixedWidth。如果未指定该参数，则 Microsoft Excel 将尝试在打开文件时确定列格式

名　称	必选/可选	数 据 类 型	描　述
TextQualifier	可选	XlText Qualifier	指定文本识别符号
Consecutive Delimiter	可选	Variant	如果为 True，则将连续分隔符视为一个分隔符。默认值为 False
Tab	可选	Variant	如果为 True，则将制表符用作分隔符（DataType 必须为 xlDelimited）。默认值为 False
Semicolon	可选	Variant	如果为 True，则将分号用作分隔符（DataType 必须为 xlDelimited）。默认值为 False
Comma	可选	Variant	如果为 True，则将逗号用作分隔符（DataType 必须为 xlDelimited）。默认值为 False
Space	可选	Variant	如果为 True，则将空格用作分隔符（DataType 必须为 xlDelimited）。默认值为 False
Other	可选	Variant	如果为 True，则将 OtherChar 参数指定的字符用作分隔符（DataType 必须为 xlDelimited）。默认值为 False
OtherChar	可选	Variant	如果 Other 为 True，则为必选项。当 Other 为 True 时，指定分隔符。如果指定了多个字符，则仅使用字符串中的第一个字符而忽略剩余字符

第 19 章　了解模块定制

名　　称	必选/可选	数据类型	描　　述
FieldInfo	可选	Variant	包含单列数据相关分列信息的数组。对该参数的解释取决于 DataType 的值。如果此数据由分隔符分隔，则该参数为由两元素数组组成的数组，其中每个两元素数组指定一个特定列的转换选项。第一个元素为列标（从 1 开始），第二个元素是 XlColumn-DataType 的常量之一，用于指定分列方式

❶ 新建文本文件，将其重命名为 Sample1，并在其中输入相应的内容，如图 19-13 所示。

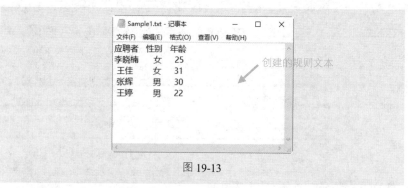

图 19-13

❷ 新建 Excel 工作簿，启动 VBE 环境，单击"插入→模块"菜单命令，插入"模块 1"，在打开的代码编辑窗口中输入如下代码。

```
Sub 导入文本文件()
Set objExcel = CreateObject("Excel.Application")
'创建 Excel 文档
objExcel.Visible = True
objExcel.Workbooks.OpenText& ThisWorkbook.Path &
"\Sample1.txt"
End Sub
```

③ 按 F5 键运行代码后，即可将文本文件数据导入工作表中，如图 19-14 所示。

图 19-14

🔊 代码解析：

OpenText 方法：载入一个文本文件，并将其作为包含单个工作表的新工作簿进行分列处理，然后在此工作表中放入经过分列处理的文本文件数据。

语法形式如下。

```
OpenText(Filename, Origin, StartRow, DataType,
TextQualifier, ConsecutiveDelimiter, Tab, Semicolon,
Comma, Space, Other, OtherChar, FieldInfo,
TextVisualLayout, DecimalSeparator, ThousandsSeparator,
TrailingMinusNumbers, Local)
```

7. 将货币金额转换为大写

财务部经常需要在表格中输入货币金额，用户在 Excel 中可通过单元格的设置完成对整数的大写转换，但实际金额是小写表示。为了解决该问题，可以通过 VBA 创建货币的大写转换代码。

扫一扫，看视频

❶ 新建工作簿并在 A1 单元格中输入小写数字的货币金额，启动 VBE 环境，单击"插入→模块"菜单命令，插入"模块 1"，在打开的代码编辑窗

口中输入如下代码。

```
Sub 货币金额转换为大写()
Range("B1").Value = Application.WorksheetFunction.Text
(Range("A1").Value, "[DBNum2]")
'B1 单元格为目标单元格，A1 单元格为源数据单元格
End Sub
```

❷ 按 F5 键运行代码后，即可在 B1 单元格中显示出 A1 单元格数字的大写形式，如图 19-15 所示。

图 19-15

🔊 代码解析：

❶ WorksheetFunction 对象：用作可从 Visual Basic 中调用的 Microsoft Excel 工作表函数的容器，包含了近百种方法。

❷ Text 方法：将数值转换为按指定数字格式表示的文本。

第20章 VBA 高级应用

20.1 创建菜单及事件

在 Excel 软件环境中包含大量的菜单与工具，如格式设置等，通过这些菜单或工具，可以进行一些窗体或命令的调用。而对于自定义的功能或开发定制的系统，因为没有相应的菜单或工具，用户操作需要进入 VBE 环境才可使用，导致用户使用不便。因此，在创建系统环境时，可通过利用 VBA 代码开发定制所需要的菜单与工具，在文档的特定事件中加载相应自定义的菜单与工具。在 Microsoft Office 中，所有工具栏、菜单栏和快捷菜单都是被作为命令栏对象以编程方式控制的。命令栏的操作主要通过 VBA 中 Application 对象的 CommandBars 属性进行设置。

1. 创建自定义菜单

自定义菜单是 VBA 开发系统中非常重要的组成部分，为用户提供了更为直接、方便的操作功能。创建自定义菜单，首先需要创建控制菜单的建立与删除功能，即需要创建一个模块，用于存放相应的代码程序。

扫一扫，看视频

❶ 新建 Excel 工作簿，启动 VBE 环境，单击"插入→模块"菜单命令，插入"模块1"，在打开的代码编辑窗口中输入如下代码。

```
Public Sub AddCustomMenu()
'定义创建自定义菜单功能块
  Dim cbWSMenuBar As CommandBar
  Dim muCustom As CommandBarControl
  Dim iHelpIndex As Integer
  Set cbWSMenuBar = Application.CommandBars("Worksheet
Menu Bar")
    Set muCustom = cbWSMenuBar.Controls.Add
(Type:=msoControlPopup)
  '创建菜单栏
  With muCustom
    .Caption = "&Custom"
```

```
    '定义显示名称
    '菜单栏中显示的选项
     With .Controls.Add(Type:=msoControlButton)
        '菜单中按钮显示名称：显示时间，&t 表示设定快捷键为 t
（下同）
        .Caption = "显示时间"
        '设置按钮对应的事件，即当单击该按钮时所执行的命令（下同）
        .OnAction = "ShowTime"
     End With
     With .Controls.Add(Type:=msoControlButton)
        .Caption = "显示欢迎语句"
        .OnAction = "Welcome"
     End With
     With .Controls.Add(Type:=msoControlButton)
        .Caption = "显示工作表数"
        .BeginGroup = True
        .OnAction = "sheetCount"
     End With
  End With
End Sub

Private Sub ShowTime()
'定义"显示时间"按钮事件
  MsgBox Now
End Sub

Private Sub Welcome()
'定义"显示欢迎"按钮事件
  MsgBox "感谢您使用自定义菜单"
End Sub

Private Sub sheetCount()
'定义"显示工作表数"按钮事件
  Dim isheetcount As Integer
   isheetcount = Worksheets.Count
   MsgBox isheetcount
End Sub
```

② 按 F5 键运行代码后，即可创建指定的菜单项，单击则显示其中的菜单命令，如图 20-1 所示。

图 20-1

③ 单击"显示时间"命令，即可弹出显示当前系统时间的对话框，如图 20-2 所示。

④ 单击"显示欢迎语句"命令，即可弹出显示欢迎语句的对话框，如图 20-3 所示。

图 20-2   图 20-3

⑤ 单击"显示工作表数"命令，即可弹出显示当前工作簿中工作表数目的对话框，如图 20-4 所示。

图 20-4

◀)) 代码解析：

Add 方法用于创建一个新的命令栏并将其添加到命令栏集合中。语法形式如下。

Add(Name, Position, MenuBar, Temporary)

该方法是必需项，代表 CommandBars 对象的变量。具体参数功能如表 20-1 所示。

表 20-1

名 称	说 明	数据类型	描 述
Name	可选	Variant	新命令栏的名称。如果省略此参数，则为命令栏指定默认名称（如 Custom 1）
Position	可选	Variant	新命令栏的位置或类型。可以是 MsoBar 常量之一
MenuBar	可选	Variant	设置为 True，将以新命令栏替换活动菜单栏。默认值为 False
Temporary	可选	Variant	如果为 True，则将新创建的命令栏变成临时命令栏。临时命令栏将在应用程序关闭时删除。默认值为 False

2. 删除自定义菜单

扫一扫，看视频

在创建了自定义菜单之后，还可以使用代码将其删除。

❶ 启动 VBE 环境，单击"插入→模块"菜单命令，插入"模块 2"，在打开的代码编辑窗口中输入如下代码。

```
Public Sub RemoveCustomMenu()
'创建删除自定义菜单功能
    Dim cbWSMenuBar As CommandBar
    On Error Resume Next
    Set cbWSMenuBar = CommandBars("Worksheet Menu Bar")
    cbWSMenuBar.Controls("Custom").Delete
End Sub
```

❷ 按 F5 键运行代码后，即可删除创建的自定义菜单，如图 20-5 所示。

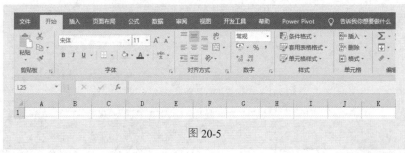

图 20-5

3. 定义工作簿打开与关闭事件

❶ 在"工程"资源管理器中双击 ThisWorkbook 选项，在弹出的代码编辑窗口中输入如下代码。

扫一扫，看视频

```
Private Sub Workbook_BeforeClose(Cancel As Boolean)
'工作簿关闭时，移除菜单项
RemoveCustomMenu
End Sub

Private Sub Workbook_Open()
'工作簿打开时，创建菜单项
AddCustomMenu
End Sub
```

❷ 当关闭工作簿时，即可移除菜单项；而当打开工作簿时，则可以重新创建菜单项。

20.2 自定义右键快捷菜单

1. 添加与删除自定义右键快捷菜单命令

在本例中，将使用 Controls 对象的 Add 方法在 Excel 默认的右键快捷菜单中添加一个新的菜单命令，然后使用 Rest 方法重置右键快捷菜单。

扫一扫，看视频

❶ 新建 Excel 工作簿，启动 VBE 环境，单击"插入→模块"菜单命令，插入"模块 1"，在打开的代码编辑窗口中输入如下代码。

```
Public Sub 添加自定义右键快捷菜单命令()
    With Application.CommandBars("Cell")
    '重置右键快捷菜单，以免重复添加
```

```
        .Reset
    '指定添加的菜单类型和位置
      With .Controls.Add(Type:=msoControlButton,
Before:=1)
          .Caption = "插入当前日期"    '指定添加的菜单项名称
          .OnAction = "myDate"
      End With
  End With
End Sub

Public Sub myDate()
  '指定日期的格式
    Selection.Value = Format(Now(), "yyyy年mm月dd日")
End Sub
```

❷ 按 F5 键运行代码后，在工作表中右击，在弹出的快捷菜单中即可看到添加的菜单命令，如图 20-6 所示。

图 20-6

❸ 单击添加的"插入当前日期"菜单命令，即可在指定的单元格中插入系统当前日期，如图 20-7 所示。

图 20-7

④ 继续在 VBE 环境中单击"插入→模块"菜单命令，插入"模块 2"，在打开的代码编辑窗口中输入如下代码。

```
Public Sub 删除自定义右键快捷菜单命令()
    '重置右键快捷菜单
    Application.CommandBars("Cell").Reset
End Sub
```

⑤ 按 F5 键运行代码后，在工作表中右击，在弹出的快捷菜单中即可看到最上方的菜单命令已被删除，如图 20-8 所示。

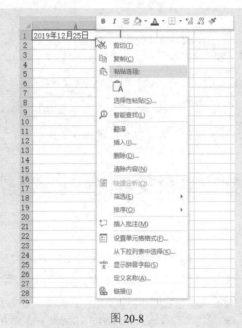

图 20-8

2. 屏蔽与恢复右键快捷菜单

在本例中，将使用 Enabled 属性屏蔽或恢复右键快捷菜单（设置为 False，即屏蔽；设置为 True，即恢复）。

扫一扫，看视频

① 启动 VBE 环境，单击"插入→模块"菜单命令，插入"模块 3"，在打开的代码编辑窗口中输入如下代码。

```
Public Sub 屏蔽右键快捷菜单()
    Dim myBar As CommandBar
    For Each myBar In CommandBars
```

```
        If myBar.Type = msoBarTypePopup Then
            myBar.Enabled = False
        End If
    Next
End Sub
```

② 按 F5 键运行代码后，即可屏蔽右键快捷菜单。

③ 继续在 VBE 环境中插入"模块 4"，并在代码编辑窗口中输入如下代码。

```
Public Sub 恢复右键快捷菜单()
    Dim myBar As CommandBar
    For Each myBar In CommandBars
        If myBar.Type = msoBarTypePopup Then
            myBar.Enabled = True
        End If
    Next
End Sub
```

④ 按 F5 键运行代码后，即可恢复右键快捷菜单。

20.3 创建工具栏及事件

1. 创建自定义工具栏

扫一扫，看视频

工具栏与菜单栏的创建过程基本相似，但工具栏通常用于多个单一功能块的实现，如右对齐、字号设置等。下面介绍创建自定义工具栏的操作过程。

① 新建工作簿，启动 VBE 环境，单击"插入→模块"菜单命令，插入"模块 1"，在打开的代码编辑窗口中输入如下代码。

```
Public Sub CreateToolbar()    '创建工具栏
On Error Resume Next
  CommandBars("Manage Data").Delete
  On Error GoTo 0
'创建工具栏中的按钮及关联事件
  With CommandBars.Add(Name:="Manage Data")
    With .Controls.Add(Type:=msoControlPopup)
      .Caption = "操作按钮"
      .TooltipText = "选项"
```

```vba
            With .Controls.Add(Type:=msoControlButton)
                .Caption = "显示工作簿名称"
                .FaceId = 210      '定义图示
                '定义单击时的响应事件为：ShowProduct
                .OnAction = "ShowProduct"
            End With
            With .Controls.Add(Type:=msoControlButton)
                .Caption = "显示工作表数"
                .FaceId = 210      '定义图示
                '定义单击时的响应事件为：SortList
                .OnAction = "SortList"
            End With
        End With
        '定义下拉列表中包含的项
        With .Controls.Add(Type:=msoControlDropdown)
            .AddItem "10"
            .AddItem "20"
            .AddItem "50"
            .AddItem "100"
            '定义单击列表中的项时响应的事件为：ZoomSize
            .OnAction = "zoomSize"
            .TooltipText = "视图显示比例"
        End With
        .Visible = True
    End With
End Sub

Private Sub SortList()    '定义"显示工作表数"按钮事件
    Dim isheetcount As Integer
    isheetcount = Worksheets.Count
    MsgBox isheetcount
End Sub

Sub ShowProduct()      '显示工作簿的名称
    MsgBox ThisWorkbook.Name
End Sub

Sub zoomSize()       '定义显示比例事件
    Dim stDept As String
    With CommandBars.ActionControl
```

```
        stDept = .List(.ListIndex)      '获得下拉列表中的值
    End With
    '判断值，根据值的不同，执行不同的命令
    Select Case stDept
    Case 10
ActiveWindow.Zoom = 10     '设定显示比例为10%
    Case 20
        ActiveWindow.Zoom = 20      '设定显示比例为20%
    Case 50
ActiveWindow.Zoom = 50     '设定显示比例为50%
    Case Is = 100
ActiveWindow.Zoom = 100     '设定显示比例为100%
        End Select
End Sub
```

❷ 按 F5 键运行代码后，即可创建指定的工具栏，如图 20-9 所示。

图 20-9

❸ 单击"操作按钮"，在打开的列表中单击"显示工作簿名称"命令（如图 20-10 所示），即可弹出显示当前工作簿名称的对话框，如图 20-11 所示。

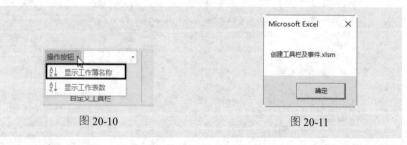

图 20-10   图 20-11

❹ 单击"显示工作表数"命令，即可弹出显示当前工作簿中工作表数目的对话框，如图 20-12 所示。

⑤ 单击"操作按钮"右侧的下拉按钮，即可弹出如图 20-13 所示的下拉列表。

图 20-12   图 20-13

⑥ 选中其中的视图显示比例选项，如 50，即可将当前工作表显示为指定的比例，如图 20-14 所示。

图 20-14

2. 删除自定义工具栏

下面介绍如何删除创建好的自定义工具栏。

扫一扫，看视频

❶ 单击"插入→模块"菜单命令，插入"模块 2"，在打开的代码编辑窗口中输入如下代码。

```
Sub RemoveToolbarsAndWorksheetMenuBar()
'创建移除工具栏
```

```
    Dim cbBar As CommandBar
    For Each cbBar In CommandBars
        If cbBar.Enabled And cbBar.Type = msoBarTypeNormal
Then
            cbBar.Visible = False
        End If
    Next cbBar
    CommandBars("Worksheet Menu Bar").Enabled = False
    Application.OnKey "%-", ""
End Sub
```

❷ 按 F5 键运行代码后，即可删除创建的自定义工具栏，如图 20-15
所示。

图 20-15

扫一扫，看视频

3. 定义工作簿打开与关闭事件

❶ 在"工程"资源管理器中双击 ThisWorkbook 选项，在
弹出的代码编辑窗口中输入如下代码。

```
Private Sub Workbook_BeforeClose(Cancel As Boolean)
'工作簿关闭时，移除工具栏
RemoveToolbarsAndWorksheetMenuBar
End Sub



Private Sub Workbook_Open()
'工作簿打开时，创建工具栏
CreateToolbar
End Sub
```

❷ 当关闭工作簿时，即可移除工具栏，而当打开工作簿时，则可以重
新创建工具栏。

20.4 与 Windows API 集成

1. 什么是 Windows API

Windows 是一个多作业系统，可以协调应用程序的执行、分配内存、管理系统资源等。该系统同时也是一个很大的服务中心，可以调用这个服务中心的各种服务（每一种服务就是一个函数），可以帮助应用程序达到开启视窗、描绘图形、使用周边设备等目的。由于这些函数服务的对象是应用程序（Application），所以便称之为 Application Programming Interface，简称 API 函数。WIN32 API 也就是 Microsoft Windows 32 位平台的应用程序编程接口。凡是在 Windows 工作环境下执行的应用程序，都可以调用 Windows API。

实际上如果要开发出更灵活、更实用、更具效率的应用程序，必然要直接使用 API 函数。虽然类库和控件使应用程序的开发简单得多，但这些程序只提供 Windows 的一般功能，对于比较复杂和特殊的功能来说，使用类库和控件是难以实现的，这时就需要采用 API 函数来实现。

API 函数是一个非常复杂且强大的应用程序接口，下面将介绍一个案例帮助读者理解 API 集成的应用。

2. 创建时刻表

在日常办公中，很多地方都需要有一个时刻表来提醒现在是什么时刻，在 Windows 系统中也具有这样的功能。下面介绍如何利用 API 在 Excel 中创建时刻表。

扫一扫，看视频

（1）设置 API 调用与代码编辑

新建 Excel 工作簿，启动 VBE 环境，单击"插入→模块"菜单命令，插入"模块 1"，在打开的代码编辑窗口中输入如下代码。

```
Private Declare Function SetTimer Lib "user32" _
    (ByVal hwnd As Long, ByVal nIDEvent As Long, _
    ByVal uElapse As Long, ByVal lpTimerFunc As Long)
As Long
Private Declare Function KillTimer Lib "user32" _
    (ByVal hwnd As Long, ByVal nIDEvent As Long) As Long
Private Declare Function FindWindow Lib "user32" _
```

451

```
    Alias "FindWindowA" (ByVal lpClassName As String, _
    ByVal lpWindowName As String) As Long
'调用相应的API函数

Public lngTimerID


Sub StartTimer()
'开始计时
    StopTimer
        lngTimerID = SetTimer(0, 1, 10, AddressOf
RunTimer)
End Sub


Sub StopTimer()
'停止计时
    Dim lRet As Long, lngTID As Long
    If IsEmpty(lngTimerID) Then Exit Sub
    lngTID = lngTimerID
    lRet = KillTimer(0, lngTID)
    lngTimerID = Empty
End Sub

Private Sub RunTimer(ByVal hwnd As Long, _
    ByVal uint1 As Long, ByVal nEventId As Long, _
    ByVal dwParam As Long)
    On Error Resume Next
    Sheet1.Range("A1").Value = Format(Now, "yyyy-mm-dd,
hh:mm:ss")
'设定时间值对应单元格及显示格式
End Sub
```

（2）创建定义控制按钮

❶ 在"开发工具"选项卡下的"控件"选项组中单击"插入"按钮，在弹出的下拉列表中单击"按钮"控件图标，如图 20-16 所示。

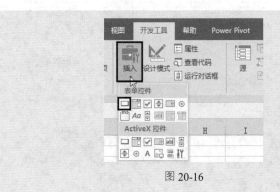

图 20-16

② 然后在工作表的合适位置直接拖动鼠标至合适大小后释放，即可弹出"指定宏"对话框，在"宏名"列表框中选中 StartTimer 宏，如图 20-17 所示。

图 20-17

③ 单击"确定"按钮，即可创建按钮控件，将其显示文字更改为"开始计时"（直接在按钮上修改文字即可），如图 20-18 所示。

④ 利用同样的方法创建另一个按钮控件，指定宏为 StopTimer，将其显示文字更改为"停止计时"，如图 20-19 所示。

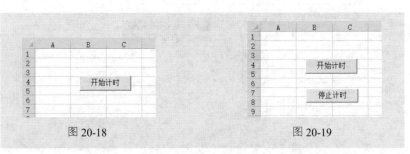

图 20-18　　　　　　　　　　　图 20-19

❺ 再次启动 VBE 环境，单击"插入→模块"菜单命令，插入"模块 2"，在打开的代码编辑窗口中输入如下代码。

```
Private Sub CommandButton1_Click()
    StartTimer
End Sub

Private Sub CommandButton2_Click()
    StopTimer
End Sub
```

（3）效果功能运用

❶ 退出 VBE 环境并返回工作表中，单击"开始计时"命令按钮，即可实现从当前系统时间开始计时，并将结果显示于 A1 单元格中，如图 20-20 所示。

图 20-20

❷ 单击"停止计时"命令按钮，即可停止于当前的系统时间，结果如图 20-21 所示。

图 20-21

454